Information Security:Fundamentals & Practices (4rd Edition)

資訊安全概論與實務

含 ITS Network Security
網路安全管理核心能力國際認證模擬試題

第 **4** 版

U0077895

數位韌性
來自於完善的
資安防禦，
建立全方位的
資訊安全認知
與思維。

序

資訊安全在目前的時代中已扮演著重要的角色，對於資通訊系統的營運、應用服務平台的管理、面對資料與隱私的保護、新興資訊科技的出現，都需要考量資訊安全的必要性，在筆者從事資訊安全相關工作超過 30 年的時間，參與每個資訊科技與資安發展的里程碑，也看著資安威脅的轉變與新型態的駭客攻擊手法創新，而「資訊安全」是一門綜合科學，除了基於典型的資訊技術之外，也需要從駭客的思維掌握可能的攻擊手法，並找出消弭資安威脅的方法。

從參與國際資訊安全組織的人生，拓展了國際的視野，包括了 The Honeynet Project、Cloud Security Alliance、OWASP 以及 CSCIS 等，多年來已建立了具全球思維的資安觀，從不同的國際資安組織，能夠獲得不同領域的資安面向，也成為在撰寫本書時能夠擁有充沛的資料來源，並且接軌全球最新的發展動向，符合資安的發展趨勢，也能夠獲得實務上的經驗。

在五十而知天命之年離開法人的舒適圈，於 2022 年創立了「微智安聯（Shield eXtreme Co., Ltd.）」資安新創公司，在不到一年的時間產品已經在國內外的市場展露頭角，參與 FIRST 以及 FS-ISAC 等國際資安組織並成為正式會員，且全公司通過了資訊安全管理系統（ISO 27001）的認證，更有感於產官學研界對於資訊安全的需求，面對駭客威脅與日俱增的時代，如何處理人、事、時、地、物衍生的資安威脅，以及有效的建立組織數位邊界，將顯得更為重要。

本書部分內容取材自《資訊安全概論與實務 - 第三版》（潘天佑博士 著），因應資訊科技的發展，為了導入最新的資訊安全發展趨勢，以符合目前與未來發展的趨勢為目標重新進行內容的改寫，本書共分 14 個章節，內容涵蓋「資訊安全認知與風險識別」、「信任與安全架構、「數位邊界與防禦部署」以及「資訊安全管理與未來挑戰」，以期讓讀者對於資訊安全能夠獲得更全面且符合實務需求的知識。

本書的讀者對象有三種類型：第一種是在大專、技職院校修習資訊安全課程的學生，可以當作教科書或參考書。第二種是從事資訊與資安相關工作的專業人士，透過實務的介紹，對於資訊安全所涵蓋的政策面、管理面以及技術面的問題，能夠有更深入的瞭解。第三種是想要考取資訊安全專業證照的讀者，本書提供 ITS Network Security 網路安全管理核心能力國際認證模擬試題，有助於累積資訊安全知識、提升實力，取得國際專業證照。

2024 / 05

目錄

03 資訊安全威脅

第二篇　信任與安全架構

04　認證、授權與存取控制

05　資訊安全架構與設計

06 基礎密碼學

07　資訊系統與網路模型

第三篇　數位邊界與防禦部署

08　防火牆與使用政策

09　入侵偵測與防禦系統

10 惡意程式與防毒

11 多層次防禦

第四篇 資訊安全管理與未來挑戰

12 資訊安全營運與管理

13 開發維運安全

14 次世代的資訊安全管理

A 自我評量 / ITS 網路安全國際認證模擬試題 解答

B 參考文獻

第 **1** 篇

資訊安全認知與風險識別

資安威脅來自於系統平台、應用程式的弱點，以及使用者對於資訊安全的認知不足，對於資料的保護、資安事件的處理、惡意程式的發展、社交工程與網路攻擊等事件的威脅，掌握資安風險的來源，以及識別可能帶來的影響與衝擊，都是面對資安的議題時，必須考量的關鍵項目。

資訊安全概論 01

這一章的目的在協助讀者建立正確的資訊安全概念，同時希望藉由對存取控制與網路安全這兩項核心議題的討論，讓大家認知到資訊安全需要「技術」與「管理」兩個層面的充分配合。本章內容涵蓋很廣，但多為概論性說明，會在往後章節再做比較深入的討論。

1.1　資訊安全問題的演進

隨著人們對資訊科技的依賴與日俱增，歹徒有更大的動機利用資訊進行破壞，而這種破壞對每個人的工作與生活就產生更大的衝擊。因此，資訊安全問題隨著資訊科技的不斷創新而越趨複雜。

資訊科技是個新領域，從 1960 年代電腦才開始市場化，直到 1980 年代初期，電腦還在比較封閉的環境中由少數人操作，安全風險不高。在大型電腦主機（Mainframe）的時代，資訊安全事件大多是人為操作錯誤所造成的資料遺失，或是內部人員操守問題所造成的洩密。

隨著個人電腦從 1980 年代逐漸普及化，影響眾人的資訊安全事件開始浮現。早期個人電腦的設計並未考慮存取控制（Access Control），因此無法保護資訊的機密性與完整性。除此之外，交換使用軟碟（Floppy Disks）讓電腦病毒（Computer Viruses）開始出現。Elk Cloner 被視為最早的電腦病毒，在 1982 年由一位十五歲的美國學生 Rich Skrenta 寫在 Apple II 電腦上。感染媒介是軟碟，使用受感染的軟碟開機五十次，螢幕上就會出現一首打油詩。

網際網路（Internet）在 1990 年代以驚人的速度成長，由於大家的電腦都連結在一起，使病毒散播與駭客攻擊更加方便有效。Melissa 是 1999 年由電子郵件傳播的 Word 巨集（Macro）病毒，它利用受感染電腦的電子郵件通訊錄，再發出五十封病毒郵件，因此數小時內就可以傳遍全球。另外，像 Code Red 蠕蟲（Worm）利用當時作業系統的瑕疵，在 2001 年七月十九日一天內感染全球 359,000 台電腦。該蠕蟲的攻擊速度與範圍皆駭人聽聞。

較早的電腦或網路破壞者大多以炫耀技術或惡作劇為主，但在電子商務蓬勃發展的二十一世紀，他們的目的已逐漸轉變為獲取非法利益。例如，有位十九歲的俄國駭客在 1999 年侵入 CD Universe 公司的網路，盜取三十萬筆信用卡資料。在勒索十萬美元贖金未遂後，就報復性地將其中數千筆資料公布在網際網路上。2000 年九月，全球首屈一指的金融服務機構 Western Union 關閉網站五天，因為它遭到駭客入侵並盜走一萬五千筆信用卡資料。經追查，駭客是利用系統維修時沒有防火牆的十五分鐘空檔入侵。一個較新的案例是美國花旗銀行在 7-11 便利店的自動提款機 PIN 碼被竊賊破解，2007 年十月

後的半年間至少 200 萬美元被盜領。據調查，由於銀行新安裝的系統允許透過網際網路的維修方式，一向受慎密保護的 PIN 碼資料，疑似就是操作人員未按照正常加密規定動作，在傳輸過程中洩漏。

近年情況頗為失控的木馬程式、間諜軟體、勒索軟體、釣魚網站、垃圾郵件等，大多以商業利益為攻擊目的。它們也許不像蠕蟲那麼轟動地登上新聞頭版頭條，但卻造成更大的整體經濟損失，也更難使用單一技術來防禦它們。

過去的駭客大多單獨行動，造成的損害有限。一旦駭客集團化，就造成更嚴重的資訊安全威脅。一群稱為「匿名者（Anonymous）」的激進駭客在 2011 年 2 月侵入 HBGary 的電腦系統盜取私有之機密資訊，並將竊取之資訊公開。HBGary 是一家服務美國政府的資訊安全公司。據稱這個事件是要使該公司難堪，因為該公司的執行長宣稱滲透入駭客集團並將揭露集團成員。這起駭客集團刻意攻擊資訊安全公司的事件，更讓我們對網路安全與秩序感到極為憂慮。

1.2　推動資訊安全應有的觀念

大家都知道資訊安全很重要，但有些似是而非的說法常造成資訊安全推動的困難。最常聽到的是：「推動資訊安全會增加工作負擔，並影響組織的正常作業。」因此，企業主或資訊管理人員常存僥倖之心，以為資訊安全事件不會那麼巧地發生在自己身上，因此降低它的優先順位，等到事件發生就後悔莫及了。其次，許多人誤以為資訊安全問題可以「一次」解決，只要建立起完美無缺的防禦體系，就可以高枕無憂。事實並非如此，今天安全的東西可能明天就被破解了，隨著量子運算時代的即將來臨，資訊安全是永不停止的攻防過程。另一個常聽到的謬誤是認為資訊安全單靠產品，只要有功能強大的防火牆（Firewall）與防毒軟體（Anti-virus）就夠了。事實上，單靠產品的效果有限，必須結合相關人員的資訊安全認知與訓練。

1.2.1　資訊安全是一種取捨

推動資訊安全需要投入人力、物力，同時可能犧牲部分人的方便、自由、甚至工作效率，所以主其事者應該採取比較務實的做法來化解組織的反彈與阻力。

天下沒有絕對完美的防禦，因此資訊安全是一種「取捨（Tradeoff）」。應在有限的條件下，將資源投資在最容易受到攻擊或是對組織衝擊最大的安全弱點上。例如，一家五位員工的小企業可能最該做的是為每台電腦安裝防毒軟體，而不是花幾千萬元建構一個安全營運中心（Security Operation Center, SOC）。

另外，防禦措施需要在「安全」與「便利」之間做合理的取捨。過度防禦會造成使用者的不便，反而違背資訊科技帶給人便利的初衷。有一家企業安裝了安全性極高的門禁管制系統，員工進出任何門都需要刷卡並輸入 PIN 碼。公司追求高安全性的立意甚佳，但由於操作不方便，員工乾脆不關門，反而形成始料未及的安全漏洞。

1.2.2 資訊安全是管理議題

許多人以為資訊安全是個「技術」議題，但事實上它是一個需要技術輔助的「管理」議題。2004 年 Wells Fargo 銀行員工的筆記型電腦在公司外遭竊，最敏感的客戶交易紀錄及二十萬筆信用卡資料洩漏，造成公司嚴重的財務與形象損失。若要防止這一類的資訊安全事件，技術固然重要，例如筆記型電腦應該設定很強的登入密碼，同時重要資料必須加密。但更重要的是管理，例如員工是否確實地執行加密要求？是否有必要將這麼多機密資料存放在可以攜出的筆記型電腦？一旦筆記型電腦遭竊，是否有一套標準作業流程來處理這種緊急狀況，以降低客戶與組織的損失？

如圖 1-1 所示，完整的資訊安全應該同時建設三個 P：它們是「人員（People）」、「程序（Process）」、與「產品（Product）」。我們可以用一句話來整合三者的關係：**人員都遵守資訊安全程序，產品才能發揮功效**。延續前面的例子：公司規定筆記型電腦要設定很強的登入密碼，同時重要資料必須加密，這就是一種程序規範。公司必須對員工進行宣導與獎懲，使所有員工都正確地執行這個程序。唯有如此，公司所購買的作業系統、加解密產品、甚至單點登錄（Single Sign-on）系統才能發揮保護資訊的功效。

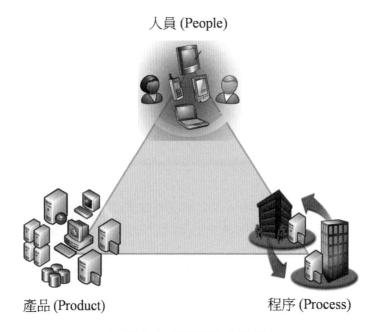

▲ 圖 1-1 資訊安全的三個 P

有一家公司導入了帳號管理系統，並且規定所有員工必須設定至少八個字元的通關密碼（Password），同時密碼必須每月更換，而且相同密碼在一年之內不得重複使用。員工雖然都照做了，但有些人因為記不得經常更換的密碼，就把它寫成小紙條貼在螢幕上。這家公司有安全的產品，也訂定了安全的操作程序，但因為人員欠缺資訊安全意識而功虧一簣。可見三個 P，缺一不可。

1.3　資訊安全的範圍與目標

如果有人為了防小偷在家門上裝了十道鎖，但卻不關窗戶，是不是很荒謬？相同的，維護資訊安全也要顧及全面性。如果有一個領域的防禦不佳，其他領域做得再多也是枉然，因為資訊安全事件會發生在最脆弱的環節。

國際資訊系統安全認證協會（Cybersecurity Certifications and Continuing Education, ISC2）的「資訊系統安全專家認證（Certified Information Systems Security Professionals, CISSP）」涵蓋以下八個領域：

- 資訊安全環境（The Information Security Environment）

- 資訊資產安全（Information Asset Security）

- 身分識別與存取管理（Identity and Access Management, IAM）

- 安全架構與工程（Security Architecture and Engineering）

- 通訊與網路安全（Communication and Network Security）

- 軟體開發安全（Software Development Security）

- 安全評估與測試（Security Assessment and Testing）

- 安全性作業（Security Operations）

這些領域的內容留待以後章節討論，在這裡單從八個領域的名稱就可以看出資訊安全的範圍極廣，包括資訊工程、科技、管理、法律、軟體安全、風險評估等各個層面。

1.3.1 資訊安全的三元素

我們也可以從資訊安全的三元素（Security Triad）來討論它的範圍，這三元素是「實體安全（Physical Security）」，「營運安全（Operational Security）」，以及「管理與政策（Management and Policies）」。

實體安全保護你的資產與資訊，讓未經授權的人無法做實體接觸。所保護的是看得見、摸得著、並能被偷的東西。維護實體安全有以下三個重點：

- 讓你所保護的實體位置不要成為受攻擊的目標。

- 即時地偵測到侵入或竊盜的發生。

- 在損失重要資訊或系統遭侵入後，能夠快速復原。

研究資訊安全的人常因為資訊沒有實體，而忽略了實體安全的重要性。事實上，無形的資訊仍然需要有形的載具，例如伺服器、磁碟機、電纜線等，如果惡意攻擊者能夠接觸到這些載具，他們就有更高的機會竊取或破壞其上的資訊。

營運安全在確保組織能經常地正確運作，尤其應注意以下工作重點：

- 電腦、網路及有線與無線通訊系統的運作。

- 資訊與檔案管理。

- 存取控制、身分認證及網路的安全結構設計。

- 經常性的網路維運、與其他網路的連結、備份計畫與復原計畫等。

營運安全是大多數資訊安全人員的主要工作範圍，也佔據了本書最多的篇幅，然而大家不可以忽略它和另外兩個元素之間的依存性。

一個組織的資訊安全管理政策直接領導了它的管理方向，若要發揮作用，需要組織高層的絕對支持。訂定資訊安全政策時應該考慮以下項目：

- **行政管理政策（Administrative Policies）**：為系統及網路管理員制定標準作業流程，如升級、監控、備份及稽核等。

- **軟體設計要求（Software Design Requirements）**：制定組織採購、外包、或自行開發軟體之相關安全要求。

- **災害復原計畫（Disaster Recovery Plans, DRP）**：提前為可能發生的災害，擬定各種復原計畫。

- **資訊政策（Information Policies）**：包括資訊存取、機密等級、標示、儲存、以及機密資訊的傳遞與銷毀。

- **安全政策（Security Policies）**：組織需要有明確的安全政策，才能形成實施方法。

- **使用政策（Usage Policies）**：說明資訊與資源該如何被使用，應包括隱私權、所有人制度，與不當行為之處分。

- **使用者管理政策（User Management Policies）**：員工在受雇期間的資訊安全相關管理制度，包括新人訓練、存取權限的設定與取消等。

1.3.2 資訊安全的目標

組織或個人推動資訊安全所要達到的目標（Goals）有三項：一是預防（Prevention），事先預防比事後處理容易，不論是人員訓練、程序制定、或防火牆之類產品的建置都可以預防電腦或資訊被違規使用。二是偵測（Detection），要能即時地偵測到事件的發生。除了人員的資訊安全警覺性之外，入侵偵測系統（Intrusion Detection Systems, IDS）與防毒軟體等產品也能達到偵測目的。三是反應（Response），在平時就要發展策略與技巧來因應遭受的攻擊或造成的損失，並且要廣為宣導、經常演練。而資料備份（Backup）與資訊系統冗餘（Redundancy）設計也都有助於資訊安全事件發生後的反應與復原。

1.4 基本的存取控制

存取控制（Access Control）是資訊安全的核心項目之一，它特別重要一方面因為它是大多數資訊系統的入口，將入口顧好，就能解決大半的安全問題。另一方面因為它定義了每位使用者的身分，在見不到實體的資訊與網路時代，電子身分就代表個人，若被冒用，很容易造成名譽與財產的損失。

存取控制決定使用者與系統之間的溝通，防止系統資源或資料被未經授權地存取。存取控制在組織中有以下三種操作模式：

- 強制存取控制（Mandatory Access Control, MAC）是一種比較嚴格卻沒有彈性的存取控制模式，由系統管理員（Administrator）統一規定組織中的哪些人能夠存取哪些系統、檔案或資料。

- 任意存取控制（Discretionary Access Control, DAC）是比較有彈性的一種模式，它讓每位系統、檔案或資料的所有人（Owner）決定組織內使用者對它們的存取權限。

- 角色基準存取控制（Role-based Access Control, RBAC）是一種 DAC，但它不針對使用者訂定存取權限，而用他在組織中的角色（如職務）。

1.4.1　身分認證的方法

身分認證（Authentication）是存取控制裡的重要環節，它讓使用者或要求存取的系統能夠證明自己的身分。認證有以下三種要素（Factors）：

- 「所知之事（Something you know）」是利用正確的使用者才知道的事情進行認證，例如通關密碼或 PIN。

- 「所持之物（Something you have）」是利用正確的使用者才會持有的東西進行認證，例如智慧卡。

- 「所具之形（Something you are）」是利用正確使用者本身的生物特徵進行認證，例如指紋或視網膜比對。

以上三者各有優缺點，同時使用多種要素的認證方法（Multi-factor Authentication）比較安全。例如同時使用智慧卡與通關密碼，可以降低智慧卡失竊或密碼遭窺視等單一事件所造成的傷害。

「所知之事」是最常用的認證方法，大部分作業系統都以「使用者名稱」和「通關密碼」做為登入時的身分證明。一種簡單的方法是以 Password Authentication Protocol（PAP）將使用者名稱與密碼送到伺服器上進行比對，但由於 PAP 傳輸並未加密，這種簡單的認證方法並不安全。

安全代符（Security Tokens）憑「所持之物」做身分認證。這種隨身攜帶的元件上儲存著比人腦記憶的通關密碼複雜的認證資訊，使身分認證程序更加安全。安全代符的種類很多，較常見的有：

- **一次性密碼代符（One-time Password Tokens）**：元件上所顯示的數字與遠端伺服器上的數字同步變化，因此在每次登入時都可以驗證代符的真實性。

- **智慧卡（Smart Cards）**：本身具有運算功能的晶片卡，可以讓元件與系統進行互相認證。

- **記憶卡（Memory Cards）**：只儲存金鑰而不做複雜運算的晶片卡。

- **無線射頻身分證明（RFID）**：非接觸式晶片卡。

生物特徵（Biometrics）藉由使用者「所具之形」做身分認證。主要的方式包括手的比對（指紋、掌紋、手掌尺寸），臉部特徵，視網膜（Retina）與虹膜（Iris）掃描等。DNA 比對技術若進入實用階段，可以有效降低生物特徵的誤判率。

1.4.2 較先進的身分認證協定

前述 PAP 是一種簡單卻不安全的協定，只在沒有其他選擇的情況下使用。Challenge Handshake Authentication Protocol（CHAP）是一種握手協定（Handshake Protocol），提供比較好的安全性。CHAP 的運作方法可見圖 1-2，客戶端（Client）送一個登入要求（Logon Request）給伺服器；伺服器回應一個挑戰（Challenge）給客戶端，挑戰通常是一串隨機數。客戶端以金鑰（Key）將挑戰加密後做成回應（Response）送給伺服器，伺服器再以對應的金鑰驗證回應之正確性，來決定是否授權客戶端開始使用伺服器的資源。

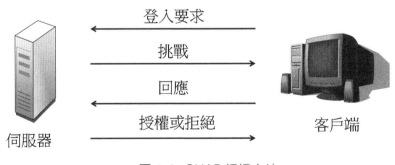

登入要求

挑戰

回應

授權或拒絕

伺服器　　　　　客戶端

▲ **圖 1-2** CHAP 認證方法

憑證（Certificates）是另一種常用的身分認證方法。如圖 1-3 的右圖所示，客戶端要使用應用伺服器的資源，它先與安全伺服器完成認證（例如使用 CHAP）之後取得一張憑證，客戶端以憑證就可以存取應用伺服器。憑證可能是一串很長的數字，或一張儲存著很長數字的智慧卡。

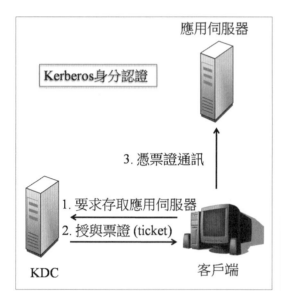 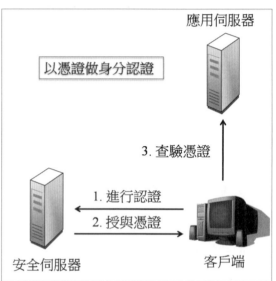

▲ **圖 1-3** 憑證與 Kerberos 認證方法

圖 1-3 的左圖是 Kerberos，一種常用的單點登錄（Single Sign-on, SSO）技術。電腦設備（例如客戶端與應用伺服器）之間的對話都以較有效率的對稱式（Symmetric）加解密來完成，而密鑰則由密鑰分派中心（Key Distribution Center, KDC）掌控。相較之下，憑證系統因為使用非對稱式（Asymmetric）加解密，故較 Kerberos 複雜。以上這些身分認證方法將在以後的章節做更多介紹。

近年來 FIDO 標準的興起，帶動了無密碼新時代的來臨，長久以來依賴登入帳號與密碼驗證的方式，將隨著新一代的 FIDO 認證而改變現有的機制，其中最大的改變就是將身分保管的責任分散在裝置端，而不是像傳統集中保存在伺服器的方式，因應零信任架構的推動，FIDO 認證已成為顯學。

1.5 基本的網路安全

我們平常使用的網路是由許多網路服務所組成，不安全的通訊協定將會帶來資訊安全的風險，以下是常見的例子。各種通訊都有潛在的安全風險，因此網路安全也是資訊安全的一個核心項目。

- **Mail**：幾乎所有網路使用者都需要電子郵件服務，所以資訊安全計畫必須包括傳送及接收郵件的部分。

- **Web**：相關的安全考量應包含網頁伺服器（Web Server）及客戶端的網路瀏覽器（Web Browser）。

- **即時通訊（Instant Messaging, IM）**：IM 像是兩者或多者之間的即時電子郵件，它有時會受到下載惡意碼攻擊，許多欺騙行為也藉由 IM 遂行。

- **Telnet**：Telnet 允許遠端使用者以模擬終端機的方式連上系統，這種舊式的協定沒有安全防護，應該改採用較安全的協定，如 SSH 等。

- **File Transfer Protocol（FTP）**：FTP 在網際網路常被使用，但經由 FTP 傳輸的資訊沒有加密，登入的通關密碼也多以明碼傳送，應小心使用。

- **Domain Name Service（DNS）**：DNS 可以將網路位址如 www.abc.net 翻譯為 TCP/IP 位址如 192.168.0.110。

1.5.1 制定安全設計目標

我們為什麼要設計安全的網路？目的當然是要保護組織的利益，降低資訊風險。以下幾項安全組件（Security Components）可以做為安全設計的目標：

- **機密性（Confidentiality）**：機密性的目的在防止未經授權的人或系統存取資料或訊息。法律或規範經常要求特定資訊應予保密，例如身分證字號、員工薪資、個人資料、醫療紀錄等。過去有許多銀行和公司曾因信用卡資料及銀行帳號洩漏，導致重大的金錢及商譽損失。

- **完整性（Integrity）**：完整性在於確保被使用的為正確資料，若資料不確實或遭未經授權之人的竄改，例如駭客入侵銀行資料庫竄改存款金額，組織將蒙受巨大損失。

- **可用性（Availability）**：可用性在確保資訊服務隨時可用，無法使用資訊等於沒有資訊。如果網路或資料庫不能運作，不論是受攻擊或只是意外，全組織的資訊都無法正常存取，業務也將停擺。

- **責任性（Accountability）**：組織內有許多部門與個人，當事件發生時該由誰負責處理必須明確規定。資料或系統的負責人應該在平時對所負責之事、物持續地監看與記錄。

本書介紹的各種防禦措施都是為了保護以上的安全組件；相對的，駭客或其他惡意攻擊者所亟欲破壞的也是這些安全組件。

1.5.2 切割安全區域

網路環境非常複雜,應該將網路切割成安全區域,以便管理區域之間的通訊權限。網際網路(Internet)是最開放的全球公用網路,幾乎所有的區域網路和電腦都經由它彼此連結。內部網路(Intranet)是指公司或組織內的私人網路(Private Network),或稱為區域網路(Local Area Network, LAN)。開放的網際網路充滿資訊安全威脅,所以必須與區域網路切割,以免私密的資訊遭到破壞。

企業外部網路(Extranet)包含組織的內部網路與外部夥伴組織之間的連結,夥伴可能是供應商或承包商等。它是兩個可以互相信任的組織之間的連線。這種連線可以用專線或經由網際網路上架設虛擬私有網路(Virtual Private Network, VPN)來完成,如圖 1-4 所示。

▲ 圖 1-4 VPN 示意圖

Demilitarization Zone(DMZ)被譯為非軍事區或安全區,它是指在組織內部放置公開資訊(如網站)的區域。如圖 1-5 所示,防火牆能將網際網路、內部網路與 DMZ 區域分隔開。透過網際網路進入的使用者,只要沒有惡意,都能任意瀏覽網頁伺服器的資訊,但卻不得進入內部網路。

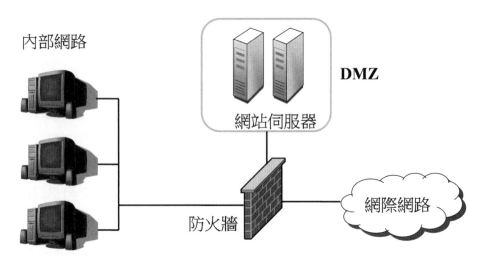

▲ 圖 1-5 DMZ 示意圖

1.5.3 管理資訊風險

各種安全的設計與努力，其目的不外乎保護組織的利益，降低資訊風險。資訊安全管理包括以下四個重點：

- **資產識別（aAsset Identification）**：公司或組織將資訊及系統條列出來，並標示其價值。資訊資產的價值若無法純粹以金錢價格標示，可以用權值來表達失去該資產對組織的衝擊。

- **威脅識別（Threat Identification）**：威脅包括內部威脅，例如內部竊盜、系統失敗、惡意破壞、間諜活動、不遵守資訊安全準則、使用非法軟體等，與外部威脅，包括自然災害如火災與地震，和惡意攻擊如盜賊、駭客、網路病毒等。

- **弱點識別（Vulnerability Identification）**：資訊弱點可能發生在作業系統、TCP/IP網路、電子郵件系統等。過去產品供應商經常隱瞞安全弱點，現在則較願意公布弱點，並且快速提供補救，例如微軟公司經常下載安全補丁（Security Patch）。

- **風險評鑑（Risk Assessment）**：風險可以被定義為：「威脅」利用「弱點」對「資產」造成「衝擊」的「可能性」。五個項目都可以用量化方式表達，因此企業或組織的資訊風險可以被數字化地計算與考核。藉由修補弱點與控制威脅的成功機率，我們就可以有效地降低資訊風險。

1.5.4 建立縱深防禦

網路環境越來越複雜，每一層環節都可能有弱點，引來內部或外部的威脅。因此需要建立「縱深防禦（Defense in Depth）」。例如，只在個人電腦上安裝防毒軟體並不滿足縱深防禦的要求；應該在每台個人電腦、檔案伺服器、郵件伺服器上都裝防毒軟體，並在代理伺服器（Proxy Server）上執行內容篩檢，以及透過網路預警的機制，建立多層次的防禦機制，才算多層次的縱深防禦。又例如，僅只設定使用者與檔案的存取權限不算多層次防禦；對重要檔案實施多層次防禦至少應該做到：

- 為所有檔案建立較細節的存取控制單（Access Control List, ACL）。

- 以電腦系統來設定每位使用者對檔案的存取權限。

- 為存放資料的電腦規劃實體安全，避免資訊或系統遭到竊取。

- 建立使用者登入機制，確實認證使用者身分。

- 監控使用者對重要檔案之存取，並留下紀錄。

Open System Interconnection（OSI）網路模型將網路定義為七層，網路多層次的縱深防禦可以沿著 OSI 模型來規劃。以下是一些例子：

- 防火牆要設定封包的篩檢功能，用以保護網路層（Network layer）。

- 在應用層（Application Layer）使用代理伺服器來保護組織免於未經授權的進入。

- 在網路層使用 NAT，可以隱藏內部網路的 IP 位址。

- 在實體層（Physical Layer）使用遮蔽式雙絞線（Shielded Twisted Pair, STP）來降低遭受惡意掛線監聽的機會。

- 在網路層使用入侵偵測系統，監看進出網路的資料有無惡意攻擊的跡象。

- 使用 IPSec 等技術建立 VPN，在網路層防禦資料竄改等惡意攻擊。

- 在應用層妥善設定網頁伺服器，為公開與敏感的資訊建立不同的網站，以防禦未經授權的存取。

- 所有裝置都只打開必要的連接埠（Port），可降低網路層與傳輸層（Transport Layer）受攻擊的風險。

- 存取機密文件時，在傳輸層使用 Secure Socket Layer（SSL）協定。

- 在網路層，每週執行網路掃描，以尋找新弱點。

縱深防禦的設計非常複雜，尤其在目前面對的是多樣化的駭侵威脅，除了應該使用入侵偵測系統並且定時地進行弱點掃描。軟、硬體升級或者增加新設備造成系統或網路環境變更時，要特別注意是否出現新的弱點。

我們未必需要最新或最貴的資訊安全產品；但我們要了解威脅會在哪裡發生，並將那些地方防禦好，這就是縱深防禦的精神，對於當下面對大量惡意程式所帶來的各種資安威脅而言，零信任架構（Zero Trust Architecture, ZTA）觀念的建立尤其重要，也是落實最小權限原則最佳的實現。

( ) 1. 以下哪一種方法以 KDC 對使用者、程式、或系統做身分認證？
  (A) PAP   (B) CHAP
  (C) Kerberos   (D) RFID

( ) 2. 以下哪一種存取控制模式是由組織制式規定，而資訊所有人（Owner）沒有放寬的空間？
  (A) MAC   (B) DAC
  (C) RBAC   (D) CHAP

( ) 3. 為了安全考量，在開放的網路環境中，應該盡量避免使用以下哪一種服務或協定？
  (A) WWW   (B) E-mail
  (C) NAT   (D) Telnet

( ) 4. 以下哪一種身分認證方法主要是由伺服器給客戶端一個挑戰（challenge），客戶端做回應（response）送給伺服器？
  (A) PAP   (B) CHAP
  (C) Kerberos   (D) RFID

( ) 5. 以下哪一種協定可以讓組織在公開網路上共用一個外部 IP 位址，而在區域網路使用私人 IP？
  (A) VLAN   (B) DMZ
  (C) VPN   (D) NAT

( ) 6. 當組織的網路過大，我們將之切為數塊較小的私人網路的方法為何？
  (A) NAT   (B) DMZ
  (C) VLAN   (D) Extranet

( ) 7. 以下哪一種身分認證方法使用「Something you have」的要素？
  (A) Smart cards   (B) RFID
  (C) Onetime password token (D) 以上皆是

( ) 8. 在兩個系統或網路間建立一條虛擬的專屬通道，使用以下何種技術？
  (A) Tunneling   (B) DMZ
  (C) NAT   (D) VLAN

( ) 9. 當外部入侵資訊系統事件發生時，何者最能幫助了解入侵狀況？
  (A) Anti-virus software   (B) Firewall
  (C) Kerberos   (D) System logs

( )10. 您要為組織安裝一台伺服器，服務網際網路上的客戶。為免內部網路承受風險，應將該伺服器裝置於何處？

    (A) VLAN   (B) Behind a main firewall

    (C) DMZ   (D) Intranet

( )11. 組織推動資訊安全時，與以下何者會產生「取捨（Tradeoff）」的考量？

    (A) 成本   (B) 便利性

    (C) 系統效能   (D) 以上皆是

( )12. 某公司的安全政策說明：「員工所保管的個人電腦必須依規定更新病毒碼。」請問是屬於資訊安全三個 P 的何者？

    (A) People   (B) Products

    (C) Process   (D) 以上皆是

( )13. 訂定組織的資訊安全政策（Information Security Policy）是誰的責任？

    (A) 全體組織同仁   (B) 組織的高層

    (C) 資訊部門經理   (D) 品質經理

( )14. 組織要求重要資料必須備份，是為了資訊安全的哪一個目標？

    (A) Prevention   (B) Detection

    (C) Response   (D) All above

( )15. 期中考前一天，一位學生侵入老師的電子郵件系統竊取考試題目。請問這種行為破壞了哪一個安全組件？

    (A) Confidentiality   (B) Integrity

    (C) Availability   (D) Accountability

(   ) 1. 筆記型電腦是目前主流的可攜式設備，以下哪個例子是有關於實體安全性？

      (A) 擴充座   (B) 纜線防盜鎖

      (C) 指紋辨識器   (D) 外接式 USB 磁碟機

(   ) 2. 在處理垃圾郵件的問題時，我們經常將寄件者的電子郵件信箱進行封銷，但在公司營運上的考量，公司需要能夠收到該寄件者的電子郵件，以下何者是最好的處理方式？

      (A) 重新設定 SMS 閘道

      (B) 接受該網域的 RSS 摘要

      (C) 在 DNS 中列出該寄件者的電子郵件地址

      (D) 將該寄件者的電子郵件地址新增至允許清單

(   ) 3. 如果使用者收到大量快遞到貨通知的電子郵件，他們可能是收到了什麼？

      (A) 惡意程式碼   (B) 垃圾郵件

      (C) 詐騙郵件   (D) 網址嫁接郵件

(   ) 4. 考量以下何種要求，經常將資料庫設定為在多部伺服器上執行？

      (A) 可存取性   (B) 機密性

      (C) 完整性   (D) 可用性

(   ) 5. 社交工程攻擊經常透過電子郵件進行詐騙，主要在於無法識別以下何項，讓收信人輕易上當？

      (A) 隱藏真實的電子郵件寄件者

      (B) 修改電子郵件的路由紀錄

      (C) 將電子郵件訊息轉寄給所有連絡人

      (D) 複製特定使用者所傳送的電子郵件訊息

6. 安全性原則分成四種類型，請將類型與最佳的答案進行配對連線。

可接受使用政策 ·   · 這種原則是定義意外或不尋常事件後應採取的行動

存取控制原則 ·   · 這種原則描述在電腦網路上允許的行為

事件回應原則 ·   · 這種原則是定義從電腦網路外部連線到該網路的需求

遠端存取原則 ·   · 這種原則是授與或撤銷員工或員工群組在公司網路上的權限

MEMO

資訊法律與事件處理 02

駭客在三十年前還被視為「愛炫耀的聰明孩子」，無傷大雅。但隨著網路犯罪日趨嚴重，個人與團體的安全、隱私及財產都面臨重大威脅，因此社會與法律已經清楚界定駭客行為不道德且有違法之虞。負責督導網際網路技術發展的 Internet Architecture Board（IAB）將以下之網路活動視為不道德：

- 故意在未經授權的情況下竊用網際網路資源。

- 干擾正常的網際網路使用。

- 故意浪費資源，包括人力資源、運算資源、頻寬資源等。

- 破壞電腦資訊的完整性。

- 侵犯別人的隱私權。

- 以不嚴謹的態度在網際網路上做實驗。

本書的部分內容將會探討駭客攻擊手法，其目的是為了讓讀者了解攻擊者，以增強自身的防禦能力。我們也同時提醒讀者，本書所建議的資訊安全攻防演練必須在受管控的攻防演練平台（Cyber Range）中進行，以免誤觸法網。

本章除了討論資訊犯罪與資訊法律外，也將概略地介紹事件處理與犯罪調查。犯罪調查是專門的學問，建議有興趣的讀者可以另行參考相關書籍。

2.1 網路的罪與罰

資訊科技的發展快速，行動化與數位化的結果，提供多元化的管道與各種可連網的設備進行資訊的交換，但也衝擊了道德與法律觀念。首先，有人認為駭客是為了學習與增進他們的技術，所以他們的行為不該被視為非法或不道德。另外有些人鼓吹資訊應該被自由、公開地分享，所以分享別人的資訊或檔案應當合法也符合道德規範。也有人以「言論自由」來合理化製造病毒等行為，他們認為寫病毒程式就像寫一篇文章，不論文章的立論為何，公權力都不可以干涉。還有一個常見的說法就是駭客行為並沒有真正地傷害任何人，他們認為網路世界是虛擬的，所有的損失也都不是「真的」。近來社群網路如 Facebook、Instagram、抖音（TikTok）等平台盛行，加上未來證實的訊息或是假訊息快速的流傳，對於真實的社會帶來相當大的衝擊，包括了造成社會輿論的動態、遭詐騙民眾的財產損失等，這些似是而非的說法已經在網路上引起相當多的討論，但近年來國內外的司法單位都對網路詐騙行為，再加上人工智慧（Artificial Intelligence, AI）的快速發展，已發生了多起變臉詐騙（Business Email Compromise, BEC）的案例，攻擊者入

侵企業高階主管郵件帳號或是任何公開郵件的帳號開始，經由鍵盤側錄等惡意程式或是運用網路釣魚的手法，假冒公司網站或是偽造受害人的身分進行詐騙，此類針對性的攻擊往往可以躲過資安設備的偵測，加上人員的疏忽以及人性弱點，此次事件屢見不鮮。

2.1.1 資訊設備在犯案中的角色

「資訊設備」在電腦犯罪中可能扮演三種不同的角色：

- **資訊設備被當成犯罪的目標**：這是大家一般所認識的電腦犯罪。例如經過網路或實體的路徑侵入電腦竊取機密資料，篡改紀錄如成績單或繳稅單，破壞電腦系統或癱瘓網路等。

- **以資訊設備做為犯罪工具**：使用資訊設備來提高犯案的效率與方便性。例如設立釣魚網站，以電腦來攻擊另一個人的電腦，或是發送垃圾郵件等。

- **資訊設備意外的成為共犯**：這種類型的電腦犯罪中，資訊設備不是主角，而只是促使犯罪行為發生，或發生的更快。例如國際洗錢、非法金融轉帳、或在網路聊天室裡騙人等。有一個案例是歹徒篡改醫院電腦裡某位病人的用藥劑量來進行謀殺。

2.1.2 電腦犯罪的種類

電腦犯罪的種類繁多，且手法不斷翻新，以下是其中部分的種類。讀者應該不難發現許多電腦犯罪並不需要高明的技術；即使需要技術，也不難從網路上取得適當的工具來發動攻擊。

- **內部犯罪**：其實大部分電腦犯罪的風險都來自組織內，例如不滿的員工故意刪除重要檔案等。然而內部犯罪卻常是風險評鑑容易忽視的環節。

- **惡意程式**：各式病毒、蠕蟲等會複製或傳染的有害軟體。

- **駭客攻擊**：不同於電腦病毒，駭客攻擊的對象通常是有針對性的，目的可能是商業利益、挾怨報復、或只是惡作劇。

- **網路詐騙**：例如釣魚網站、詐騙郵件等。

- **社交工程（Social Engineering）**：是指利用非科技性的手法取得秘密資訊，例如通關密碼等。

- **商業間諜**：經過駭客手法侵入競爭對手的網路，企圖取得商業機密。許多好萊塢娛樂片都選用這一類的題材。

- **違法色情**：網路上公布或銷售違法色情並不需要特別的技術或騙術，已經成為相當嚴重的電腦犯罪問題。

- **組織犯罪**：為了非法利益，電腦犯罪逐漸有組織化的趨勢，像是操控他人的電腦來散發大量垃圾郵件，或是建立各式詐欺網站等犯罪手法都可能不是由一個人單獨完成。

- **恐怖行動**：可能是指駭客對企業的勒索，也可能是國家層級的攻擊，例如自 2022 年 2 月正式開啟戰端的俄羅斯與烏克蘭戰爭，依據 Netblocks 國際組織的觀察，在正式開戰前的網路攻擊事件，就已呈現上升的趨勢。

- **網路詐騙**：隨著社群網路與即時通訊軟體的盛行，網路詐騙事件大量的出現，透過假訊息、假網址、惡意程式攻擊等方式引誘受害人，造成財物的損失，甚至影響了人身安全。

「網路霸凌（Cyberbully）」是一種新的電腦犯罪，加害者藉由在網路張貼文字和照片欺侮他人，帶給受害者更多痛苦，許多網路的使用者，透過社群媒體關注社會上的議題並發表個人的看法，但把照片和影片張貼在任何人都可以看到的網站，例如：社交網站 Facebook、Twitter、Instagram，以及影片分享網站 YouTube 等。這類網路霸凌或散佈假訊息，在現實生活中造成嚴重後果，包括鬥毆和青少年自殺。

2.2　資訊的所有權

資訊雖然不是一個「實體」，但它的所有權仍受法律保障，不得未經許可盜用。智慧財產權（Intellectual Property Right, IPR）以法律保護有實體或無實體的項目或資產，避免在其創造者或所有人無法得到報酬的情況下，遭到複製或使用。智慧財產權是個相當複雜的領域，它包括專利發明、商標、與著作權等，其中著作權就包括文字或藝術創作，例如小說、詩歌、戲曲、電影、繪畫、攝影、雕塑、建築設計等。我們將資訊安全所要保護的各種資訊權利顯示如圖 2-1，並分別說明如後。

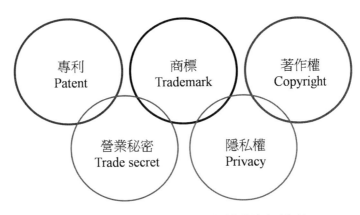

▲ **圖 2-1** 資訊安全所要保護的資訊權利

智慧財產權的「專利權（Patent）」在保護新穎、實用、且非顯而易見的發明。發明人需要向國家單位或世界組織做專利的送件及申請。專利所有人擁有一段時間（通常為二十年）的專屬權利，讓別人無法使用這項發明。

專利權是智慧財產權的一種最強的型態。它對發明的定義嚴謹，因此執法成功的機會比較高。有人認為專利權制度扼殺了科技發展，因為企業或個人無法自由地使用某些技術。事實上，由於專利發明會被公諸於世，反而常能激發其他的新發明。專利申請越多的國家，往往是科技越先進的國家。

智慧財產權的「商標（Trademark）」在標示產品，並與其他人的產品做區分。商標法可以保護企業為其產品所建立的口碑，並防止他人仿冒。商標可以包括：文字、顏色、名稱、標誌、聲音、產品形狀，或是以上數者的合併。

以下是一個關於商標的有趣案例：台灣的經濟部智慧財產局發函給中子創新公司，要將「台客」一詞恢復為公共財，不得再由特定公司取得商標權。中子創新公司過去兩年舉辦「台客搖滾嘉年華」，向智財局申請並取得「台客」的商標權，卻引發文化團體的抗議，認為台客具有公共財性質，不應由特定廠商取得商標權，剝奪其他人的使用權利（取材自聯合報 2007/9/11）。界定智慧財產比界定實體財產（如土地房屋等）更困難，而且在不同的時間或國情下，智慧財產的觀念未必一致。

智慧財產權的「著作權（Copyright）」所涵蓋的是一個想法的表達，而專利權才是在保護想法本身。著作權法保護創作資產，如著作、錄影音、電腦程式等。保護的範圍包括直接複製或是抄襲軟體的邏輯。著作權較難像專利那麼精確描述，因此侵權舉證不易。不過著作權通常有較長的保護期限，像是「存續於著作人之生存期間及其死亡後五十年」。在大部分的國家裡，一旦創作資產完成或是實體化之後，著作權的保護便自動發生，未必需要像專利或商標那樣經過提出與審批的程序。

著作權恐怕是資訊網路時代最頭痛的問題，因為「使用電腦複製（或抄襲）並經由網路出版（或散佈）」遠比印刷時代容易得多，許多人不覺得「舉手之勞」也算違法侵權。除此之外，究竟誰是侵權者也常有爭議，例如 P2P 的使用或是以下這個案例都值得法界深入研究。北京日報在 2007/7/19 報導：「百度網站又一次因為涉嫌侵犯知識產權成為被告。原告在訴狀中提出，被告經營的百度網站，向網際網路用戶直接提供音樂作品的 MP3 搜尋，用戶只要輸入歌曲名稱，百度就能抓取該音樂文件，並且透過一種名為「深層鏈結」的功能，幫助用戶繞過音樂作品發佈者的收費平臺，線上播放或免費下載，致使音樂著作權人蒙受損失。」這個案例的爭議點在於搜尋引擎只是個平台，它是否需要或能夠為搜尋到的內容負責？

智慧財產權的「營業秘密（Trade Secret）」是指私有的方法、技術、製程、配方、程式、設計或其他可用於生產、銷售或經營之資訊，它們是機密的並且對業務有重大影響。營業秘密不應該是尋常可見的知識，而且它對公司應該有較高的經濟價值，例如半導體公司的製程或是暢銷飲料的配方都屬於營業秘密。許多企業間諜案件，包括使用駭客手法者，都以營業秘密做為標的，組織應該有具體的方法保護營業秘密。由於營業秘密不可以公開，因此它不需要申請，也沒有保護期限，這一點與專利或著作權明顯的不同。

「隱私權（Privacy）」通常不被歸類為智慧財產權，但從資訊所有權而言，它是我們亟需要保護的範圍。個人隱私權首重個人身分資料（如身分證字號）與私密資料（如病歷資料）的保護，組織應該重視員工、客戶及相關人員之隱私權，並且訂定保護政策。例如組織需要客戶的個人資訊來達到業務上的目的，但當收集、分享、儲存、或處理客戶個人資料時，應當注意隱私權的相關規定與客戶的感受。

為了維護個人隱私，資訊系統應該使用防毒軟體並更新病毒碼，同時要注意並按規定安裝各項資訊產品廠商所提供的補丁。在可能的情況下，盡量對具有隱私性的資訊進行加解密處理。同時要留意傳統紙本的保密控管，當個人文件銷毀時，應使用碎紙機。

2.3　個人資料保護法與資訊安全

中華民國「個人資料保護法」（簡稱「個資法」）經 2010 年 5 月修正後，於 2012 年 10 月開始施行。個人隱私權因此得到更佳的法制化保障。「個人資料」的英文名稱為 Personally Identifiable Information，簡稱 PII；是指能藉以識別該個人的資料。個資法中的個人資料定義為「自然人之姓名、出生年月日、國民身分證統一編號、護照號碼、特徵、指紋、婚姻、家庭、教育、職業、病歷、醫療、基因、性生活、健康檢查、犯罪前

科、聯絡方式、財務情況、社會活動及其他得以直接或間接方式識別該個人之資料。」這些資料不論以紙本或電子檔案形態呈現，皆屬應受保護的範圍。

個資法的目的在「規範個人資料之蒐集、處理及利用，以避免人格權受侵害，並促進個人資料之合理利用。」因此個資法要求任何機構「保有個人資料檔案者，應採行適當之安全措施，防止個人資料被竊取、竄改、毀損、滅失或洩漏。」同時，個資法規定賠償及處罰。任何機關違反規定，「致個人資料遭不法蒐集、處理、利用或其他侵害當事人權利者，負損害賠償責任。」最高賠償金額可達新台幣二億元。

許多國內外的公民營機構因洩漏個人資料而遭受巨大的金錢及名譽損失。例如駭客在 2011 年 7 月入侵韓國 SK Communications 公司，竊走三千五百萬筆個人資料，高達該國總人口的七成，可見影響之大。而 Epsilon 公司，這家全世界最大的行銷電子郵件服務供應商之一，也在 2011 年 4 月因駭客攻擊造成數百萬個人電子郵件地址外洩。從事個人資料保護，我們不只要防止駭客從外部攻擊，更應該重視組織內部的人員管理，避免員工與契約人員有意或無意地洩漏或利用個人資料，這部分屬於企業內部對於資料處理上需要留意的事項。

我們以圖 2-2 說明個人資料的生命週期。過去進行個人資料蒐集時，當事人未必知悉；但在個資法施行之後，個資的蒐集必須履行告知義務，並經當事人書面同意。經蒐集後的個人資料在組織中被使用、儲存、編輯、複製。如果組織本身的資訊安全管理完善，這部分屬於較能被控制的環節。然而一旦個人資料被傳輸到組織之外，我們就對它失去了控制；尤其以電子郵件、即時通訊軟體、光碟、UBS 輸出的電子檔案，組織就無法對這些傳送出去的檔案進行有效的管控。因此個人資料傳輸是最需要謹慎控制的環節。除此之外，當組織不再需要使用或經當事人要求，個人資料就應進行銷毀。但是何謂「銷毀」？個人資料一經電子化之後就可以輕易地被複製、修改、再儲存。組織如何證明個人資料已被妥善移除，並且沒有留下副本？這是個資法施行之後，每一個組織都必須思考的問題，除了技術面向的問題外，更重要的是對於資料管理的問題。

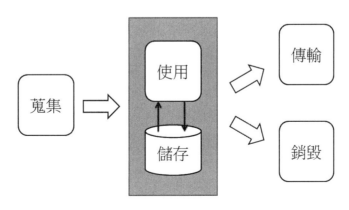

▲ **圖 2-2**　個人資料生命週期管理圖

資訊安全是個人資料保護的基石，任何一個忽視資訊安全重要性的組織或個人都會無法證明他「已盡防止之義務」，而必須擔負賠償責任並接受處罰。

2.4 資訊安全事件的處理方法

當個人或組織遇到一個資訊安全事件，我們需要採取正確、有效的處理方法。以下是幾個最基本的程序（顯示如圖 2-3）：

- 偵側到問題以後，做簡單的分類與報告。

- 對問題展開調查，設法確定問題發生的來龍去脈。

- 以隔離（Containment）等手段將問題所造成的損失降到最低。

- 徹底分析這個問題，設法尋找問題發生的根本原因（Root Cause）。

- 將狀況復原並且記錄問題處理的步驟，做為未來處理類似事件的參考。

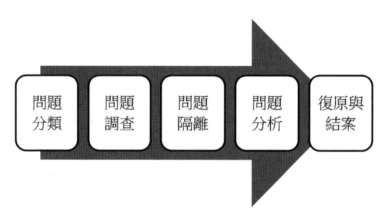

▲ 圖 2-3 資訊安全事件的處理步驟

2.4.1 問題分類

處理事件的第一個步驟是大略地了解問題，並且做好分類與報告，如此方能進一步深入地調查這個事件。進行這個步驟，我們要先決定這個事件是否真的是個事件。例如許多公司有安裝入侵偵測系統，敏感的偵測系統有時一天會發出數百個入侵警示，其中當然許多是錯誤的警示訊號（False Alarm）。當一個警示被判別為錯誤，我們只需要留下紀錄，就可以回復到事件之前的狀態。如果一個事件被判定為真實，就必須啟動下一個流程對它進行辨識或分類。

偵測到問題之後，要將問題做概略的分類。分類可以按階層方式，例如依事件的潛在風險、嚴重性或急迫性來歸類。另一種分類是按事件的性質，例如病毒感染、駭客攻擊、蠕蟲或大量垃圾信等。我們也要為事件的類別設定處理的先後順序，以提升危機處理的效率。

當我們大略地了解問題的類別與緩急輕重以後，就要將問題做適當的通報。我們要依據事件的分類通報上級主管、公司高層、相關部門、或是企業夥伴。有些重大事件則需要立即通報治安單位。

處理資訊安全事件時，何種情況下該請治安單位介入應謹慎拿捏。主要是治安單位處理電腦鑑識的人力有限；另外也要考量：治安單位一旦介入後，他們辦案的方法就不再受報案組織的限制，也不可能輕易停手。曾經有學校網路遭到入侵，報案之後警方找到的入侵者竟是該校一名成績優異的學生。校方希望給該生一個機會，但執法單位卻不得不依法處理。

2.4.2　問題調查

資訊安全事件可能一開始就千頭萬緒，問題調查這個步驟希望能夠先降低事件造成的衝擊，避免問題繼續惡化；如此才能爭取比較充裕的時間釐清事件的來龍去脈。最終目的要讓受衝擊的系統在最短時間內恢復運作，並且防止該事件死灰復燃。

調查行動可能有侵入性，使被調查的對象感覺不舒服。因此開始調查工作時，應該確保所有的行為符合公司或組織的政策，同時要注意調查過程是否會侵犯員工的隱私權。組織內進行的調查不具公權力，所以要確保調查行動符合相關的法律與社會規範。

調查階段可以倚重數位鑑識（Digital Forensics）技術，它是一門結合資訊科學與法律的專業，目的在取得法院能接受的證據。收集證據最有效的方法可能是將硬碟資料拷貝做為證物，但要位元對位元的拷貝，以取得完整的資料，一般複製功能無法複製中斷的鏈結或已經刪除的檔案。如果系統仍在運作，直接拷貝硬碟比較困難，可以考慮使用 EnCase 之類的數位鑑識工具，可以進行分析‧圖像分析‧廣泛支援各操作系統（請參考 https://www.opentext.com/products/encase-forensic）收集執行中的證據。收集到的證據要使用科學方法判定證據的特性，並設法將事件重組。

在收集細微證據的同時，也應觀察整個犯罪現場。犯罪現場是指有機會找到證據的環境，包括虛擬與實體環境。實體現場包括伺服器、工作站、筆記型電腦、網路儲存設備、行動裝置等。而我們較難指認虛擬現場在哪裡，它可能是分散式平台上的資料，或是某個時間內組織所接收到的電子郵件。為了能完整地收集證據並確保其可信度，我們

要盡可能地保護犯罪現場的完整。但需要保存的現場可能是分散在三個國家的虛擬現場；也可能只是一台可以關掉並從網路移除的工作站。

法庭通常要求直接證據，包括人證或物證；二手證據或風聞消息往往不被接受。這讓數位證據備受考驗，因為電腦化的紀錄很容易被捏造、篡改或刪除。數位證據的法律效果可以靠以下方法來強化：

- 有合格的證人說明證據的真實性。

- 證據是在營運過程中產生，而不是為了作證而產生。

- 證據是在該事件發生當時產生的。

- 取得與保存證據的過程有詳細紀錄。

從證據被取得之後，就必須全程記錄每一個與該證據相關的活動，以確保該證據是值得信任的，這個作法稱為「監管鍊（Chain of Custody）」。紀錄中至少應該包括資料收集的人、時、地，證據的保管人，證據交接的人、時、與原因，以及對證據的保護手段等。我們也要使用一些技巧來維持證據的正確與完整。例如，在拷貝硬碟資料當證據時，應拷貝兩份：一份存檔，一份供調查使用。或是以雜湊函數來確保資料的完整性；雜湊函數的原理及應用將在以後的章節說明。

2.4.3 問題隔離

適當的隔離措施可以降低事件所造成的潛在衝擊。隔離的目的有二：一是保護所有可能受到感染的系統、組件或網路；二是爭取更多的時間進行事件分析，並確定問題發生的根本原因。

隔離策略有許多種，我們可以視環境與攻擊手法來採取最佳策略。最簡單而有效的隔離方法是切斷受感染系統與網路之間的連結，以避免感染其他系統。但這個做法可能會造成整個或是部分的網路及重要的系統無法運作，影響組織正常營運。例如，外部惡意者正經由網頁伺服器設法存取資料庫資料，最簡單而有效的做法是關閉網站；但卻需要承受相當程度的營業損失。比較折衷的方法是虛擬地隔離受感染的系統，例如在防火牆或過濾路由器上設定適當的隔離條件，這樣做不至於完全中斷系統或網路的服務，但卻可以降低攻擊的嚴重性。

有時調查人員為了繼續分析事件的根本原因，而不希望攻擊行為立即停止，就可能在網路上裝置「誘捕系統（Honeypot）」，例如一台故意形成脆弱性的伺服器。這個伺服器沒有組織的重要程式與資料，就算遭到侵入，也不會造成損失。駭客攻擊蜜罐的過程會

被記錄與分析，用以瞭解入侵者的行動模式與入侵技術。目前已有下一代的欺敵系統（Deception），可以更擬真且彈性的部署在企業的內外網路環境中，目前已有在開放網路上部署欺敵網路（Deception Network）的作法，用來掌握更多廣泛的駭客活動軌跡（請參考 https://www.shieldx.io/）。

2.4.4　問題分析

隔離完成後，處理事件的下一個步驟就是分析問題的根本原因，並尋找事件的源頭與攻擊的進入點。我們期望藉由這個步驟取得足夠的訊息，來制止這個事件，並避免未來類似的事件再度發生。除此之外，還要找出誰該為這個事件負責，包括屬於內部或外部的人。

問題分析是在找尋根本原因，而不只是癥狀。例如在處理網路入侵事件時，我們變更防火牆設定之後就阻斷了攻擊，但在問題分析的步驟裡，要進一步找出攻擊者從哪裡來（可從紀錄裡查 IP 位址）？他的攻擊目的為何？他已經在我們的網路或系統中做了什麼事？他下次還會不會再來？進行這些分析需要依靠系統裡保存的紀錄（Logs），但有時無法取得足以分析的資料。一來礙於儲存空間，有些資料已被新資料覆蓋；二來許多技術精良的駭客會刻意的清除腳印，也就是在離開它所侵入的系統前，刪除相關的紀錄檔案。目前許多的勒索軟體駭侵事件，同時也會進行這些系統紀錄檔案的破壞，往往造成事件調查上的困難，而無法找出發生資安事件的根本原因。

2.4.5　復原與紀錄

進行完調查、隔離、與分析等步驟之後，就要著手復原系統。在一般的狀況下，也許只需要復原受感染的系統，例如清除電腦病毒後重新開機。但在比較嚴重的狀況下，可能需要復原整個組織的營運，這通常發生在巨大災難之後。

復原雖然是必要的，但不能草率進行，因為許多證據會在復原的過程中遭到破壞，而影響鑑識結果的可信度。同時我們要提防攻擊之後可能跟隨著更大的攻擊，有些精明的駭客利用第一波攻擊來瞭解受害者的反應速度與流程，再以第二波攻擊來達到目的。

只將系統回復到受攻擊前的安全強度是不夠的，因為下次類似的攻擊又會造成相同的損失。系統復原後需要被重新測試，並強化安全防護；起碼要能承受與前次相同的攻擊。資訊安全專業人士要有能力模擬真實世界裡的攻擊，以確定復原的系統具備足夠承受力。一旦某個系統被駭客攻破，這個消息會很快地在特定團體中傳開，後續類似的攻擊很可能發生，組織應當據此進行補強，如果弱點與產品有關，也應該儘速通知廠商尋求補救。

最後，在處理完一個事件之後，應該清楚地記錄每一個步驟，做為未來處理類似事件的參考。除此之外，最好能有一個比較正式的結案程序，讓參與事件處理的人員能做檢討與反饋。相關的建議與問題的根本原因都可以經由安全管控程序的修改得到回應。正式的結案程序可以讓大家，包括內部與外部的相關人員，消除疑慮、建立信心。

(　) 1. 以下哪一個部分不是進行數位鑑識（Digital Forensics）時所必須的？

　　　(A) 收集證據　　　　　　　　　(B) 查驗證據的真實性

　　　(C) 維護事件現場的完整　　　　(D) 建立資訊安全政策

(　) 2. 使用以下哪一種方法保存電腦硬碟內容最有機會做為法庭證據？

　　　(A) 將硬碟鎖在抽屜裡

　　　(B) 計算並儲存硬碟內容的雜湊值

　　　(C) 將硬碟放置於塑膠袋中並登記日期

　　　(D) 維護該磁碟的系統紀錄

(　) 3. 以下哪一項工作負責記錄所有與證據相關的活動，以確保該證據是值得信任的？

　　　(A) Chain of Custody　　　　　　(B) Forensics

　　　(C) Preservation of Evidence　　　(D) Problem Isolation

(　) 4. 當您考慮請治安單位介入處理資訊安全事件前，最應該和誰討論？

　　　(A) 網路管理員　　　　　　　　(B) 資訊安全專家

　　　(C) 組織的管理階層　　　　　　(D) 軟體開發工程師

(　) 5. IAB 將六項網路活動視為不道德，以下哪一項不包括在內？

　　　(A) 故意在未經授權的情況下竊用網際網路資源

　　　(B) 侵犯別人的隱私權

　　　(C) 在網際網路上發表爭議性言論

　　　(D) 以不嚴謹的態度在網際網路上做實驗

(　) 6. 以下哪一個論述是正確的觀念？

　　　(A) 隱私權是資訊安全應該維護的範圍

　　　(B) 如果駭客行為沒有產生實體破壞，就不屬於法律追究的範圍

　　　(C) 因為管轄權問題，治安單位尚無法處理跨國的網路犯罪

　　　(D) 複製軟體時，只要確保原檔案未受損，就不屬於侵權行為

(　) 7. 設立釣魚網站屬於以下何者？

　　　(A) 電腦被當成犯罪的目標　　　(B) 以電腦做為犯罪工具

　　　(C) 電腦意外的成為共犯　　　　(D) 不屬於電腦犯罪

(　) 8. 「加害者藉由在網路張貼文字和照片欺侮他人，帶給受害者痛苦」是指何者網路犯罪行為？

　　　(A) Cyberbully　　　　　　　　(B) Social Engineering

　　　(C) Spoofing　　　　　　　　　(D) Denial-of-service

( ) 9. 以下哪一種智慧財產權在保護新穎、實用、且非顯而易見的發明？

    (A) Patent   (B) Trademark

    (C) Copyright   (D) Trade Secrete

( ) 10. 以下何者需要經過提出與審批的程序？

    (A) Privacy   (B) Copyright

    (C) Trade Secrete   (D) Trademark

( ) 11. 隱私權是資訊安全需要保護的範圍，以下哪一項屬於隱私？

    (A) 公司財報   (B) 暢銷飲料的配方

    (C) 客戶個人資料   (D) 電腦程式原始碼

( ) 12. 偵測到問題之後，要將問題做概略的分類。分類可以採用階層方式或依據事件的性質，以下哪一項是依據事件的性質分類？

    (A) 將事件分為巨大傷害、嚴重傷害、與傷害

    (B) 將事件分為惡意程式、駭客入侵、與意外災害

    (C) 將事件分為最緊急事件、緊急事件、與一般事件

    (D) 將事件分為待辦、辦理中、與已辦理

( ) 13. 以下哪一種狀況可能無助於強化數位證據的法律效果？

    (A) 有合格的證人說明證據的真實性

    (B) 證據是在該事件發生當時產生的

    (C) 取得與保存證據的過程有詳細紀錄

    (D) 證據磁碟有超過一份的拷貝存檔

( ) 14. 對受感染的系統做隔離（Containment）可以降低事件所造成的潛在衝擊，以下哪一個有關隔離的說法是錯的？

    (A) 隔離保護所有可能受到感染的系統、組件或網路

    (B) 隔離措施不利於事件分析的進行

    (C) 隔離措施可能會影響組織的正常營運

    (D) 最簡單而有效的隔離方法是切斷受感染系統與網路之間的連結

( ) 15. 為什麼在處理完一個事件之後，最好能有一個比較正式的結案程序？

    (A) 讓參與事件處理的人員能做檢討與反饋

    (B) 相關的建議與問題的根本原因可以得到重視

    (C) 讓內部與外部的相關人員消除疑慮、建立信心

    (D) 以上皆是

資訊安全威脅 03

資訊安全威脅的種類繁多，從來自網路上的駭侵攻擊，到人與人之間所使用的詐騙手法，不一而足。但不論攻擊手法為何，它們都有類似的目的，就是要破壞資訊的機密性、完整性、與可用性。我們將在本章介紹常見的資訊安全威脅，包括惡意程式、網路入侵、與人為詐欺等，在下一章深入地討論某些駭客常用的攻擊手法。

3.1　資訊安全威脅的目的

資訊安全的目的在維護資訊的機密性（Confidentiality）、完整性（Intigrity）、及可用性（Availabilty），這三者常被稱為資訊的「CIA」。機密性在防止未經授權的人或系統存取資訊；完整性在確保被使用的資訊是正確的；而可用性則是確保資訊服務隨時可用。資訊安全威脅破壞資訊的 CIA，目的如下：

- **達到「侵入（Access）」的目的。**讓沒有進入權限的人或系統能夠未經授權地使用他人資源；目的在破壞資訊的機密性。

- **達到「篡改（Modification）」或「否認（Repudiation）」的目的。**讓沒有修改權力的人或系統能夠竄改他人資訊或否認某些事實；目的在破壞資訊的完整性。

- **達到「拒絕服務（Denial-of-service, DoS）」的目的。**讓惡意的人或系統能夠干擾或阻斷他人網路或服務；目的在破壞資訊的可用性。

3.1.1　以侵入為目的

侵入的手法很多，例如有一種實體攻擊方法稱做「垃圾搜尋（Dumpster Diving）」，攻擊者在垃圾箱裡尋找可能含有密碼或機密訊息的廢棄紙張。許多組織為了環保將廢紙集中回收，反而使垃圾搜尋更為便利。機密文件在回收前必須以碎紙機銷毀。在辦公室或其他場合，竊聽與窺視也常見。例如在洗手間或餐廳裡不經意的對話，也可能成為有心人士的竊聽機會。實體文件或是電腦檔案有可能遭窺視或利用，辦公桌上的小紙條也經常是不經意洩密的元凶。

當然侵入攻擊者也常使用科技手法，如電話監聽或在網路上掛線監看（sniffing），或是在網路服務提供者（ISP）那裡裝置側錄功能，以目前盛行的惡意程式而言，其中以竊取受害者資料為目的側錄軟體，除了一般的使用者之外，對於特權管理者，例如：應用程式管理員、系統管理員等，都成為此類惡意程式的攻擊對象，以獲取管理權限的帳號密碼為主要的目標。

3.1.2 以竄改或否認為目的

篡改是指未經授權的刪除、插入、或更改資訊,並期望別人無法察覺。例如學生竊用老師的帳號密碼更改自己的考試成績,或是駭客侵入銀行網路刪除信用卡消費紀錄等。而否認則是將正確的資訊弄成無效或誤導的狀態。例如惡意者冒名發郵件騷擾他人,或是惡作劇學生侵入系上網站發布放假三天的消息等。

否認的反面為「不可否認(Non-repudiation)」,是指藉由提供原本的證據,使寄件人不能否認曾發出信息,或收件人不能否認曾收到信息。例如在網路上購物,商家有時不只要求消費者提供信用卡號,還要信用卡的 PIN。藉由消費者的身分確認,商家就有不可否認的證據來進行交易。

近年廣為使用的社交網站也成為竄改攻擊的目標,許多來自社群網路平台上的訊息,除了真假難在第一時間辨別外,也可能遭到身分的假冒,造成周遭朋友遭到詐騙等情事發生,我們了解攻擊者的目的未必在於獲取機密,竄改或否認一樣能為攻擊者帶來經濟或政治的利益,加上虛擬貨幣的流通,讓駭客組織或攻擊者更加的運用虛擬貨幣的電子錢包,並且成為資安事件中勒索受害人的方式,過去幾年經常聽到國內外的產業大廠,遭受勒索軟體的威脅,已造成莫大的金錢損失。

3.1.3 以阻斷服務為目的

阻斷服務是讓受害的網路或伺服器忙於處理假的服務要求,而無法處理真的要求;或直接破壞作業系統或硬碟上的資料使資訊服務無法繼續。例如 ping of death 就是一種阻斷服務攻擊,攻擊者利用 ping 工具產生超過 IP 協定所允許的最大封包,使受害者電腦當機。緩衝區溢位(Buffer Overflow)也是一種 DoS 攻擊手段,攻擊者傳送超過緩衝區大小的資料給系統,使它覆蓋其他資料區域,造成系統失敗。

「分散式阻斷服務(Distributed DoS, DDoS)」則是由駭客的主機控制網路上多台傀儡電腦(Zombies)同時對受害者發動 DoS 攻擊。而發動攻擊的傀儡電腦的使用者其實也是不知情的受害者。在惡意程式的活動中所形成的殭屍網路(Botnet),往往也是駭客經常用來發動分散式阻斷服務攻擊的來源。

病毒及蠕蟲等惡意程式的目的也在破壞資訊的可用性,但不同於駭客所發動的 DoS 或 DDoS 攻擊,惡意程式的撰寫或散佈未必具有針對性,可能只是惡作劇或者炫耀,從過去幾年在網際網路上發生的幾起巨量攻擊事件,就不難看出此類攻擊行為對於網路與系統服務所帶來的影響。

總結來說，資訊安全威脅的目的是為了破壞資訊的機密性、完整性、與可用性，手法可能是技術性的，也可能以詐術為主。

3.2 認識一般的攻擊

一般的攻擊是利用系統潛在的弱點，例如軟體或通訊協定在設計或安裝上的漏洞，來達到侵入、篡改與否認、或拒絕服務等一個或多個目的。近年來透過惡意程式進行的攻擊已大量出現，尤其部分的惡意程式攻擊的對象，已從一般的資通訊設備，轉向物聯網裝置或是工業控制系統（SCADA），大幅的擴展了資安攻擊原本所定義的範疇。

3.2.1 攻擊通關密碼

設定通關密碼是最常見的存取控制方法，因此密碼破解（Password-cracking）也是常見的攻擊類型。破解密碼有幾種可能的方式：一種是直接進行網路監看，另一種是「窮舉攻擊（Brute-force Attack）」，再一種則是所謂的「字典攻擊（Dictionary Attack）」。窮舉攻擊會逐一地嘗試所有可能的密碼組合；而字典攻擊則利用一個預先定義好的檔案（稱為字典），裡面存有較常被使用為密碼的單字。由於幾乎沒有人會設定真正隨機的通關密碼，所以字典攻擊法經常快速有效。

為了防禦密碼猜測攻擊，通關密碼的設定應該要夠長，才能增加窮舉攻擊的難度；通常建議八個字的密碼長度。另外，密碼的選擇要夠冷門，以降低字典攻擊的成功率。不應該使用有意義的單字，而且要夾雜字母與數字為佳。最後，要經常更換通關密碼，以防被破解的帳號遭駭客長期利用。

系統管理員通常擁有較高的權限，可以決定系統的存取授權，因此內部人員管理非常重要，但近年來惡意程式活動的猖獗，更以特權管理者為主要目標，進行特權帳號與密碼竊取，進而假冒管理員的身分進行特權操作，或是變更系統上的組態設備，而嚴重影響了系統本身的安全性。

3.2.2 利用後門

後門攻擊（Backdoor Attack）是指駭客利用程式存在的漏洞進出系統或網路。後門的產生有兩種途徑，一種是軟體開發者原先設計的維護後門（Maintenance Hook）。開發一個複雜的作業系統或應用軟體時，工程師常在程式裡設計後門以利測試與修改，但必須

在產品上市前移除。忘記移除後門常造成嚴重的資訊安全事件，因此若事後才發現維護後門沒有移除，應儘速以補丁修補。

另一種後門由入侵者所植入，為了重新進入。最常見的是木馬程式，可能透過電子郵件或惡意網站進入受害的系統。駭客可以利用木馬程式操控該系統，例如開啟連接埠或關閉防火牆。另外，像 Netcat 之類的工具能夠快速的建立主從架構的服務，讓遠端主機透過網際網路控制另一台電腦，部分公司用它做遠端管理員，但駭客也用它做後門攻擊。

3.2.3　攔截與偽裝

中間人攻擊（Man-in-the-middle Attack）是指在伺服器與客戶端之間放置雙方都無法察覺的軟體，如圖 3-1 所示。它能攔截一方的資料，備份或篡改之後若無其事地傳送給另外一方。隨著無線網路盛行，中間人攻擊更容易成功。一來許多人使用無線網路時並未加密；二來無線網路的中間人攻擊不需要實體掛線，在各種方便的位置都可以進行。

▲ 圖 3-1　中間人攻擊

重放攻擊（Replay Attack）是指攻擊者攔截使用者的登入資料，稍後再正式登入伺服器，如圖 3-2 所示。重放攻擊對 Kerberos 之類的登入系統是有效的。為防禦重放攻擊，加解密過程常會使用會談金鑰（Session Key），這種金鑰在會談完成後就自動失效。

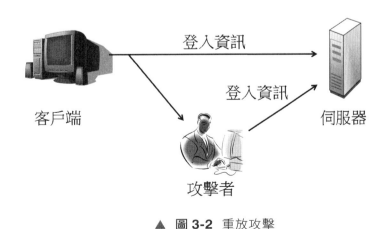

▲ 圖 3-2　重放攻擊

欺騙攻擊（Spoofing Attack）是指攻擊者偽裝成一個熟悉並且可信任的伺服器或網站，藉以騙取登入資料或其他秘密資訊。網路釣魚是一種欺騙攻擊，它可能是一個看似有公信力的惡意網站，或是冒名的電子郵件要受害者連結到惡意網站，再騙取秘密資訊。

歹徒安置假的 ATM 機器也是一種欺騙攻擊，受害者插入磁條提款卡並輸入密碼後即遭電子側錄。提款卡晶片化後，側錄幾乎不可能，但 ATM 欺騙手法又被翻新。中國農業銀行在 2007 年曾張貼以下告示：「不法分子在 ATM 機插卡口處安裝吞卡裝置造成吞卡故障，並在 ATM 機旁張貼假的銀行告示，誘騙持卡人按假告示上的聯系電話與冒充銀行工作人員的不法分子聯繫，不法分子騙持卡人說出銀行卡密碼後，支開持卡人，從 ATM 機取出銀行卡並盜取持卡人銀行卡資金。」可見道高一尺、魔高一丈，資訊安全是永不停止的攻防。

2016 年第一銀行爆發大規模 ATM 盜領事件，全台灣共有 41 台 ATM 自動提款機因遭攻擊者植入惡意程式，而自動吐鈔超過 8 千萬元帶來新的資安思維，因第一銀行內網遭到駭客滲透，並且利用郵件社交工程進行滲透，運用惡意程式遠端控制 ATM 進行吐鈔，而該集團已在全球 100 家以上的銀行盜取了超過 360 億元，讓受到入侵的銀行遭受極大的損失。（取材自天下雜誌 2018/6/27）

3.3　認識軟體弱點的利用

軟體弱點不一定是軟體錯誤，只是攻擊者利用某種軟體「功能」或合併數種功能來達到攻擊之目的。像資料隱碼（SQL Injection）就是一種利用輸入查驗不完整所發動的攻擊。舉例說明，網站設計者將「使用者名稱」這個欄位的輸入資料直接傳送給 SQL Server，這個欄位的輸入應該是文字，但攻擊者輸入之資料中刻意含有某些對資料庫系統有特殊意義的符號或命令時，便可能讓攻擊者有機會對資料庫系統下達指令，而達到入侵的目的。

巨集病毒（Macro Virus）以巨集程式語言來撰寫，這種程式依附在該類型檔案中，並常經由電子郵件被傳播。梅莉莎病毒與 Taiwan No.1 都屬於巨集病毒。巨集程式語言是應用程式（如 Microsoft Word 或 Excel）提供的一項強大功能，有時為了資訊安全考量，而不得不予以限制。

除此之外，電子郵件系統提供的附加功能，如通訊錄，有時會被攻擊者利用做病毒擴大散播的途徑。間諜軟體（Spyware）常經由電子郵件或網站下載等途徑入侵，使用者常在不知情的狀況下自己將間諜軟體載入電腦，它會收集使用者電腦活動或顯示廣告等，大

多為了商業利益。Rootkit 病毒則利用作業系統的一些特性隱藏自己，它在執行時，視窗工作管理員都找不到它的蹤跡。

3.4　認識惡意程式

惡意程式（Malicious Code or Malware）泛指對網路與系統造成威脅的軟體，可被略分為病毒、蠕蟲、木馬、與邏輯炸彈等。已被發現的惡意程式會被公佈在公開網站，讀者可以前往參閱：

- 趨勢科技網站：https://www.trendmicro.com/

- VirusTotal 網站：https://www.virustotal.com/

- TWCERT/CC 惡意檔案檢測服務網站：https://viruscheck.tw/

3.4.1　認識病毒

病毒（Virus）是一個寄居在其他程式上的小軟體，它可能僅只生存在電腦內不造成傷害，也可能刪除磁碟上的資料、破壞作業系統、或傳染別台電腦。電腦病毒的存在主要有兩大目的：第一是傳染給別台電腦；其次是讓受害電腦不能運作。

電腦病毒傳染主要有三個途徑：

- 經由受感染的可移式媒體（Removable Media）如軟碟、CD ROM、USB 碟傳染給其他電腦。

- 經由電子郵件的附件傳染，這類病毒常利用受害者的通訊錄傳送病毒給更多的潛在受害者。

- 附著在別的正常軟體上。尤其越來越多人肆意的從網路上下載軟體，卻未細究該軟體是否已遭病毒感染。

電腦一旦感染病毒後常有以下的徵狀：

- 可能系統被控制、螢幕上出現惱人的訊息、甚至硬碟資料被摧毀。

- 可能造成系統上的程式變慢，因為病毒佔用了部分電腦資源。

- 可能有些檔案會消失，因為病毒常刻意刪除重要檔案。

- 可能有些程式的大小會改變，因為病毒附著其上。

- 可能造成系統突然關閉，或磁碟經常做沒有意義的讀寫。

- 可能突然無法使用硬碟或其他電腦周邊。

電腦病毒有時會對自身做加密編碼或壓縮造成變形，企圖躲避掃毒工具的偵測。有的病毒會隱身在硬碟的 Boot Sector，或當防毒軟體掃描時在不同的檔案間移動，目的都在躲避偵測，並延長寄生壽命。

3.4.2　認識蠕蟲

雖然蠕蟲（Worm）與病毒兩個名詞常被混用，但在正式定義上，它們有兩個主要差異：第一、蠕蟲可以自己存在，不需要寄生於別的程式或檔案。第二、蠕蟲可以複製自己，並自行在網際網路上傳播，不需靠人的參與。蠕蟲造成的傷害經常範圍極廣，因為蠕蟲在受害電腦上大量複製，再經由郵件通訊錄上的地址或網路的 IP 位址傳播。

2001 年的紅色警戒（Code Red）蠕蟲一天內癱瘓三十餘萬台電腦。蠕蟲的快速複製與傳播的能力常大規模的占用系統資源，例如記憶體與網路頻寬，導致網站、網路服務、與電腦系統無法正常運作，形成阻斷服務的結果。

3.4.3　木馬與邏輯炸彈

不同於病毒或蠕蟲，木馬（Trojan Horse）程式不會自行複製、傳播或寄生，它進入受害者電腦的管道是靠著使用者錯誤的判斷。木馬程式偽裝成別的程式進入系統或網路，表面上是個使用者想要的程式，例如從網路上下載一個電玩遊戲，安裝之後也能正常操作；但這個程式可能同時在電腦內植入病毒、施放蠕蟲或開啟後門。例如，曾有木馬程式偽裝成「waterfalls.scr」這樣的螢幕保護程式。由於 .scr 為可執行檔且螢幕保護程式執行時防毒功能經常是關閉的，使惡意程式能順利運作。

邏輯炸彈（Logic Bomb）是被放置在受害系統中的軟體程式，被設定在某種條件下啟動一些破壞性的功能。病毒或蠕蟲等惡意程式也常伴隨著邏輯炸彈的設計，在某條件下啟動攻擊。這樣做可以讓程式散布得夠廣之後，才同時爆發。較常見的發作日期是十三日星期五或是四月一日愚人節等。美國 UBS 銀行一位心有不滿的系統管理員 Roger Duronio 被指控使用邏輯炸彈傷害公司的電腦網路。在 2002 年 3 月 4 日當天，公司兩千台伺服器同時受攻擊而停止運作，四百家分行受到影響，造成巨大損失。Duronio 被判刑八年，並須賠償 UBS 三百一十萬美元。

防制病毒或蠕蟲傳播主要靠防毒軟體以及新一代的端點預警系統（Endpoint Detection and Response, EDR），對於端點進行偵測與異常行為的回應，它是安裝在系統上的軟體，能主動地掃描惡意程式，包括了病毒、蠕蟲、或木馬程式等。目前全球有不可計量的已知病毒和其他惡意程式，大部分已知的病毒都被歸納出個別的特徵，防毒軟體按照這些特徵尋找病毒並予消除。然而持續有人製造新的惡意程式，我們要繼續依規定更新病毒碼以防禦新型態的攻擊行為。防禦的軟體應同時存在於伺服器、閘道系統與個人電腦上，會有更好的縱深防禦效果。

3.4.4　勒索軟體

近年來勒索軟體改變了資安事件的型態，也成為攻擊者最喜歡運用的攻擊手法，從早期單純的影響系統運作，轉而對於數位資產進行竊取與加密，配合虛擬貨幣進行威脅與勒索，此類事件大量的出現，攻擊者的目標也從一般的資訊環境，轉向製造業等廠區機台。2018 年台積電遭受勒索軟體攻擊，而機台大當機帶來產線中斷造成出貨延遲以及相關成本的增加，整個事件的損失高達 78 億元，而機台感染到的惡意程式就是名為 WannaCry 的勒索軟體。

許多產業都曾經遭受到各種類型的勒索軟體攻擊，不論是一般的資訊環境，或是產業環境中的工廠設備，都已有許多的案例發生，一旦遭到了勒索軟體攻擊，最重要的一件事就是如何快速的讓受到攻擊的資通訊設備、設備機台儘快的回復運作，以確保企業仍然可以持續營運與發展。

3.5　認識網路攻擊

過去駭客多藉由網路或可移式媒體，以無目標的方式散播病毒或蠕蟲，但這種攻擊方式很難為攻擊者帶來實際利益。除此之外，作業系統的安全功能被強化，防火牆及防毒軟體更普及使用，這種攻擊方式已經不容易再造成本世紀初的 Code Red 或 Nimda 蠕蟲的殺傷力。然而這並不代表網路的威脅降低了，駭客開始鎖定特定對象進行攻擊。這種攻擊的成功機率更高，而且具有經濟價值。駭客挑選特定對象之後，可能按照以下步驟進行網路攻擊：

- **偵察**：駭客會先送出各式的探測封包，以獲得特定對象的網路資訊。

- **測試**：依據這些資訊，駭客會找出可以從外部入侵內部的弱點。

- **侵入**：駭客為方便侵入系統會先弱化其安全防禦功能，例如掌控其防火牆。如果已經由欺騙手法植入木馬，侵入就更容易了。

- **控制**：駭客控制特定對象電腦的方式之一，就是在他的系統啟動程式中插入控制碼，為入侵者建立一個遠端控制的入口。

- **利用**：控制特定對象的電腦之後，駭客就可以恣意地使用它的資源，包括分享機密資訊。

- **轉戰**：駭客會使用其所控制的電腦，攻擊其他網路或系統；前述被用來發動 DDoS 攻擊的傀儡電腦就是例子。駭客也可能利用被控制的電子信箱發更多的釣魚郵件給受害者認識的人。

3.5.1 認識 TCP/IP 協定

幾乎所有大型網路，包括網際網路都使用 TCP/IP 協定，它的彈性和使用便利性卻造成安全疑慮。TCP/IP 協定可分為四層，如圖 3-3 所示。

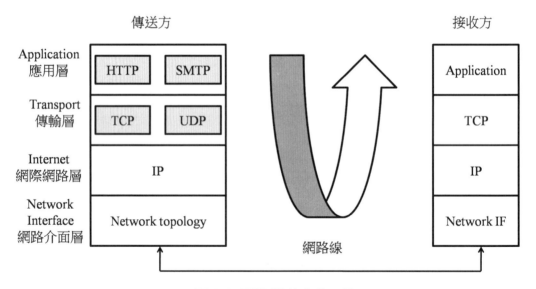

▲ 圖 3-3 TCP/IP 協定的四層

「應用層（Application Layer）」是 TCP/IP 的最上一層，讓應用程式透過服務與協定來交換資料，大部分程式包括瀏覽器都在這一層與 TCP/IP 互動。常見的應用層協定包括：HTTP 是在 www 傳送檔案的規則，FTP 是主機與網際網路間傳輸資料的協定，SMTP 協定用來傳送、接收、轉寄電子郵件，POP 是一種主從式協定，定義伺服器如何為使用者接收、儲存電子郵件，Telnet 是一種互動式終端機的模擬協定，還有 DNS 在網際網路上將網域名稱轉換為 IP 位址。

「傳輸層（Transport Layer）」在應用層之下，定義應用程式之間的資料傳輸功能，它提供流量控制、錯誤偵測與修正等。傳輸層主要有 TCP 與 UDP 兩種協定：TCP 能建立可靠的一對一連結，它確定兩端都接收到每一個封包，同時封包被正確地解碼與排序。TCP 連結在傳輸期間是持續的，傳輸結束就中斷。UDP 在主機間提供非可靠性、非連結性的通訊。不確定每一個封包都能送達，但盡力而為。UDP 的傳輸速度比 TCP 快，適合傳輸小封包。

「網際網路層（Internet Layer）」負責安排路徑、設定 IP 位址與封裝。它包括以下協定：IP 協定能設定主機位址，並負責切割與重組封包。IP 按路徑傳送封包，但不檢查其正確性，那是 TCP 的事；ARP 協定負責把 IP 位址轉換為下一層（網路介面層）的 MAC 位址；ICMP 協定提供維護與報告的功能，Ping 就是一個 ICMP 指令，當我們 Ping 一個 IP 位址，就可以檢查兩個系統之間的連結狀態。IGMP 協定負責管理 IP 多接收者傳播（Multicast）的群組。

「網路介面層（Network Interface Layer）」是 TCP/IP 的底層，負責在實體的網路上收發封包。因為有這一層，所以 TCP/IP 幾乎可以在任何網路拓樸（Network Topology）或技術上實施。這個優勢讓不同的網路架構可以在組織中同時並存，而且升級與改變更容易。假設有家公司將網路架構升級到 10G Fiber Ethernet，TCP/IP 只需要知道怎麼和新的網路控制器溝通，其餘部分都不必更動。

TCP/IP 各層的關係可由圖 3-4 所示之資料封裝（Encapsulation）來瞭解。應用程式的資料（例如一封電子郵件）被加上 TCP 表頭（Header）與錯誤檢查碼後封裝為 TCP 封包；再加上 IP 位址等表頭資訊後封裝為 IP 封包；最後被轉換為硬體網路上的 0 與 1 來進行傳輸。接收端則依反向順序經過各層處理後，就得到原來的資料（一封電子郵件）。

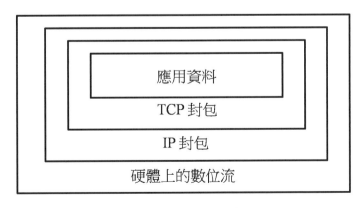

▲ 圖 3-4 資料封裝

電腦連接埠（Port）是讓主機之間能夠通訊的位址，要開始通訊的一方指出要求通訊的連接埠，若對方的這個連接埠可以使用，雙方開始通訊。連接埠包括在 TCP 封包的表頭內。有些連接埠位址被約定為特殊用途，稱為 well-known ports，理論上 1024 以前都是特殊連接埠，表 3-1 是部分的特殊用途連接埠。

表 3-1 部分的特殊用途連接埠

連接埠	特殊用途	連接埠	特殊用途
20	FTP (data channel)	80	HTTP
21	FTP (control channel)	110	POP3
22	SSH	119	NNTP
23	Telnet	143	IMAP
25	SMTP	161	SNMP
53	DNS	443	HTTPS (secure web)

開啟一個 TCP 連結需要經過以下的三向交握（3-way Handshake）：

- 要求通訊的主機送出一個 SYN 封包給接收端，以要求同步。

- 接收端會回傳一個 SYN/ACK 封包，意味著「已經收到你的連結要求，並且同意連結。」

- 傳送端再回給接收端一個 ACK 封包，意味著「已經收到你的回覆，我們開始通訊吧！」。

連結開始之後，雙方使用適當的連接埠通訊，例如 web 使用 80，而 POP3 使用 110。如此，一台主機就可以同時處理許多的通訊要求。

3.5.2 有關 TCP/IP 的攻擊手法

攻擊可能發生在 TCP/IP 的任何一層，但以傳輸層及網際網路層居多。攻擊可能來自外部或來自內部。外部攻擊需要靠網路弱點，但內部的任何一台主機都可以扮演網路監聽者。許多網路使用匯流排（Bus）架構，網路上的資料會流經匯流排上的每一台主機，各主機的 NIC 卡擷取屬於它的資料，忽略不屬於它的。如果在其中任何一台主機上安裝網路監聽軟體，如 Wireshark，就能看到匯流排上所有流經的資料，包括別的使用者的私密通訊與通關密碼等。外部攻擊者如果在機房附近的內部網路上掛線，也可以達到相同的效果。

連接埠掃描（Port Scan）是駭客發動攻擊的前哨戰。TCP/IP 允許外部使用者透過路由器來連接一些電腦連接埠，這些連接埠收到外部詢問訊息時，會依固定的方式回應。駭客可以系統地對受攻擊的網路送出不同的詢問訊息，並從它們的反應來判斷網路上有哪些服務和開放的連接埠。使用 Telnet 指令就可以做簡單的連接埠掃描，例如要查某一台伺服器是否提供電子郵件服務，可以對它發出 telnet www.xyz.com 25 指令。如果這台伺服器提供 SMTP，它就會回應登入訊息。將連接埠掃描的範圍擴大，駭客試探過範圍內的每一個 IP 位址與連接埠之後，就能勾勒出受攻擊組織的整個網路結構，以做為發動攻擊的重要參考。

藉由 TCP 來攻擊網路的方法很多，第一個例子攻擊 TCP 連結的「三向交握」：由要求通訊的主機發出 SYN，接收端回覆 SYN/ACK 之後就等傳送端的 ACK 來啟動通訊。假如駭客針對特定攻擊對象一直發 SYN，卻不回應後面的 ACK，那麼接收端就會不停地累積連線要求卻無法消化，其他有用的連線要求反而遭到阻擋，形成 DoS，這種攻擊稱為「SYN 洪水攻擊（SYN Flood Attack）」。

TCP 封包的序號（Sequence Number）記錄在封包內，TCP 將封包內容傳送到上層時，要靠這些序號來決定順序。在網路上監聽的駭客可能在傳送者傳送某個封包之前，預測它的序號並搶先發出相同序號的假冒封包，接收端就會把它當作真的收下來，這種方法稱為「序號預測攻擊」。為了阻撓傳送者後續發出真的封包，駭客有時會用 SYN 洪水造成它的拒絕服務。

序號預測攻擊可以讓駭客進行「TCP/IP 劫持（TCP/IP Hijacking）」。假設一位使用者從遠端正在以 Telnet 存取伺服器資訊，駭客劫持這個連線，就能不經過登入程序而直接存取伺服器。駭客也可以藉由類似的手法使自己成為隱藏的中間人（Man in The Middle），以便攔截、備份、或篡改兩位受害者之間的通訊。

我們可以將以上這幾個攻擊手法串連起來：駭客先進行網路監聽（偵查），再對網路進行有系統的連接埠掃描（測試）。當發現弱點時，例如某台伺服器正在提供外部客戶 Telnet 服務，就以 SYN 洪水攻擊堵住客戶端，並用序號預測攻擊法讓伺服器接受對話（侵入）；接著就可以劫持 TCP/IP，並取代真的客戶端以 Telnet 存取伺服器（控制）。如此，伺服器就被駭客所使用了（利用與轉戰）。

3.5.3 有關 UDP 的洪水攻擊手法

除了 TCP/IP 的攻擊手法之外，UDP 也大量被運用在分散式阻斷服務（DDoS）的攻擊之中，UDP 洪水攻擊屬於阻斷服務攻擊手法的一種，攻擊者將大量使用者的 UDP 封包傳送到目標主機，在於影響該目標主機的處理與回應能力，而其中用來保護目標主機的資安設備，例如：防火牆，也有可能因為 UDP 洪水攻擊而耗盡設備資源，影響合法使用者的存取。

3.6 認識社交工程

最難防禦的攻擊是人對人的欺騙，在資訊安全領域裡，我們稱之為「社交工程（Social Engineering）」。社交工程是攻擊者藉由社交手法取得系統或網路的資訊，例如使用者帳號與密碼等。

社交工程的接觸管道包括電話、電子郵件、或面對面地與組織成員對話。除了傳統管道外，即時通是比較新的社交工程管道。從組織的角度來看，即時通就像在嚴謹的資訊環境裡開啟了許多後門，隨時都有機密資訊洩漏的可能。大部分的即時通都沒有加密，傳送資料也沒有留下紀錄，而且現代人經常同時開啟許多對話視窗，很容易發生錯誤。除此之外，使用即時通匿名交友更讓社交工程有可乘之機。

網路釣魚也是社交工程的一種。越來越多的電子郵件欺騙收信人點選有害的附件或網路連結，如果照做，可能會下載木馬程式，或引誘受害者到釣魚網站輸入信用卡號等。

以下提供兩個社交工程案例給讀者參考。凌晨六點資訊處值班同仁接到電話，對方說自己是公司的副總裁，正在機場貴賓室急需登入自己的網路信箱。由於平時他在辦公室使用 Outlook 所以忘了帳號及密碼。他必須立刻登入網路信箱，否則公司會損失幾億元的生意。值班同仁給了他的帳號及密碼，結果副總裁信箱裡的機密資料就被競爭對手輕易取得。

另一個案例是有位系統管理員在下班前接到電話，是賣他防火牆那家公司的新工程師打來的。由於那個產品有些問題，會以電子郵件的附件寄給他一個補丁程式，請他收到之後立刻執行那個程式。系統管理員依指示做了；但木馬程式卻悄悄地打開了電腦連埠。

防制社交工程的唯一方法是經由資訊安全的教育訓練，也有些公司開發社交工程的攻防演練軟體，讓接受訓練的人員有實境操作的機會。

( ) 1. 以下哪一種攻擊主要是讓得到授權的使用者無法存取網路資源？
 (A) DoS
 (B) Worm
 (C) Logic Bomb
 (D) Social Engineering

( ) 2. 以下哪一種攻擊使用多台電腦攻擊受害者？
 (A) DoS
 (B) Worm
 (C) DDoS
 (D) Trojan Horse

( ) 3. 有一台伺服器上執行的程式能夠不受身分認證系統的控制，這種現象屬於以下哪一種攻擊？
 (A) DoS
 (B) DDoS
 (C) Social Engineering
 (D) Backdoor

( ) 4. 有一種攻擊是在兩台電腦之間放置雙方都無法察覺的軟體，攔截並篡改一方的資料後傳送給另外一方。這是哪一種攻擊？
 (A) Backdoor
 (B) Man-in-the-middle
 (C) Virus
 (D) Logic Bomb

( ) 5. 系統管理員發現有人重複地以使用過的憑證來登入系統，這是哪一種攻擊？
 (A) Replay
 (B) Man-in-the-middle
 (C) Backdoor
 (D) Worm

( ) 6. 一台伺服器無法再接受 TCP 協定的連線要求，它最可能遭到了哪一種攻擊？
 (A) TCP/IP Hijacking
 (B) SYN Flood
 (C) Man-in-the-middle
 (D) Virus

( ) 7. 資訊室值班同仁報告前一晚有人冒用總經理的名義，打電話詢問通關密碼。這是哪一種攻擊？
 (A) DoS
 (B) Backdoor
 (C) Man-in-the-middle
 (D) Social Engineering

( ) 8. 組織內有許多同仁反應他們的防毒軟體報告有病毒一再地企圖感染系統，而且他們大家得到的訊息都相同。以下哪種狀況最有可能？
 (A) 蠕蟲攻擊
 (B) 防毒軟體故障
 (C) 駭客入侵
 (D) 某台伺服器成了病毒的載具

( ) 9. 當您開機時接到錯誤訊息說 IP 位址已被使用，由於電腦都被指定固定 IP 位址，所以最可能發生的是何種狀況？
 (A) Man-in-the-middle
 (B) Backdoor
 (C) TCP/IP Hijacking
 (D) Virus

( ) 10. 有一天晚上，您注意到自己的電腦硬碟動得很厲害，即使沒有使用也一樣。以下哪
一種狀況最有可能？

    (A) Virus Spreading   (B) Disk Failure

    (C) SYN Flood   (D) TCP/IP Hijacking

( ) 11. 垃圾搜尋（Dumpster Diving）企圖達到哪一種資訊安全威脅的目的？

    (A) Access   (B) Modification

    (C) Repudiation   (D) Denial-of-service

( ) 12. 一位學生侵入學校的伺服器，偷偷地修改自己期末考成績。他破壞了資訊的哪一種
特性？

    (A) Confidentiality   (B) Integrity

    (C) Availability   (D) Accessibility

( ) 13. 傳送比預期更大的資料給系統，使它覆蓋其他資料區域，造成系統失敗。這屬於哪
一種攻擊？

    (A) TCP/IP Hijacking   (B) Buffer Overflow

    (C) Man-in-the-middle   (D) Virus

( ) 14. 一種惡意程式「可以自己存在、可以複製自己並且可以自行在網際網路上傳播」，
應該屬於哪一種？

    (A) Virus   (B) Worm

    (C) Trojan Horse   (D) Logic Bomb

( ) 15. WannCry 與 Lockbit 屬於哪一種惡意程式？

    (A) Ransomware   (B) Trojan Horse

    (C) Rootkits   (D) Backdoor

( ) 1. 對於新進的人員，以下何種作法可以讓剛加入組織的員工，更快的瞭解運作的方式，避免社交工程攻擊的發生？

    (A) 深層防禦
    (B) 實體安全性
    (C) 可接受使用政策
    (D) 原則程序和感知

( ) 2. 緩衝區溢位錯誤是系統上經常發生的問題，如果要保護系統避免錯誤，可以採取以下何者作法？

    (A) 資料執行防止
    (B) 入侵預防系統
    (C) 防毒軟體
    (D) Proxy 伺服器

( ) 3. 社交工程攻擊中，以下那三種是駭客經常使用的手法？（請選擇 3 個答案）

    (A) 垃圾桶尋寶
    (B) 電話
    (C) 防火牆介面
    (D) 反向社交工程
    (E) 誘捕系統

( ) 4. 下列哪個連結可以提供 CompanyPro 帳戶管理網站時的安全性？

    (A) http://VPN.VisitMe/logon.html
    (B) https://companypro/SecureSignln/
    (C) http://VPN.VisitMe/SecureSihnln/
    (D) http://secure.companypro/SwcureSignln/

( ) 5. 當電腦遭受到暴力密碼破解攻擊，以下何種方式做法可以進行確認？

    (A) 執行 show all access 命令
    (B) 檢查安全性紀錄檔是否有失敗的驗證嘗試
    (C) 使用防毒軟體掃描電腦
    (D) 檢查您的 Windows 資料夾是否有未簽署的檔案

6. 下列敘述正確選擇「是」，錯誤選擇「否」。

    (是 / 否) (A) 為了保護使用者防範不受信任的瀏覽器快顯視窗，應該要設定封鎖所有快顯視窗的預設瀏覽器設定。

    (是 / 否) (B) 線上快顯視窗和對話方塊可能會顯示很逼真的作業系統或應用程式錯誤訊息。

    (是 / 否) (C) 保護使用者防範不受信任的快顯應用程式基本上是一種感知功能。

MEMO

第 **2** 篇

信任與安全架構

建立使用者的身分認證、授權使用的權限以及建立存取控制的機制,以對應資訊安全架構與設計的原則,從國際標準管理系統到建立安全等級與評估準則,透過密碼學來建立資通訊系統基礎的架構,在網路模型各個不同的階層建立對應的資安防護措施,以提供安全的運作架構。

認證、授權與存取控制 04

最小權限原則一直是資訊安全領域，對於資料的保護實施管控時的主要方式，而存取控制（Access Control）涵蓋的範圍很廣，包括電腦設備使用、資料存取、人員的權限、與實體門禁等。存取控制要能滿足以下基本需求：

- **安全性**：組織政策要確保只有得到授權的人可以讀取機密資訊，或修改資料或程式，而且使用者不會輕易地造成系統無法運作。

- **可用性**：存取控制的機制要讓使用者易於瞭解，並且盡量不影響正常工作方式與習慣。存取控制的機制要能夠每次都如預期的運作。

- **擴展性**：存取控制的機制不能因為人員、系統或工作量增加而變得太複雜，以致影響系統效能與行政效率。

存取控制是資訊安全的基礎，它確保對的人，而且只有對的人，可以隨時使用對的資訊。

4.1 存取控制的主要概念

設計存取控制時可以參考幾個傳統的管理原則：「責任分擔（Separation of Duties）」在避免某個人知道或持有一個完整的秘密資訊，銀行特別重視這項管理原則，所以開金庫需要兩位主管的鑰匙。「最低權限（Least Privilege）」要求每個人只擁有足以完成工作的最低權限，例如系統管理員如果有權力查看所有人的電子郵件，就成為組織安全的威脅。「知的必要性（Need-to-know）」強調個人對秘密資訊「知的權利」端視其所負責業務的需要性，高階人員不一定需要知道比較多的機密資訊。「資訊分類（Information Classification）」則是指使用者與被使用的系統或資料之間應該有清楚權限對應關係。為了進一步進行使用者身分的確認，避免因為使用者帳號與密碼的分享或濫用，一次性的密碼驗證機制（One Time Password, OTP）也已被使用在對於資訊安全要求較高的系統與平台上，可以透過使用者的第二個裝置或管道，例如：簡訊、OTP 應用程式、一次性的連結等方式，而以上這些安全原則會經常出現在本書的各章節中。近年來有身分識別標準化機制（Fast Identity Online, FIDO）聯盟為解決現有的身分驗證問題，制定了一套網路識別的標準，來確保在登入流程中的伺服器、終端裝置、應用程式時的安全性，提供跨網站、跨應用程式的安全登入方式。

4.1.1　存取控制的類別

存取控制涵蓋的範圍很廣，各種控制機制可能有不同的目的，將之分類如下：

- **預防性**：設定存取控制是為了避免不希望發生的事件。預防性的控制包括：登入密碼及智慧卡等技術，以及圍牆、門禁卡等實體控制，都是避免未獲授權者侵入。

- **偵測性**：設定存取控制是為了當事件發生時，能察覺這個事件。偵測性的控制包括：入侵偵測器、自動稽核紀錄等，實體控制的閉路監視器也是用以察覺事件。

- **指導性**：設定存取控制是為了讓人知道該怎麼做。指導性的控制包括：安全政策、網站使用說明、或公開張貼的標示等。

- **嚇阻性**：設定存取控制是為了使有犯意的人因為恐懼而放棄念頭，常與指導性機制合用，但加入違反規定時的懲罰條款。嚇阻性的控制包括：軟體版權說明、違規使用報告、或實體控制的警衛亭等。

- **復原性**：設定存取控制是為了當受到攻擊後，能恢復受損的資訊或財物。復原性的控制包括：異地備援、磁帶備份等。

4.1.2　存取控制的威脅

前幾章介紹過的一些攻擊手法是針對存取控制，例如以「拒絕服務」破壞存取控制的正常運作，以「緩衝區溢位」破壞身分認證系統，以「惡意程式」如木馬或網頁自動下載的 Java 程式非法侵入系統，或以「密碼破解」工具攻擊強度不夠的通關密碼。網路釣魚等「欺騙攻擊」可以讓認證系統誤認其為合法使用者，「中間監看」工具攔截封包後，可以取得機密訊息或使用者名稱與密碼。「垃圾搜尋」可能找出含有密碼或機密訊息的廢棄文件，有心人士會站在他人背後「窺視（Shoulder-surf）」其輸入密碼，或安裝錄影機窺視 ATM 使用者。除此之外，如 Google Hacking 等「未經授權之資料探勘（Unauthorized Data Mining）」能繞過存取控制下載機密資料。

電子元件本身也會有些自然特性造成存取控制的威脅，例如任何電子訊號都會產生電磁波，駭客可以使用精密儀器接收，這種現象稱為「電子訊號外洩（Emanation）」。資訊裝備移交給下一位使用者時，因未清除資料而洩密，屬於「物件重用（Object Reuse）」風險。資訊裝備報廢時，因未徹底消磁而洩密，稱為「資料剩磁（Data Remanence）」，即使重新格式化的磁碟也可能被精密工具讀出部分的剩磁，所以安全性較高的組織應將報廢磁碟徹底銷毀。

存取控制所面對的威脅有實體的，也有虛擬的，有時兩者同時存在並互為奧援。「偷竊」是存取控制的最大威脅。傳統偷竊是指非法取走實體物件，這個威脅今天仍然存在；虛擬偷竊比實體偷竊更難應付，因為「資料」遭竊後原檔案還在，不容易被發現，更難舉證。

「入侵」可能是實體或虛擬的，也可能兩者結合。在上一章的案例研究中，我們討論在一次實體入侵中，入侵者安裝了一個無線基地台在電腦機房的線路箱裡。這種實體與虛擬結合的入侵，對存取控制有巨大的破壞力。

「社交工程」也常會結合實體與虛擬的詐欺。在第 3 章的社交工程案例中，我們看到駭客有時以真人、電話、或郵件創造一個欺騙環境，使虛擬攻擊更容易成功。

4.2　身分認證

存取控制在管理使用者對「系統」與對「資料」的存取，這一節主要介紹系統存取時的身分認證，下一節介紹資料的存取控制。

使用者為了存取系統必須擁有電子「身分（Identification）」，它是個唯一且可以電子讀取的名稱，電腦系統以此識別使用者身分，常見的電子身分為使用者名稱或提款卡等。「身分認證（Authentication）」是一個程序，確認使用電子身分的是使用者本人。使用者名稱結合通關密碼是一種身分認證方法，提款卡結合 PIN 也是一例。當系統通過身分認證後，會授予使用者讀、寫、執行、刪除等權限，這個程序稱為「授權（Authorization）」。身分認證系統要有自動稽核記錄設計，讓已經授權的使用者對自己在系統上的行為負責。

我們可以把使用者的「身分」想成一個數字，當使用者正確地呈現這個數字，就證明了他的身分。至於如何才能湊出這個數字，不同的系統採用不同的方法，可能是組織在安全性與方便性之間取捨的結果。

在一個存取控制系統中，每位使用者的身分應該有個唯一的名稱或帳號，像是銀行帳號、員工編號、登入名稱等，可進行身分認證並釐清責任歸屬。身分資料應該隨時保持最新，離職員工或已不使用的身分應立刻刪除。機構內應有選定使用者名稱的政策，以免重複使用或在名稱上洩漏太多訊息。

使用者名稱經常是公開的資訊,因此身分認證需要伴隨著與使用者關聯的秘密,主要是「第 1 章 資訊安全概論」介紹的三種要素:

- **所知之事**:如通關密碼或是 PIN 等。

- **所持之物**:如智慧卡或其他身分認證元件等。

- **所具之形**:如指紋或視網膜等生物特徵(Biometrics)比對。

圖 4-1 顯示這三種認證的強度,或是它們被仿冒的可能性。一旦密碼被破解或偷竊,就可以被任何人重複地利用,但是要複製一張智慧卡就困難得多,若要複製視網膜就更困難了。結合多重要素可以組成更強的認證工具,但要付出更高的成本並犧牲登入系統的方便性。

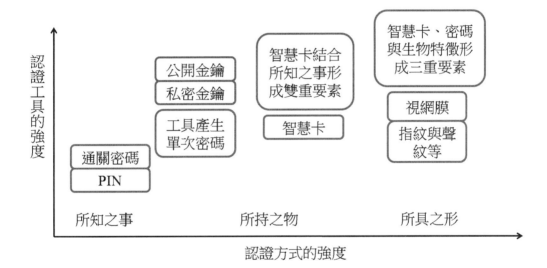

▲ **圖 4-1** 身分驗證的方法

我們將在這一節深入地研究各種認證工具:從所知之事的單點登錄、Kerbros,到所持之物的認證元件與智慧卡,到所具之形的各種生物特徵的應用。絕不代表身分認證只有這些技術,但它們頗具代表性。

4.2.1 單點登錄

以密碼登入是最常用的「所知之事」，然而有些人每天都需要使用不同的系統與應用軟體，以致被太多的通關密碼所困擾。如圖 4-2 所示，單點登錄系統讓使用者只要登入身分認證伺服器一次，就能使用所有經授權的系統、網路與應用。

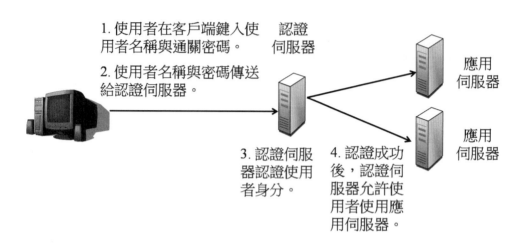

▲ 圖 4-2　單點登錄系統

Kerberos 是比較常被使用的單點登錄技術，我們在第 1 章已經做過簡述。它是麻省理工學院所開發的自由軟體，微軟、思科、蘋果等公司都曾將它使用在產品中，包括 Windows, Mac OS X, Apache 等。Kerberos 協定建構於對稱式金鑰系統（將在「密碼學」中說明），並需要一個「信任的第三者」。進階的 Kerberos 可以在一些步驟中使用公開金鑰。

請參考圖 4-3，Kerberos 以票證（Ticket）為基礎，當作使用者身分的憑證。它的信任第三者稱為 Key Distribution Center（KDC），包括兩個部分：Authentication Server（AS）與 Ticket Granting Server（TGS）。KDC 擁有網路上密鑰的完整資料庫。而系統中的其他成員（包括客戶端或伺服器端）則只擁有自己的密鑰，這個密鑰經常是揉合使用者名稱與通關密碼，再經由「單向方程式（One-way Function）」運算而成。當網路內某成員登入時，AS 會對它進行身分認證，然後發出會談金鑰（Session Key）與一張票證讓該成員可以和 TGS 對話。每次它要存取網路上的其他成員時，就向 TGS 取得新的會談金鑰與票證，雙方據此開始安全的通訊。

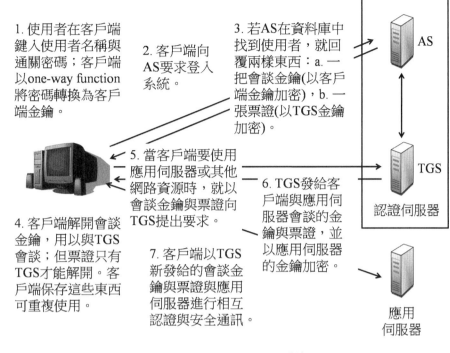

▲ **圖 4-3** Kerberos 系統

4.2.2 身分認證元件

「所持之物」可能是專用的元件，也可能是一台 PDA。圖 4-4 顯示一個非同步元件產生單次密碼，這裡使用挑戰與回應（Challenge and Response）原理，讓手持電子認證工具產生單次密碼（One-time Password）。相較於一般的通關密碼，單次密碼可有效地避免密碼長度不足、太容易猜、或密碼已被竊取卻繼續使用等問題。

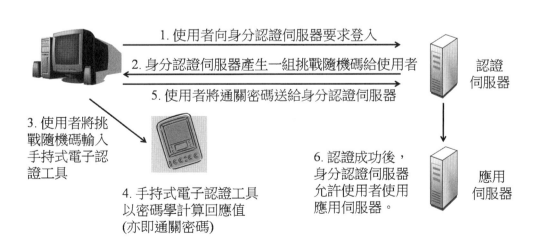

▲ **圖 4-4** 非同步密碼產生器

前述非同步方式需要經過挑戰與回應來產生單次密碼，比較花費時間而且必須保持連線狀態。圖 4-5 顯示的同步電子代符（Synchronous Token）可以自動產生單次密碼，然而隨身攜帶的電子代符必須與身分認證伺服器之間保持同步，方法包括：

- **時間基準同步**：電子代符與身分認證伺服器之間保持精準的時間同步，因此在同一時間，電子代符上顯示的數字（亦即使用者的單次通關密碼）與伺服器裡的認證數字相同。

- **事件基準同步**：電子代符每產生一次密碼，代符與伺服器的數字就會同步變更一次。但若代符產生密碼卻未被使用於系統登入，代符與伺服器之間就會失去同步；此時使用者需要對電腦輸入 PIN 後，讓兩者重新同步。目前因應行動化與數位化的時代，有許多一次性的密碼驗證作業，改由行動裝置上的應用程式（Mobile App）來取代，或是透過行動裝置的簡訊服務，個人註冊當時的電子郵件信箱進行身分的認別，以達成驗證使用者的目的。

▲ **圖 4-5** RSA 同步電子代符（圖檔取自維基百科）

4.2.3 智慧卡

智慧卡將晶片嵌入塑膠卡中，是最方便攜帶的電子身分認證工具。智慧卡可被大致分為以下幾種類別：

- **接觸式智慧卡（Contact Smart Cards）**：包括塑膠卡身、晶片、與金屬接觸介面。卡片要插入讀卡機內，讓智慧卡晶片裡的微處理器與電腦或伺服器建立通訊，金融智慧卡多採用接觸式。

- **非接觸式智慧卡（Contactless Cards）**：類似接觸式智慧卡，但是介面不是金屬接觸層，而是無線射頻（RF）。非接觸式智慧卡使用更為方便，香港八達通與台北捷運悠遊卡都是好例子，一些連鎖商店也用它來做小額付款工具。接觸與非接觸式智慧卡本身都沒有電源，要靠讀卡機以接觸或非接觸方式傳輸電力。

- **兩用智慧卡（Combi-cards）**：是指同一張卡有接觸與非接觸式兩種介面，部分金融卡與交通卡結合成一張聯名卡，就具備兩種介面。

如圖 4-6 所示，智慧卡好像一台單晶片的微型電腦，裡面有軟、硬體部分。硬體包括 CPU 和幾種記憶體，其中 RAM 與 ROM 分別為暫存與永久儲存之用，EEPROM 就像電腦的硬碟，上面的資料可修改但斷電之後資料仍然存在。智慧卡上的軟體包括作業系統

和應用程式。智慧卡作業系統（例如 Java Card）的主要功能有：提供加密運算等安全性，管理記憶體相關資源與資料輸出入，以及支援應用程式。

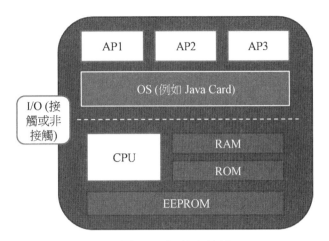

▲ **圖 4-6**　智慧卡結構

智慧卡可以強化系統安全有幾個原因：一來智慧卡攜帶方便，可以在不增加使用者負擔的情況下做到「雙重要素認證」，最常用的雙重要素認證是智慧卡結合通關密碼或 PIN；較先進的安全系統可以將使用者的指紋資料存入智慧卡中，做到三重要素認證。其次，智慧卡可以儲存人腦無法記憶的密碼長度，因此使用者只要記得智慧卡的 PIN，就可以讓智慧卡去記憶多組冗長的密碼。萬一智慧卡遭竊，大部分智慧卡都設計三次 PIN 輸入錯誤就卡片鎖死。除此之外，有些智慧卡具備公開金鑰（Public Key）的運算能力，讓使用者隨身攜帶電子憑證（Certificates）執行高安全性的 PKI 運算。也可以做電子簽章，讓交易具有不可否認性。

智慧卡技術已經被使用了二十年以上，許多攻擊方式應運而生，以下是其中較為人知的攻擊技術。

- **實體侵入式攻擊（Physical Invasive Attacks）：**

精密儀器可將晶片電路清晰放大，並以探針搭接在要讀取的金屬接點上，這個作法稱為 Micro-probing，可直接讀取記憶體內資料，或藉此瞭解加密引擎的設計方法，如圖 4-7 所示。這種攻擊所需要的設備雖然在半導體領域不難取得，但究竟所費不貲，因此進行實體攻擊者大多為了較大的經濟利益。例如智慧卡票證如果都使用同一把金鑰，攻擊者就可能有足夠的動機進行精密的實體攻擊。

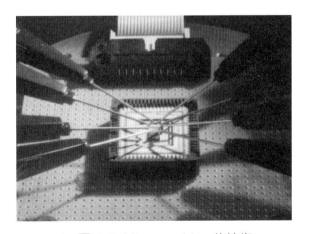

▲ **圖 4-7**　Micro-probing 的技術

- **旁道攻擊（Side-channel Attacks）：**

  攻擊者在智慧卡正常運作時，輸入特定數值讓晶片計算（尤其是加解密算法），再統計計算所使用的時間或消耗的電力，如果統計樣本夠大，就有機會推算出晶片內可能的金鑰密碼。較有名的旁道攻擊法為 Timing Attack 與 Power Attack，分別以時間和電力做為統計分析的標的。

- **操弄攻擊（Manipulative Attacks）：**

  攻擊者刻意在智慧卡運算環境中加入變數，使軟、硬體產生非預期的混亂。若這些混亂不是智慧卡設計者所考慮到的，攻擊者就可能取得機密資料。例如每當智慧卡在做 PIN 的認證時，攻擊者就刻意升高或降低電壓，使 CPU 無法完成認證程序，如果智慧卡程式是「預設為真（Default True）」，攻擊者就能通過認證。

以下是另一個操弄攻擊的例子。假設智慧卡執行下面這個程式，將 EEPROM 記憶體中位址 101 到 110 的十比資料輸出到卡外。

```
    i = 101;
10  IF ( i > 110 ) GOTO 12
    OUTPUT ( mem [i] );
    i = i + 1;
    GOTO 10
12  EXIT
```

執行「IF（i > 110）GOTO 12」這一行指令所需花的時間比執行其他指令長，因為它要做一個判斷（i 是否大於 110？），再執行跳行（GOTO 12）。若攻擊者故意將智慧卡的時脈速度（clock rate）調高，例如從標準的 5MHz 調升到 10MHz，這行指令無法在一個時脈週期內完成，可能只做了判斷卻來不及跳行。i 的值超過 110 之後還是無法結束循環，因此記憶體中所有的資料都被意外地輸出卡外。

4.2.4　生物特徵

生物特徵比對是使用「所具之形」的技術，也是三種認證要素中最難被偽造者。生物特徵有靜態與動態兩種，靜態者主要利用身體特徵，例如：

- **指紋、掌紋**：指紋與掌紋的辨識都有相當高的準確性，且以目前的技術可在五秒內完成，屬於應用最廣的生物特徵。

- **手掌結構**：電腦量測手掌的長、寬、厚度，相當準確且快速。

- **視網膜（Retina）掃描**：以低度光源來分析眼球後端視網膜上的血管分布模式，這個方法準確且甚難造假；但是使用者接受度不佳。

- **虹膜（Iris）掃描**：記錄眼球虹膜的獨特模式，準確、快速、且接受度較高。

動態者主要利用行為特徵，例如：

- **聲音模式**：以各種方式分析聲音的獨特性，包括鼻音、喉嚨振動頻率等。不太準確且辨識時間較長，但使用者接受度高。

- **臉部辨識**：辨識臉部表情的特徵，準確度尚佳，但有部分人因隱私權問題不願意臉部資料被建檔。

- **敲鍵盤律動**：每人敲鍵盤的律動不盡相同，這個生物特徵可以很自然的與通關密碼形成雙重要素認證，使用者接受度高。

- **簽字律動**：在電子筆上加感應器用以辨識簽字的律動，使用者接受度高。

生物特徵的問題在無法絕對精確地辨識，請參考圖 4-8，儀器靈敏度被調地越高，越多對的東西被誤判為錯，這種狀況稱為「誤殺（False Reject）」或是「第一類錯誤」。例如，太靈敏的聲紋辨識器可能拒絕感冒的使用者。相對的，如果儀器的靈敏度被調地越低，越多錯的東西被誤判為對，這種狀況稱為「誤放（False Accept）」或是「第二類錯誤」。最佳的儀器靈敏度應該在兩條曲線的交點，這個點的錯誤率稱做交點錯誤率（Crossover Error Rate, CER）。

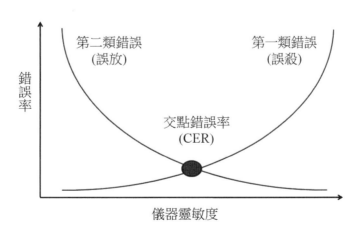

▲ 圖 4-8 生物特徵識別儀器的交點錯誤率

採用生物特徵辨識系統時應注意：一些生物特徵辨識系統可能遭到使用者抗拒，例如視網膜掃描等。有的生物特徵辨識過程需要較長時間，以致未必實用，目前還是指紋辨識的技術較為成熟。由於誤放與誤殺的錯誤率，生物特徵大多與其他身分認證要素一起出現，而非單獨使用。

4.2.5　身分管理

成功的存取控制系統除了使用前述的各種技術，還要有完善的身分管理。身為一位系統管理者或安全政策制定者，應注意以下管理要求。

- **一致性**：使用者身分資料在組織的不同系統內應力求一致，否則容易造成管理漏洞。

- **可用性**：使用者身分資料應該完整、正確、並且即時更新。使用者登入各種系統的手續不可以過於複雜，以免影響工作效率。

- **擴展性**：組織龐大或人員複雜都會造成身分管理的困難，因此在設計身分管理系統時，應考慮其擴展性。

一位使用者身分從建立到取消需要有「身分週期」管理：首先，當一位使用者進入組織時，應立即建立其資料檔案，依據他在組織內的角色分類與授權，如員工、契約人員，或外部客戶、夥伴、供應商等，資料之建立力求正確、完整、即時。其次，當帳號建立後，必須確實管理，包括定時變更密碼，管理員要定期與即時的檢討與變更使用者存取權限。最後，當一位使用者離開組織後，屬於他的資料應被標示，他進入系統的權利也須立即停止。權限的取消應該快速並且確實，尤其要注意一些「陳舊」的帳號與密碼，以前的管理人員未必依規定取消。

4.3　資料存取控制與零信任架構

前一節討論對「系統」存取的控制，亦即經由各種身分認證的流程，確保只有符合權限的人方能進入系統。這一節我們介紹幾種對「資料」存取的控制方法，包括：

- 強制存取控制（Mandatory Access Control, MAC）

- 任意存取控制（Discretionary Access Control, DAC）

- 存取控制目錄（Access Control List, ACL）

- 規則基準存取控制（Rule-based Access Control）

- 角色基準存取控制（Role-based Access Control）

強制存取控制是較嚴格的手段，它對「主體（Subject）」及「物件（Object）」都清楚地劃分安全等級，符合等級者方得進行存取。「主體」是指使用者或客戶端主機等能提出存取需求者；「物件」是指伺服器、資料庫、檔案等被存取者。安全等級使用機密等級標籤（Sensitivity Labels），例如區分為「絕對機密」、「極機密」、「機密」、「密」四個等級。

強制存取控制的系統會比對主體與物件之間的安全等級，來決定是否同意資料存取之要求。除此之外，該物件的「所有人（Owner）」也可以依據「知的必要性」再否決一些安全等級符合者之存取要求，並非所有等級符合者都有存取該項機密物件的必要。

任意存取控制的「任意」是指相對於強制存取控制較不嚴格，但仍有一定之資料存取控制的方式。任意存取控制必須具備一些一致的規定，以控制或限制主體對物件的存取，這種存取權力是基於「知的必要性」。在實作上，會由該物件的「所有人」或他所指定的代理人來決定那些主體有權存取該物件。

這種存取控制較不嚴格：如果一個主體有某些權利，他可以把這種權利轉給另外的主體。例如在任意存取控制的環境下，總經理可以讓他的秘書代讀電子郵件；但在強制存取控制的環境下，這是不被允許的。

存取控制目錄（Access Control List, ACL）是最常見的一種任意存取控制。ACL 表列使用者允許存取哪些物件，並對每一個存取設定權限。表 4-1 顯示一個存取控制目錄範例，將每一個主體對物件有怎樣的權限都列在表中，可以方便自動化存取控制的實施。

表 4-1 存取控制目錄範例

使用者	目錄或資源名稱	權限
Alice	Alice's Directory	完全控制
	Bob's Directory	唯讀
	Calvin's Directory	唯讀
	Printer001	可使用
Bob	Alice's Directory	禁止
	Bob's Directory	完全控制
	Calvin's Directory	唯讀
	Printer001	可使用

表 4-1　存取控制目錄範例（續）

使用者	目錄或資源名稱	權限
Calvin	Alice's Directory	禁止
	Bob's Directory	禁止
	Calvin's Directory	完全控制
	Printer001	禁止

規則基準存取控制是另一種任意存取控制的建置方式。ACL 條列各主體對各物件的存取權限，而規則基準存取控制則是藉由一套規則，來決定那些存取要求該被允許而哪些該被拒絕。例如有一條規則可能是：只有透過財務訓練的同仁可以存取庫存系統，如圖 4-9 所示，Bob 尚未接受訓練，他自然無法存取該系統了。

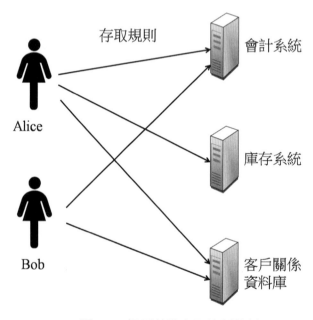

▲　**圖 4-9**　規則基準存取控制範例

角色基準存取控制與前面討論的規則基準類似，只是角色基準的存取規則是以使用者在組織內的角色為基準。例如只有財務與庫房同仁可以存取庫存系統，而 Alice 是財務課長，所以他可以存取該系統。當 Alice 下週高升會計經理，就無法再存取庫存系統了。

角色基準存取控制是一種任意存取控制的建置方式，但也可以應用於強制存取控制。角色基準的強制存取控制仍然對主體與物件做安全等級劃分與比對，但主體是「角色」而不是一般所謂的使用者。角色基準存取控制最大優勢是能與組織內的結構與階級維持一致的關係，對組織變動的反應快速。

零信任架構（Zero Trust Architecture）代表著對於存取控制基準的演進，在美國國家標準暨技術研究院（National Institute of Standard and Technology, NIST）於 2020 年 8 月發佈了零信任架構的 SP 800-207 標準後，就成為美國政府採用的零信任架構重要參考的文件，提供實務面的建議與建立實作的概念，其中所介紹關於零信任的方法，主要的面向就是對於資料的保護，以此為核心原則再往外延伸到所有的企業資產以及主體，而主體所指的就是企業中的終端使用者、應用程式以及非使用者操作的資源請求資訊，其中的假設就是目前的環境中，可能存在著未被發現的入侵者，因此就算是企業內部的服務或是存取的來源，都應該先被假定為不可被信任，同樣需要透過存取控制進行要求，不應只是單純的以內部或外部的網路環境來區分信任或不可信任，而是應該對於資產與主體必須要不斷的進行信任關係的確認，透過持續的分析與評估，以確定每一次的存取請求與身分的權限能夠進行驗證，經由身分的識別再進行存取控制的授權。

但零信任架構的發展已有段歷史淵源，早在 2003 年的 Jericho 論壇上就開始有網路邊界消弭（De-Perimeterisation）等議題的出現，從網路資源共享的概念往外發展如何在安全的前提下能夠順利的進行，是目前被公認最早開始進行零信任議題的討論，之後 2010 年 Forrester 提出零信任（Zero Trust）的架構，在所發佈的 Build Security Into Your Network's DNA: The Zero Trust Network Architecture 文件中，出現零信任架構（Zero Trust Architecture）一詞，指的就是預設應該是不信任網路上的來源。之後 2014 年 12 月由 Google 所釋出的 BeyondCrop 文件中，揭露了本身企業所規劃的零信任架構與存取的流程，稱得上是實現了原本的零信任架構的概念。再者 2018 年由 Gartner 所提出的 Lean Trust 概念，強調以信任與風險為核心，進行持續動態調整信任評估的作業，到後來由美國國家標準暨技術研究院（NIST）所發佈的 SP 800-207 正式倡議將零信任的原則與方法，運用於規劃與設計一安全的架構，主要用於保護資訊系統與網路的存取，被認為是實現零信任架構的重要參考文件。

整體而言，所謂的零信任架構並不是單一的架構，而是一套關於系統與工作流程運作，必須進行識別與授權的工作原則，包括了持續監控以及確保信任關係、建立嚴謹的身分識別以及明確的授權範圍，並且能夠建立一套符合企業或本身組織適合的作業流程，才能夠將零信任架構的精神融入現有的環境之中。尤其 2020 年初爆發的全球 COVID-19 疫情，加速了數位轉型的步調，企業與組織為了確保能夠持續營運，紛紛導入了遠端作業、雲端服務等資訊科技，但其中的關鍵就在於如何讓一般在內部能夠進行的作業，同樣能夠在新的架構中，達到相同的資訊安全防護要求，對於資料保護的必要性，同樣是支持企業與組織能夠持續營運的重要關鍵。

4.4 入侵偵測與入侵測試

稽核追蹤（Audit Trail）是確保存取控制的重要方式。稽核追蹤機制依時間順序記錄系統上的相關活動，這些紀錄可以重建或判讀我們想知道的活動，可能找出入侵行為或其他資訊安全事件。紀錄資料越廣越好，應該包括系統、網路、應用程式、與使用者的各種活動，這些紀錄除了可用來警告可疑的事件，分析入侵的行為，還可協助電子犯罪調查甚至做為法庭證據。

入侵者在離去前都會試圖修改紀錄來清除足跡，因此必須嚴格控管稽核追蹤紀錄，以免遭到竄改。自動化的稽核追蹤工具很多，價格差異也很大，應該選擇最適合需要的工具，並因應稽核目的做適當調整。紀錄資料量通常極大，遠超過系統管理員所能判讀，因此需要設定一些過濾機制。

入侵偵測系統（Intrusion Detection Systems, IDS）可以即時監控系統或網路，並偵測可能的入侵行為。IDS 常以「稽核追蹤紀錄」與「網路流量資訊」做為即時分析數據。當 IDS 偵測到入侵行為時，它有主動或被動的做法：主動做法是在受攻擊後切斷入侵者連線，並主動反擊入侵者。主動做法有時會傷及無辜，甚至造成法律問題，一般不建議這種做法。IDS 較常採取被動做法，就是在受攻擊後發出緊急事件的警報，讓負責的人可以做判斷或採取行動。

入侵防禦系統（Intrusion Protection Systems, IPS）比 IDS 更進一步，能在侵入發生時主動防禦系統或網路。例如有一個可疑的封包進入網路，IDS 會提出警告後允許封包進入，但 IPS 會在提出警告後攔截封包。IPS 的風險是一旦誤殺會造成封包遺失，反而產生新的問題。

滲透測試（Penetration Test, PT）是以一套正式的步驟來突破安全控制，並存取應受保護的系統與資料。它的目的在協助組織瞭解自身的安全漏洞，並演練遭到入侵後之標準作業流程。滲透測試有外部測試與內部測試：外部測試時，測試人員扮演一位從外部入侵的駭客；內部測試時，測試人員扮演一位內部人員。滲透測試大致可分以下幾種：

- **Zero-knowledge（Black Box）Test**：是指進行測試時，專業測試人員完全沒有受測組織的資訊，這種測試在模擬外部駭客的攻擊行為。

- **Partial-knowledge Test**：是指測試人員有部分受測組織的資訊，可以縮短滲透測試花費之時間，並集中在較脆弱的部分測試，也是一種外部測試。

- **Full-knowledge（White Box）Test**：是指測試人員清楚地瞭解受測組織，這種測試在模擬組織內部惡意工作人員的攻擊行為。

執行滲透測試的程序首先要進行觀察，測試人員研究滲透目標的網站、實體拜訪（對方可能不知情）、或利用社交工程來蒐集、彙整資訊。接著以專業的入侵方法得到更多系統及網路資訊，包括以工具掃描網路及電腦連接埠，或偵測較常見的系統及軟體弱點，例如未即時安裝補丁等。測試人員瞭解受測組織的資訊及弱點之後，可以進一步對安全弱點進行分析比較，並設定攻擊順序與策略。最後針對安全弱點進行攻擊測試，測試時應特別注意時間的掌握，入侵時間越長越容易被發現，而導致入侵失敗。滲透測試必須得到受測組織授權，並簽訂合約。

( ) 1. 存取控制（Access Control）要能滿足以下哪一項基本需求？

    (A) 安全性   (B) 可用性

    (C) 擴展性   (D) 以上皆是

( ) 2. 「存取控制的機制要能夠每次都如預期的運作」是在說明存取控制的哪一項基本需求？

    (A) 安全性   (B) 可用性

    (C) 擴展性   (D) 責任性

( ) 3. 某家銀行規定開金庫需要兩位主管的鑰匙，是為了以下哪一項管理原則？

    (A) Need-to-know   (B) Separation of Duties

    (C) Least Privilege   (D) Job Rotation

( ) 4. 圍牆與門禁卡等實體出入控制是為了以下哪一種目的？

    (A) 預防性   (B) 偵測性

    (C) 指導性   (D) 嚇阻性

( ) 5. 在安裝新購買的軟體時，會要求使用者閱讀軟體版權說明，是為了以下哪一種目的？

    (A) 預防性   (B) 偵測性

    (C) 指導性   (D) 嚇阻性

( ) 6. 以下哪一種攻擊方式可以破壞存取控制機制？

    (A) Password Cracker   (B) Buffer Overflow

    (C) Google-hacking   (D) All Above

( ) 7. 電子訊號產生電磁波，駭客可以使用精密儀器接收。這種現象稱為何？

    (A) Data Remanence   (B) Emanation

    (C) Sniffer   (D) Shoulder-surfing

( ) 8. 確認使用電子身分的是使用者本人的程序稱為何？

    (A) Classification   (B) Identification

    (C) Authentication   (D) Authorization

( ) 9. 智慧卡使用以下哪一種認證元素？

    (A) Something you know   (B) Something you have

    (C) Something you are   (D) Something you share

( ) 10. 以下何者是一種單點登入（SSO）的技術？

    (A) Kerberos   (B) Onetime Password

    (C) VPN   (D) None of Above

( ) 11.「攻擊者刻意在智慧卡運算環境中加入變數，使軟、硬體產生非預期的混亂。」這是以下哪一種攻擊？

    (A) Physical Invasive Attack   (B) Side-channel Attack

    (C) Timing Attack   (D) Manipulative Attack

( ) 12.以下哪一種認證方法使用動態生物特徵？

    (A) Retina   (B) Voice Pattern

    (C) Finger Print   (D) Password

( ) 13.某位公司正式員工因為感冒遭到聲紋辨識器的拒絕，無法進入辦公室。這種現象稱為何？

    (A) False Reject   (B) False Accept

    (C) Type-II Error   (D) CER

( ) 14.依據主體與物件之間的安全等級來決定資料存取控制，是以下哪一種方法？

    (A) Mandatory Access Control

    (B) Discretionary Access Control

    (C) Rule-based Access Control

    (D) Role-based Access Control

( ) 15.任意存取控制是由誰來決定那些主體有權存取某物件？

    (A) System Administrator   (B) Chief Security Officer

    (C) Owner of The Object   (D) User of The Object

(   ) 1. 以下何項組合，可以符合雙因子認證的要求？（請選擇 3 個答案）

         (A) 密碼和智慧卡   (B) PIN 碼和轉帳卡   (C) 密碼和 PIN 碼

         (D) 指紋和圖樣   (E) 使用者名稱和密碼

2. 檔案系統對於所有的檔案管理，主要透過賦予
對應的權限進行屬性的設定，參考附圖所示，
檢閱 application.bat 檔案的檔案權限設定，並
回答以下問題。

         (   ) 2.1 圖中的 "application.bat" 檔案目前位於哪個檔案系統？

                (A) NTFS   (B) FAT16   (C) FAT32

         (   ) 2.2 何種權限是目前針對 "application.bat" 檔案顯示的權限層級？

                (A) 完全控制   (B) 基本   (C) 進階

(   ) 3. 哪種網路通訊協定，可以提供帳戶集中式驗證授權與處理的機制？

         (A) OpenID   (B) HTTPS

         (C) SMTP   (D) RADIUS

(   ) 4. 密碼在通訊過程如何進行保護是相當重要的議題，以下何者對於未加密的文字傳
輸，可以進行攔截與解讀？

         (A) Ipsec 解碼器   (B) 封包竊聽器

         (C) Kerberos 用戶端   (D) 惡意的 DHCP 伺服器

(　　) 5. 目前許多瀏覽器的擴充功能，提供了語言翻譯的擴充應用，以下何種做法可以有效
防止使用者未經公司的同意，就自行完成擴充功能的安裝？
(A) 確定瀏覽器擴充功能設定為唯讀模式，使它無法覆寫重要資訊
(B) 移除瀏覽器擴充功能，因為它會進行惡意活動
(C) 什麼都不做，瀏覽器擴充功能不會對電腦或使用者造成任何傷害
(D) 停用瀏覽器擴充功能並實作控制項，只允許公司核准的瀏覽器擴充功能

(　　) 6. 為了防範惡意程式碼的攻擊，已經制定了 BYOD 的裝置原則，以確保能夠涵蓋該
原則內的所有裝置，在裝置上將具備以下何種保護機制？
(A) 帳戶防護　　　　　　　　　　　(B) 病毒與威脅防護
(C) 應用程式與瀏覽器控制　　　　　(D) 裝置效能與運作狀況

(　　) 7. 使用者與密碼是登入系統時重要的關鍵資料，因此當使用者提出要求變更密碼時，
我們應該先進行以下何種處置？
(A) 提供新密碼　　　　　　　　　　(B) 取得使用者電腦的擁有權
(C) 確認使用者的身分　　　　　　　(D) 中斷該使用者電腦與網域的連線

(　　) 8. 駭客經常會採用多種攻擊的手法，對於有興趣的目標發動網路攻擊，因此我們可以
透過以下哪三種方式，來避免遭受網路攻擊時的資安風險？（請選擇 3 個答案）
(A) 限制系統服務的存取
(B) 套用最低權限的原則
(C) 將所有帳戶都升級為系統管理員帳戶
(D) 針對網頁瀏覽寄採用內容篩選
(E) 採用分層防禦

(　　) 9. 對於系統權限的管理，採用了最小權限的原則進行權限的設定，對於 Windows 10
作業系統而言，以下何項可以減少惡意程式帶來的威脅？
(A) Windows Defender Credenital Guard
(B) Kerberos
(C) 多重要素驗證
(D) 使用者帳戶控制

(　　) 10. 因應資訊安全管理的要求，密碼的使用必須設定有效期限，以下何者行為，可以同
時讓使用者進行密碼使用期限的設定？
(A) 要求密碼重設　　　　　　　　　(B) 使用其密碼來登入
(C) 變更其密碼　　　　　　　　　　(D) 設定自己的密碼到期日

( ) 11. 雙因子認證可以強化使用者登入的管理，考量便利性與精確度，以下何項最常被採用？

    (A) 指紋掃描和密碼   (B) 視網膜掃描和語音辨識

    (C) 智慧卡和硬體 Token   (D) 複雜密碼和密碼片語

( ) 12. 使用者對伺服器上特定檔案或資料夾的存取權層級，我們可以透過以下何種方式達成？

    (A) 用戶端電腦的登錄   (B) 原則結果組（RSoP）

    (C) 物件的有效權限   (D) 物件的進階屬性

13. 下列敘述正確選擇「是」，錯誤選擇「否」。

  （是 / 否）(A) 因為高階主管有權存取敏感性資料，所以他們應該使用系統管理員帳戶。

  （是 / 否）(B) 使用者帳戶控制 (UAC) 的一個用途是將使用者完成工作所需的最低權限等級授與該使用者。

  （是 / 否）(C) 系統管理員在執行讀取電子郵件和瀏覽網際網路等日常功能時應該使用標準使用者帳戶。

14. 下列敘述正確選擇「是」，錯誤選擇「否」。

  （是 / 否）(A) 制訂事件回應原則是為了處理日常事件，例如備份。

  （是 / 否）(B) 建立或更新安全性原則時，必須收集所有專案關係人（包括員工）的意見。

  （是 / 否）(C) 所有員工在獲得公司資源存取授權之前，都應該簽署可接受使用政策。

15. 下列敘述正確選擇「是」，錯誤選擇「否」。

  （是 / 否）(A) 除非需要更高的權限，否則 UAC 會將您的權限降低為標準使用者的權限。

  （是 / 否）(B) UAC 會在需要額外權限時通知您並詢問是否想要繼續。

  （是 / 否）(C) UAC 無法停用。

資訊安全架構與設計 05

本章概要 ▶
5.1 國際標準管理系統
5.2 安全等級與評估準則
5.3 安全模式

一個組織（例如公司、學校、政府機構）人數眾多且各有司職，因此管理工作是一大挑戰。資訊安全管理更需要比較一致的方法，否則任何漏洞都可能造成全組織的風險。組織管理可以自訂方法，也可以依據專家所研製的國際規範或標準。本章將介紹幾種管理系統和安全模型，組織可以正式導入這些系統或模型（例如通過 ISO 27001 驗證）或將這些觀念應用在日常管理中。

5.1　國際標準管理系統

這一節將簡介四種國際標準管理系統：TQM、ISMS、ITSM、與 CMMI。它們都是國際最著名的管理系統標準，導入組織之後可以直接或間接地提升資訊安全。這些標準都可以經由公正單位進行驗證。

5.1.1　全面品質管理 – TQM

TQM（Total Quality Management）中文翻譯為「全面品質管理」，是美國教授戴明（Edward Deming）在日本提出的品質改進循環，從 1980 年代開始就極受歡迎，它是 ISO 9001 與許多其他管理標準的基礎。國際標準組織（ISO）對它的定義為：「TQM 是以品質為中心的管理方法，以全員參與長期成功為基礎，由於客戶滿意，使得組織與社會共蒙其利。一個主要的目標是每個程序都能降低變化的程度，因此工作結果能有更大的一致性。」簡單地說，TQM 的觀念是：「品質可以被管理」與「管理應該程序化」。

ISO 9001 比較新的版本為 2015 年之「ISO 9001:2008 Quality Management Systems – Requirements」。雖然 ISO 9001 開始是為製造業所訂定，但現今已被建置在各種不同行業組織中。在 ISO 詞彙中，一個需要品質要求的「產品」可以是一個實體物品、軟體、或服務。

如圖 5-1 所示，TQM 的核心是「戴明循環」，由「規劃（Plan）」、「執行（Do）」、「檢查（Check）」、及「行動（Act）」四個程序構成一連串追求改善的行動。

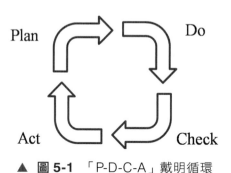

▲ 圖 5-1　「P-D-C-A」戴明循環

PDCA 循環的第一步是著手規劃，例如一個資訊安全管理計畫。接著要建置這個計畫，例如人員刷卡進出、資料每週備份、安裝防火牆等。在過程中，組織要不斷地檢查自身改善的狀況，並設法發現缺失。例如駭客入侵成功率是否降低，復原損失是否減少等。發現缺失後，即採取處置行動、力求改善，這些改善措施會被整合進下一個計畫。例如資訊安全管理計畫第二版裡，改為資料每天備份。PDCA 循環依此持續進行，組織就能持續進步。

5.1.2 資訊安全管理系統 – ISMS

ISMS（Information Security Management System）中文翻譯為「資訊安全管理系統」，它整理了資訊安全最佳實務（Best Practice）並予以條文化，訂定為國際標準 ISO 27001，目前也成為企業與組織導入資訊安全管理制度的首選。ISMS 的建置依據以下六個步驟：

- 定義一個資訊安全政策：由組織高層指定方向、展現決心。

- 定義一個實施 ISMS 的範圍：例如以電腦機房或是以資訊中心為範圍。

- 實施資訊安全風險評鑑：找出範圍內的安全弱點與可能遭遇的威脅。

- 管理風險：將風險分類後，有的風險需要處置、有的風險可以忽略。

- 找出適合的控制項目來應用：ISMS 提供許多控制項目（即安全防禦的做法），應依據範圍內所需要降低的風險，選擇適當的項目來實施。

- 將這些項目寫成「適用性聲明（Statement of Applicability, SoA）」。

依據 ISO 27001 於 2022 年發佈的版本，ISMS 包含 14 個領域，相較 2013 的版本，新增了 11 項控制措施，包含了資訊安全的各個面向。

- 威脅情報（Threat Intelligence）

- 雲端服務的資訊安全（Information Security For use of Cloud Services）

- 持續營運之資通訊整備（ICT Readiness For Business Continuity）

- 實體安全監控（Physical Security Monitoring）

- 組態管理（Configuration Management）

- 資訊刪除（Information Deletion）

- 資料遮罩（Date Masking）

- 防範資料外洩（Date Leakage Prevention）
- 活動監控（Monitoring Activities）
- 網站安全防護（Web Filtering）
- 程式開發安全（Secure Coding）

而 ISO 27001 的執行細節，參考該標準的附錄 A，包括了以下 14 個項目：

- A.5：安全政策（Security Policies）
- A.6：資訊安全的組織（Organization of Information security）
- A.7：人力資源的安全（Human Resource Security）
- A.8：資產管理（Asset Management）
- A.9：存取控制（Access Control）
- A.10：密碼（Cryptography）
- A.11：實體與環境安全（Physical and Environmental Security）
- A.12：作業安全（Operations Security）
- A.13：通訊安全（Communications Security）
- A.14：系統或與、開發及維護（System Acquisition, Development and Maintenance）
- A.15：供應商關係（Supplier Relationships）
- A.16：資訊安全事故管理（Information Security Incident Management）
- A.17：營運持續管理的資訊安全層面（Information Security Aspects of Business Continuity Management）
- A.18：遵循性（Compliance）

ISO 27001:2022 版控制項：

- 組織控制措施（Organizational Controls）
- 人員控制措施（People Controls）
- 實體控制措施（Physical Entry）
- 技術控制措施（Technology Controls）

5.1.3 資訊技術服務管理 – ITSM

ITSM（Information Technology Service Management）中文翻譯為「資訊技術服務管理」，是廣受支持的資訊服務最佳做法，並被訂為國際標準 ISO 20000。它的主要特色如下：

- 將組織內、外各單位視為資訊部門的「客戶」。與客戶訂定服務約定，並量化各項服務的價值，藉此評估資訊部門的貢獻度與投資報酬率。

- 技術固然是資訊服務不可或缺的成分，但資訊服務更要從組織、流程、與人員等方面做管理，藉以降低人事與系統更動所帶來的衝擊。

- 強調完整服務（End-to-end Service）的觀念。使用者只應感受到資訊服務的可用性，卻不需要看到複雜的基礎架構與技術。資訊部門有一套內部流程可以處理從簡單到複雜的問題，並且累積經驗。

資訊安全也是 ITSM 的一環，ISMS 與其相融，如果一個組織已經通過 ISO 27001 的驗證，當它在做 ISO 20000 驗證時就可以跳過資訊安全這個項目。

5.1.4 能力成熟度模型整合 – CMMI

CMMI（Capability Maturity Model Integration）中文翻譯為「能力成熟度模型整合」，是由美國國防部支持，卡耐基美隆大學軟體工程學院（SEI）發展出來。目的是為軟體產業建立一套工程制度，使個人及組織在軟體發展上能有持續改善的依據。CMMI 已成為許多大型軟體業者於改善組織內部軟體工程所依據之評估標準，也被陸續應用於系統工程、整合的產品與流程發展、及委外作業，成為國際間認同且廣泛通用的一種流程改善標準。

導入 CMMI 可以有效地改善時程與預算之預估能力，同時能改進設計週期、提高生產力、改善品質。CMMI 與 ISMS 或 ITSM 一樣，都根基於 TQM，因此持續推動可以讓組織進步，並提升客戶滿意度。CMMI 以圖 5-2 的五個成熟等級來衡量組織的進步情況，可以經由公正單位進行驗證。

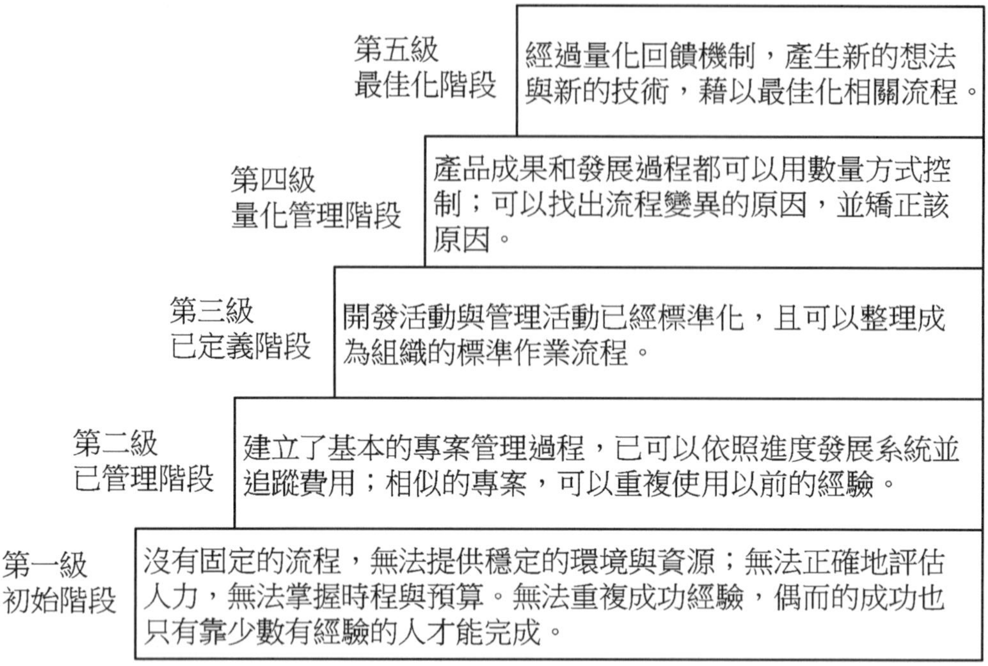

第五級
最佳化階段 — 經過量化回饋機制，產生新的想法與新的技術，藉以最佳化相關流程。

第四級
量化管理階段 — 產品成果和發展過程都可以用數量方式控制；可以找出流程變異的原因，並矯正該原因。

第三級
已定義階段 — 開發活動與管理活動已經標準化，且可以整理成為組織的標準作業流程。

第二級
已管理階段 — 建立了基本的專案管理過程，已可以依照進度發展系統並追蹤費用；相似的專案，可以重複使用以前的經驗。

第一級
初始階段 — 沒有固定的流程，無法提供穩定的環境與資源；無法正確地評估人力，無法掌握時程與預算。無法重複成功經驗，偶而的成功也只有靠少數有經驗的人才能完成。

▲ 圖 5-2 CMMI 五個成熟等級

5.2 安全等級與評估準則

組織管理與資訊安全管理之間有個重疊之處，就是資訊機密等級劃分（Information Classification）。使用科技手段或獎懲制度讓每人只讀寫權限允許的資訊，是維持機密性與完整性的有效方法。

一個組織中大約有七成的資訊是屬於內部使用或是私人的，包括一般電子郵件以及會議紀錄等。這些資訊不該讓外人看到，卻不一定需要刻意設防。大約有兩成的資訊是提供給外人使用的，例如網站、廣告文宣、產品型錄等。大約不到一成的資訊屬於機密性質，若被揭露會嚴重傷害組織，例如營業秘密、重要製程配方、行銷策略等。

依據以上概念，一般美國企業將機密等級分為四種：不需設限的是「公開（Public）資訊」，不想公開的是「敏感（Sensitive）資訊」，再高一些的是有隱私考量的「私密（Private）資訊」，最高等級的是「秘密（Confidential）資訊」。美國軍方機密則劃分為五級，如表 5-1 所示。

表 5-1　美國軍方機密等級劃分

機密等級	定義	舉例
不列管 Unclassified	資料不敏感且不列管。	電腦使用手冊 新兵招募文宣
敏感但不列管 Sensitive But Unclassified	較不嚴重的機密，若洩漏會造成一些損害。	醫療紀錄 考試成績
秘密 Confidential	若洩漏足以使國家安全或利益遭受損害之事項。	電腦程式原始碼 一般人事資料
機密 Secret	若洩漏足以使國家安全或利益遭受重大損害之事項。	軍隊移防計畫 核彈部屬位置
最高機密 Top Secret	若洩漏足以使國家安全或利益遭受非常重大損害之事項。	新型武器設計圖 核彈發射密碼

除了資訊的機密性質需要劃分，在安全管理流程中每個人的角色與責任（Roles and Responsibilities, R&R）也需要清楚劃分，以下是與資訊相關的幾個角色：

- **所有人（Owner）**：資訊的所有人可以決定資料該被如何使用和保護，通常由組織中的資深經理人或決策者擔任。

- **管理人（Custodian）**：資訊的管理人負責維護與保護資料，通常是資訊部門的技術人員。

- **使用者（User）**：資訊的使用者是使用資料的人或部門。

如前章所述，資訊存取的動作有「主體」與「物件」。主體這個名詞被用來描述一個實體，他會要求存取一個資源，但必須符合某些條件，這些條件通常是安全政策所定義的權限或身分。一位使用者或是一個電腦程式都可以是一個主體（如圖 5-3）。當一個程式存取一個檔案時，程式是主體而檔案是資源（或稱為物件）。物件這個名詞被用來描述一個系統中需要受到安全保護的資源。通常物件會被分級並標示，以識別它在組織內的價值。資料庫、伺服器、檔案等都可以是物件。

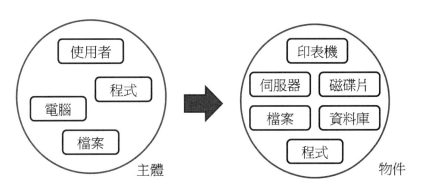

▲ **圖 5-3**　主體與物件

5.2.1　可信任的運算基礎 – TCB

TCB（Trusted Computing Base）中文譯為「可信任的運算基礎」，為美國國防部橘皮書（Orange Book, TCSEC）所提出的概念：是指一個電腦系統中防禦機制的完全組合（Total Combination of Protection Mechanism）。它所涵蓋的組件（包括硬體、軟體、與韌體），不論使用者的輸入為何，都忠實地執行安全政策，並抵禦外部的干擾與攻擊。簡單地說，TCB 是一個可以識別的區域，裡面所有組件都是可以信任的。

如果我們要開發一個 TCSEC 等級 D 的系統（較低的安全要求），TCB 就不是太大的問題，因為大家對「信任」的要求標準較低。若要通過等級 B（較高的安全要求），就要確保所有 TCB 範圍內的組件，尤其是主體對物件的讀寫，都依據嚴謹的規則，並且每一個組件都能被標示、稽核、與測試。如此，大家才會承認這些組件具備等級 B 的信任度。TCB 的正確性要能夠被客觀地驗證，也就是要能夠證明每一個組件的功能以及一些程序之間的通訊都是正確而且完整的。

TCB 的概念最常被使用於作業系統的核心，因為那裡最需要「可信任的運算」。早期的作業系統 DOS 或 Windows 3.1 並沒有 TCB。從 Windows 95 進入 32 位元後的版本，就建置了 TCB，以確保系統核心與外圍接觸時能維持核心的安全性。

5.2.2　產品安全性的評估準則

產品安全評估準則是一套標準方法，當產品經過這種方法評估後，就能確定它達到某種安全功能與等級。較著名之評估準則包括以下幾種。

Trusted Computer System Evaluation Criteria（TCSEC）又稱橘皮書（Orange Book），起源於美國軍方，用以驗證作業系統、應用軟體以及其他產品。檢查項目包括安全政策、責任性、保證性、與安全文件等四大項。TCSEC 以檢查產品的機密性為主。

Information Technology Security Evaluation Criteria（ITSEC）是歐洲制定之準則，目的是同時為政府及企業所採用，並且產品在一個國家評估的報告，可被所有會員國家採納。相較於 TCSEC，ITSEC 較富彈性，並且補充對完整性的評估。

共同準則（Common Criteria）是全球最嚴謹的安全系統評估準則，正逐步取代各區域性之安全評估準則。經各國代表多年的討論，在 1997 年公布共同準則第一版。第二版公佈於 1998 年，同時被接受為 ISO 15408，正式成為全球性的標準。共同準則的目的有四：

- 解決過去區域性準則（如 TCSEC 與 ITSEC）之間的差異與衝突。

- 提供一個共同的結構和名詞定義，來表達系統與產品安全的需求。

- 建立一套共同的基準，所以安全評估的結果可以得到較廣大的接受。

- 以國際合作來推動共同準則的認知，參與共同準則的國家都承認其他國家所做之共同準則驗證。

共同準則的官方網址為：www.commoncriteriaportal.org。

共同準則的流程顯示如圖 5-4，「保護剖繪（Protection Profile）」描述針對特定環境內所存在之威脅的一個安全需求，例如針對防火牆產品就可以有一套保護剖繪。「評估目標」是指需要進行安全評估的產品，例如微軟的 ISA 防火牆產品。「安全目標」是廠商的書面說明為何安全的功能與安全的保證能符合安全需求，評估則是針對產品與安全目標進行測試，最後再確定安全等級，並完成驗證報告。共同準則的評估等級稱為 Evaluation Assurance Level（EAL），定義如表 5-2。

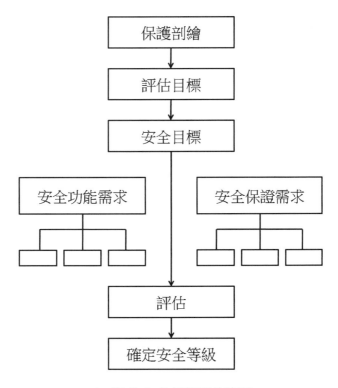

▲ 圖 5-4 共同準則的流程

表 5-2 共同準則的安全等級

等級	簡述	補充說明
EAL-1	功能測試	驗證產品的功能如其文件所述。
EAL-2	結構性測試	經由評估來測試產品結構，包括產品的設計歷史及測試。
EAL-3	系統化測試	在產品設計階段進行評估，公正的查證開發者的測試結果、弱點檢查、開發環境控制等。
EAL-4	系統化設計、測試和審查	更深入的分析產品的開發及安裝 需要更高的工程成本。
EAL-5	半正規化設計與測試	要求使用更正式的方法（如數學模型或狀態圖）於產品開發與安裝，證明產品在極高風險的環境下，可承受攻擊。查證（verification）是指以較正式的方法確保設計之正確性。
EAL-6	半正規化查證、設計與測試	
EAL-7	正規化查證、設計與測試	

因共同準則採用的方式，流程上需要花費較長的時間才能夠完成，因此也衍生出以共通準則為基礎的產業標準，例如：物聯網安全規範、行動應用程式安全規範、無人機安全驗測規範等。

5.3 安全模式

每一個組織對資訊安全的要求程度不同，有的必須要系統內完全沒有任何安全顧慮，有的則可以容忍不同安全等級的主體與物件共存在系統內。一個系統在考慮它的使用者、資料種類、安全等級與知的必要性（Need-to-know）之後，選擇運作在以下的一種安全模式下：

專屬安全模式（Dedicated Security Mode）

- 系統內所有使用者的安全等級都與任何資料安全等級相等或更高。

- 系統內所有使用者對所有資料都具有正式存取授權。

- 系統內所有使用者對所有資料都具有知的必要性。

- 因此，所有的使用者都可以存取所有的資料。

系統高安全模式（System High Security Mode）

- 系統內所有使用者的安全等級，都與任何資料安全等級相等或更高，而且對所有資料都具有正式存取授權。

- 但使用者對資料未必具有知的必要性，有些使用者有必要存取所有的資料，但另一些使用者因業務關係不需要全部的存取權限。

隔間的安全模式（Compartmented Security Mode）

- 系統內所有使用者的安全等級，都與任何資料安全等級相等或更高。

- 但使用者對資料未必具有正式存取授權或知的必要性，因此資料可以依類別隔開，在類別內所有的使用者可以存取所有的資料。

多層級安全模式（Multilevel Security Mode）

- 使用者的安全等級、正式存取授權、與知的必要性，都未必符合存取資料的條件。Bell-LaPadula 模型就運作在多層級安全模式。

專屬安全模式看起來嚴格卻最單純，因為系統內任何主體都能任意存取物件。這種系統的存在有可能是所有的主體都絕對值得信任，或是所有資料的機密性都不高。這種系統不能太大，而且組成份子要較高的同質性。大多數較具規模的組織都運作在多層級安全模式下，由於安全層級複雜，所以需要選擇適當的安全模型來維持資訊的機密性與完整性。

( ) 1. 以下何者是資訊的管理人，負責維護與保護資料？他通常是資訊部門的技術人員。

    (A) Custodian   (B) Owner

    (C) User   (D) Manager

( ) 2. 以下何者應該不會被當成一個「物件（object）」？

    (A) File   (B) Printer

    (C) User   (D) Database

( ) 3. TCB（Trusted Computing Base）是以下哪一個文件提出的概念？

    (A) Common Criteria   (B) ITSEC

    (C) TCSEC   (D) CMMI

( ) 4. 相較於 TCSEC，ITSEC 較富彈性並且補充對以下哪一項的評估？

    (A) Confidentiality   (B) Integrity

    (C) Availability   (D) Accountability

( ) 5. 共同準則（Common Criteria）使用以下哪一種評估等級？

    (A) Capability Maturity Level（CML）

    (B) Evaluation Assurance Level（EAL）

    (C) Object Classification Level（OCL）

    (D) None of Above

( ) 6. 以下何者是全球最新也最嚴謹的安全系統評估準則，被接受為 ISO 15408？

    (A) ITSEC   (B) TCSEC

    (C) Common Criteria   (D) ISMS

( ) 7. 哪一種安全模型避免使用者將資訊寫入較低的安全層級，同時避免讀取較高層級的資料？

    (A) Bell LaPadula Model   (B) Biba Model

    (C) Clark-Wilson Model   (D) Noninterference Model

( ) 8. Bell-LaPadula 模型以機密性為重心，它是形成以下哪一種規範的核心？

    (A) Common Criteria   (B) ITSEC

    (C) TCSEC   (D) CMMI

（　）9. 以下何者不是 Bell-LaPadula 模型所定義主體對物件的存取關係？

    (A) Read-only   (B) Write-only

    (C) Delete   (D) Read and Write

（　）10. Bell-LaPadula 模型裡的「Constrained」是針對以下哪一種存取關係？

    (A) Read-only   (B) Write-only

    (C) Delete   (D) Read and Write

（　）11. Biba 模型所關心的是資訊的哪一種特性？

    (A) Confidentiality   (B) Integrity

    (C) Availability   (D) Accountability

（　）12. 「主體要透過程式才可以讀寫被保護的物件。」是指哪一種安全模型？

    (A) Bell LaPadula Model   (B) Biba Model

    (C) Clark-Wilson Model   (D) Noninterference Model

（　）13. Clark-Wilson 模型所關心的是資訊的哪一種特性？

    (A) Confidentiality   (B) Integrity

    (C) Availability   (D) Accountability

（　）14. Brewer and Nash 模型主要用於商業組織，防範以下哪一種弊端？

    (A) Conflict of Interest   (B) Collusion

    (C) Separation of Duties   (D) Inference Attack

（　）15. 「系統內所有使用者對所有資料都具有知的必要性。」是指以下哪一種安全模式？

    (A) Dedicated Security Mode   (B) System high-security Mode

    (C) Compartmented Security Mode   (D) Multilevel Security Mode

( ) 1. 為檔案建立 SHA256 雜湊雜，可以確保檔案達到以下何項目的？

    (A) 最低權限   (B) 機密性

    (C) 完整性   (D) 可用性

( ) 2. 許多惡意程式為試圖讀取在 Chrome 瀏覽器上的 Cookie 資料，為了避免資料外洩，我們可以進行以下何項強制作業？

    (A) 防毒保護   (B) 跨網站指令碼篩選器

    (C) SmarScreen 篩選工具   (D) 無痕

基礎密碼學 06

以今日觀之，「密碼學（Cryptography）」乃高深之數學與複雜的運算，然而密碼學並非電腦時代的新產物，數千年來許多人創造秘密通訊的方法，也有許多人鑽研破解之道。量子運算也帶動了密碼安全的議題，在未來量子運算技術成熟後，可能會引發後量子時代需要面對的密碼安全問題。本章我們將從密碼學的演進切入，從西元前的簡易混淆手法介紹到電腦時代各種複雜的加解密運算，並討論從密碼學衍生的安全通訊協定。由於本章為基礎密碼學，我們將盡量避免深奧的數學，而以建立觀念與實用為主。

6.1 密碼學的演進

密碼學是永無止盡的攻防，自古到今許多極聰明的人創造加解密的算法，卻又有極聰明的人找出破解之道。西元前第五世紀斯巴達人將訊息寫於細長皮革，纏繞在多角形的木杖上。例如「MEET ME AT NINE …」（斯巴達人當然不會用英文，這只是舉例），當皮革解開時上面的信息卻是「MTAI..EMTN..EENE」。收信人將皮革纏上相同尺寸的木杖之後，原信息得以重現，請見圖 6-1（左）。

凱撒大帝在西元前第一世紀以當時簡單又有效的方式為自己傳出的信息加密：他將每一個字母移動三位。如圖 6-1（右）所示，M 移三位成為 P，E 成為 H，而 T 成為 W。加密之後，就不容易再從字面上讀懂含意。

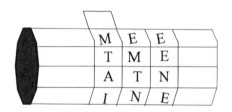
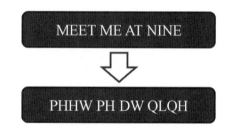

▲ 圖 6-1 斯巴達人的密碼木杖（左）與凱撒的字母替換（右）

6.1.1 位移加密法

前述斯巴達人的木杖使用簡單的「位移加密法（Transposition Ciphers）」，它重新調整資訊的字母或位元順序，藉以隱藏機密。表 6-1 是一個例子，我們橫向地讀就是明碼：「小明今天早上把收集幾個月的蠶寶寶以每隻十塊錢價格賣給他的鄰居。」縱向地讀就是密文：「小上個寶塊給明把月以錢他今收的每價的天集蠶隻格鄰早幾寶十賣居。」這樣的密文很難一眼看懂，但若仔細觀察，就可以找到破解位移加密法的規律性。

表 6-1 位移加密法範例

小	明	今	天	早
上	把	收	集	幾
個	月	的	蠶	寶
寶	以	每	隻	十
塊	錢	價	格	賣
給	他	的	鄰	居

6.1.2 替換加密法

凱撒使用簡單的「替換加密法（Substitution Ciphers）」，它直接做字母位移。圖 6-2（左）的範例僅只簡單地移動三位，比較容易觀察到規律性。若使用攪亂（但固定）的替換表加密，就更難找出規律性，圖 6-2（右）的範例就採用替換表。

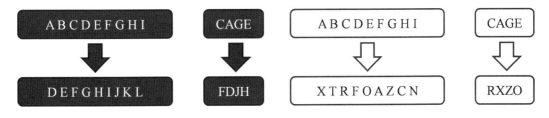

▲ 圖 6-2 替換加密法範例一（左）與範例二（右）

6.1.3 頻率分析法

阿拉伯人在第九世紀已享有極高的文明，他們的經文學者發現有些字母出現的頻率遠高於其他。因此，一篇以替換法加密過的密文，可以用字母出現的頻率反推出原文。表 6-2 是英文字母在文章中出現的機率統計表，出現機率最高的字母依序為 E、T、A、O、I 等。假如我們仔細統計密文中出現頻率最高的字母依序為 O、K、X、M、N，就能找出可能的替換表對應關係。歐洲等到文藝復興時期才發展出類似破解法，因此阿拉伯人在秘密通訊上佔有數個世紀的優勢。

表 6-2 英文字母的出現頻率

字母	百分比	字母	百分比
A	8.2	N	6.7
B	1.5	O	6.5
C	2.8	P	1.9
D	4.3	Q	0.1
E	12.7	R	6.0
F	2.2	S	6.3
G	2.0	T	9.1
H	6.1	U	2.8
I	6.0	V	1.0
J	0.2	W	2.4
K	0.8	X	0.2
L	4.0	Y	2.0
M	2.4	Z	0.1
取材自 "The Code Book" by Simon Singh			

6.1.4 多重字母替換加密法

為了混淆頻率分析法，歐洲人在十五世紀發展出多重字母替換加密法（Polyalphabetic Ciphers 或 Vigenere Cipher）。表 6-3 使用移動字母的替換加密法，但移動位數有 26 種可能。讓我們在這裡定義「金鑰」為每一個字母的位移數，例如金鑰 123 是第一個字母向左移一位，第二字母移二位，第三字母移三位。CAB 這個字若使用金鑰 123，會被加密為 BYY。

若以 2413 這個金鑰來加密 PEEPER，會成為 NADMCN。請注意原文的三個 E 對應到密文中分別被替換為 A、D、C，因此 E 字母出現機率最高的這個線索就被有效地掩蓋了。金鑰的位數有限，但被加密的文字可能很長，如果金鑰的長度不夠，就重複地使用金鑰；在這個例子中，其實是以 241324 加密 PEEPER。

表 6-3　多重字母替換加密法範例

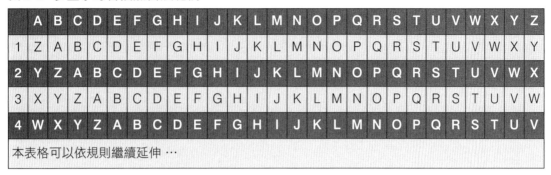

	A	B	C	D	E	F	G	H	I	J	K	L	M	N	O	P	Q	R	S	T	U	V	W	X	Y	Z
1	Z	A	B	C	D	E	F	G	H	I	J	K	L	M	N	O	P	Q	R	S	T	U	V	W	X	Y
2	Y	Z	A	B	C	D	E	F	G	H	I	J	K	L	M	N	O	P	Q	R	S	T	U	V	W	X
3	X	Y	Z	A	B	C	D	E	F	G	H	I	J	K	L	M	N	O	P	Q	R	S	T	U	V	W
4	W	X	Y	Z	A	B	C	D	E	F	G	H	I	J	K	L	M	N	O	P	Q	R	S	T	U	V

本表格可以依規則繼續延伸 …

多重字母替換加密法又讓加解密技術「安全」了幾個世紀，直到十九世紀的偉大數學家巴貝奇（Charles Babbage）找出破解之道。巴貝奇不只擅長破解加密法，他還設計了史上第一台機械式計算機「Difference Engine」。

問題的癥結就在「若金鑰長度不夠，就重複使用」。破解多重字母替換加密法的第一步是在一大篇的密文中尋找重複出現的字串，因為它的出現可能是一個常用字（例如 the）碰上了金鑰重複出現的位置。多找出幾組重複出現的字串，就可以推論出金鑰的長度。假設我們推斷出金鑰長度為四位，我們可以按照金鑰重複的規律將密文依順序分成四組，再分別使用頻率分析法來破解。

在這裡我們不需要知道金鑰的確實數字，只要推論出金鑰長度，做正確的分組後，多重字母替換加密法就被簡化成幾組的簡單替換加密法，用傳統的頻率分析法不難推論出每一組的替換表。巴貝奇把別人刻意搞複雜的問題成功地拆解，自古到今的破譯者都是在蛛絲馬跡中尋找問題的規律性。

6.2　電子時代的新挑戰

自從巴貝奇破解多重字母替換加密法後，大家又失去安全的加密方法了。而另一方面，Guglielmo Marconi 在 1894 年進行無線電實驗，開啟了無線長距離通訊的新頁。無線電是一種「方便的通訊」，卻也造成「方便的攔截」。

無線電通訊被大量使用於軍事行動中，使「加密」與「破譯」成了戰場的主角。第一次世界大戰時，德國的 ADFGVX Ciphers 合併使用位移加密法與替換加密法，雖然增加了破解難度，但究竟仍是以前已被破解的舊方法。法國人在幾個月之內就已破解這種加密法，但德國人並不知道，導致戰爭過程中德國無線通訊的內容幾乎完全暴露。

6.2.1 連續金鑰加密

從巴貝奇破解多重字母替換加密法的經驗中我們學到：若金鑰的長度不夠，密文就容易出現重複字串，而被找到加密的規則性。連續金鑰加密（Running-key Ciphers）使用不重複的金鑰，例如密碼傳送者與接收者之間事先約定好一本書，然後每次傳送訊息時附帶一個秘密資訊是那本書的某一頁數。加密方法就是將訊息原文與該頁內容做逐字運算，例如兩個字母所代表的數字相加，若超過 26 則減 26，如表 6-4 的範例所示。

表 6-4 連續金鑰加密法範例

原文	A	T	T	A	C	K	E	N	E	M	Y	A	T	S	E	V	E	N
	0	19	19	0	2	10	4	13	4	12	24	0	19	18	4	21	4	13
連續金鑰	T	H	I	S	I	S	T	H	E	F	I	R	S	T	L	I	N	E
	19	7	8	18	8	18	19	7	4	5	8	17	18	19	11	8	13	4
運算	19	0	1	18	10	2	23	20	8	17	6	17	11	11	15	3	17	17
密文	T	A	B	S	K	C	X	U	I	R	G	R	L	L	P	D	R	R

第一次世界大戰結束前，Vernam 和 Mauborgne 提出「一次性密碼本（Onetime Pad）」的概念。一次性密碼本仍然使用多重字母替換加密法（對，就是被巴貝奇破解的那種）。但是選用的金鑰有以下特性：

- 金鑰的位數很長，要長過訊息本身，因此巴貝奇「在密文中尋找重複出現的字串」就沒有用處了。

- 金鑰須以隨機方式產生，以避免金鑰被找出任何的規律性。

- 金鑰使用一次就丟棄，因此稱為一次性密碼本。既使密碼本（也就是放置金鑰的載具）遭到攔截，不會造成長期傷害。

現代密碼學先驅 Claude Shannon 稱一次性密碼本為「完美秘密（Perfect Secrecy）」，它是至今唯一可以用訊息理論證明「無法破解」的加密法。它的缺點則是不斷地產生與傳送冗長的密碼本非常困難。

6.2.2 成功的密碼機器:「謎」

德國發明家 Arthur Scherbius 從 1918 年開始設計自動化加密機器「謎(Enigma)」,在二次世界大戰前期獨領風騷,請參考圖 6-3。「謎」包括兩個部分:

- **攪亂器(Scrambler)**:是一種「攪亂的」替換加密表,輸入任何一個字母,會對應出另一不同字母。替換表在「謎」裡面是以硬體實施,混亂度很高。

- **插頭板(Plugboard)**:每當進入攪亂器之前,插頭板可以將字母兩兩交換。

由於使用自動化計算,「謎」的殺傷力來自於它能將字母快速的攪亂。假設一台機器使用三重的攪亂器,它可以產生 10^{16} 混亂度,算法如下:

(三個攪亂器共有 6 種順序排法)×(每一個攪亂器有 26 種替換法,共有三個攪亂器)×(26 個字母中任挑兩者交換,共三次)≒ 10,000,000,000,000,000 種組合。

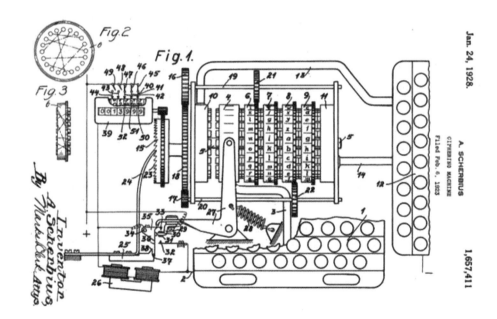

▲ **圖 6-3** 密碼機器:「謎」(Scherbius' Enigma patent granted in 1928)

圖靈(Alan Turing)是近代偉大的數學家,他設計的「圖靈機器」是今日電子計算機的前身。圖靈在 1939 年(他才 27 歲)以劍橋大學教授的身分受邀進入二次大戰時英國的密碼破解組織 Bletchley,在那裏他對破解「謎」做出重大的貢獻,間接地造成聯軍諾曼第登陸等關鍵性勝利。

圖靈於 1941 年建造「謎」的破解機器，名為 Bombe，這是一部巨大的電子計算機器。破解原理簡單地說就是：「以矛盾幫助推論。」Bombe 先猜測「謎」的各種可能的設定（攪亂器與插頭板的連線與順序等），再根據情報蒐集到或猜測到的一丁點明文與密文間的對應訊息，稱為「小抄（Crib）」，就可以逐步地找出矛盾、刪除不可能的設定，進而推論出最可能的加密法。一個「小抄」的例子就是大多數信件的起頭都有問候語，像「Dear xxx」或「To whom it may concern」之類的，只要找到足夠多的明文與密文對應訊息，就有機會解開加密法則。第二次世界大戰最後幾年，聯軍能夠破解德國的秘密通訊，對戰爭結果造成關鍵性影響。

6.2.3 另類的加密法

第二次世界大戰中尚有一種未被破解的加密法，就是納瓦荷密語（Navajo Code）。納瓦荷族是美國亞利桑那州原住民，二次大戰以前鮮少與外界接觸，該族的語言不屬於任何歐亞語言體系，極難瞭解。納瓦荷族人以無線電對話，就成了活的加、解密機器，他們因此被稱為「密語者（Code Talkers）」。二次大戰共有 420 位納瓦荷密語者服役於美國海軍，在太平洋戰爭中發揮極大功能。

曾有一群美國密碼專家嘗試破解納瓦荷密語，得到的結論是：「一連串奇怪的喉音、鼻音、與饒舌音，我們根本不知道該怎麼記下我們所聽到的東西，更不可能破解。」任何密碼破解機器都極難分析「自然語言」：不只文法語意無法瞭解，語音辨識也是一大挑戰，即使以今日的科技而論，仍然如此。

還有一種加密法稱為「隱藏訊息加密法（Stegnography）」，是將秘密訊息隱藏在另一個訊息中。一般的加密法會將訊息攪亂成不能讀，因此攔截者知道訊息已被加密。隱藏訊息加密法沒有破壞「載具」，所以不容易引人注意。

中文的「嵌字詩」也是一種隱藏訊息法，例如水滸傳六十一回有詩云：「蘆花叢裡一扁舟，俊傑俄從此地遊；義士若能知此理，反躬逃難可無憂。」這首詩內嵌：「蘆（盧）俊義反」四個字。另一個案例是二次大戰期間諜報人員以微點（microdot）技術將秘密訊息極度縮小後做為一篇正常文章裡的「句點」，藉以傳遞機密訊息。

資訊時代的隱藏訊息加密法應用於數位浮水印（Digital Watermarking）與數位版權管理（Digital Rights Management）等。常見的技巧是以秘密資訊取代圖畫或歌曲檔案的最小位數（Least Significant Bits），既可以隱藏資訊又不致影響原視聽檔案的品質。

6.2.4 現代電腦密碼學

第二次世界大戰之後電腦問世，1945 年賓州大學的 ENIAC 機器共使用 18,000 個電晶體，被視為第一台實用的電腦。從此密碼學也從紙筆計算、機械化計算、邁入了電腦運算時代。電腦加密其實類似前面介紹過的傳統加密法，依然使用位移、替換、金鑰等運算原理。它與傳統加密法不同之處可歸納為以下三點：

- 電腦可以處理複雜的加密法，例如早期電腦就可以輕鬆地模擬二十組攪亂器的「謎」，但機械式的「謎」只能裝置四到七個攪拌器。

- 電腦的計算速度快，可以在合理的時間內處理較長的訊息，並使用更複雜的算法和更長的金鑰。

- 傳統加密法直接加密「文字」，但電腦只能處理「數字」，所以要先將字母轉換成為數字（例如 ASCII Code）後才能進行運算，因此密碼學就成了一系列的數學問題。

傳統的加密法並不安全，Claude Shannon 在 1949 年就指出它們最大的兩個問題：第一是金鑰比訊息短，而且金鑰可以重複使用，這點很早就被巴貝奇用來破解多重字母替換加密法。第二是文字本身透露太多無法隱藏的線索，例如前面所討論的字母出現頻率；除此之外，自然語言具有某種重複性質，例如「Q」的後面經常跟著「U」（例如 Queen、Quit），這些性質提供了破譯者更多的判斷依據。Shannon 認為安全的密碼演算法應具有「混淆性（Confusion）」與「擴散性（Diffusion）」：混淆性是指盡量讓加密後的密文看起來不像原文，前面討論的許多替換技巧都為了混淆的特質。擴散性是指當原文有任何一點改變，密文都要起巨大的變化，例如原文裡更動一個字母，整篇密文全變了。

以下是加密算法常用的轉換技巧：

- **替換法**：將一個數值換成另外一個數值，是提供混淆性的主要技巧。

- **位移法或是排列法（Permutation）**：不改變數值，只改變彼此相對位置。位置改變可以加強擴散性。

- **擴張法**：複製部分資料內容以擴張長度，通常是為了配合金鑰的長度。

- **墊塞法（Padding）**：當原文過短時，在加密前增加一些額外的材料進資料中。

- **壓縮法**：在加密前減少資料的重複性。一般會把資料先壓縮再加密，否則原文加密後混亂度太高會降低壓縮比。

- **金鑰混合**：使用由金鑰衍生出的「次金鑰（Sub-key）」做分段加密，可以避免同一把金鑰重複使用所產生的加密規律。

- **初始向量（Initiation Vectors, IV）**：當同一把金鑰被重複使用來產生多個密文時，隨機取得的 IV 可確保各密文的唯一性。

6.2.5 量子密碼學

1994 年量子電腦科學家 Peter Shor 所提出的一個著名量子演算法 - Shor 質因數分解演算法，該演算法顯示量子電腦在處理質因數分解問題的時候表現出了遠超過傳統電腦的能力，這個突破在密碼學界引起了廣泛的討論，例如：目前在資訊科技應用最多的 RSA 加密演算法，之所以符合目前對於安全上的要求，是因為 RSA 加密演算法奠基對於極大的數字進行質因數分解時，對於現今的電腦是一件相當困難的事，就算用高效能的超級電腦進行破解，都需要耗費相當多的時間，也因此受限於無法在可接受的時間內破解，而讓採用 RSA 加密演算法的資訊系統獲得相對的安全保證，但隨著量子電腦的技術突解，以及未來對於量子運算的發展，將來透過量子電腦即有可能在短時間內就能夠破解，而帶來嚴重的「量子威脅」。

以量子力學的特性進行加密的方式，是透過量子比特（Qubits）之間的相互作用和測量來保證資訊的安全，與傳統密碼學最大的不同在於量子密碼因為基於量子物理本身的特性，並不是數學或是計算方式的難題，因此而讓量子密碼無法被破解。在經典的力學系統中，一個比特的狀態是唯一的，但是在量子力學的系統中，可以允許量子比特在同一個時間由兩個狀態進行疊加，而形成了量子計算的基本特性。

目前量子電腦的發展快速，美國國家標準暨技術研究院（NIST）也已發佈需要正視量子電腦對於現今加密系統所帶來的影響，現有的系統所採用的加密演算法，需要遷移到可以抵抗量子攻擊的加密演算法，因此在 2016 年爭求制定後量子加密標準的競賽，參與團隊所提出的構想，同樣需要能夠經得起其他參與團隊的挑戰與嘗試破解，最後剩下來的團隊所制定的加密標準，將有機會成為未來全球的加密標準。

現階段已有許多國際資安組織，包括雲端安全聯盟（Cloud Security Alliance, CSA）已成立許量子運算安全的研究小組，研究與探討量子時代下的資安防護需求，藉由國際間的產業與研究人員的投入，找出因應量子時代來臨時的對策（請參考 https://cloudsecurityalliance.org/research/working-groups/quantum-safe-security）。

6.3 對稱式加密法

對稱式加密法（Symmetric Key Cryptography）是指加密與解密使用相同但逆向的運算法，而且加、解密使用相同的金鑰，圖 6-4 是對稱式加密流程圖。

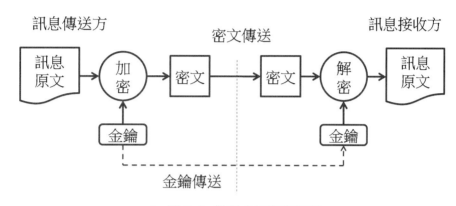

▲ 圖 6-4 對稱式加密流程圖

6.3.1 DES 加密法

1973 年美國國家標準局公開徵求標準加密系統，使公家及私人機構都可以使用一套公開、互通的加密法。IBM 的 Lucifer 算法被選中，經修改後命名為「資料加密標準（Data Encryption Standard）」，簡稱 DES。

DES 是一種對稱式加密法，請參考圖 6-5，每次加密 64 位元的原文，經初始排列（IP）後，一半的原文（32 位元）進入 F-function 運算，所得的結果再與另一半做「互斥或（XOR）」運算。重複 16 圈相同的運算，再經過最終排列（FP），就得到 64 位元的密文。DES 使用 56 位元的金鑰，以衍生的 48 位元次金鑰進入每一個 F-function，金鑰的另外 8 位元是 Parity Bits，所以總長也是 64 位元。

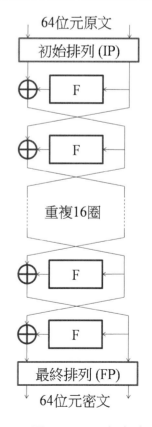

▲ 圖 6-5 DES 加密法

前面提到的 F-function 是 DES 算法的精華,請參考圖 6-6。32 位元的原文,經複製部分內容及重新排列,擴張到 48 位元。56 位元的金鑰衍生為 16 把 48 位元的次金鑰,每圈 F-function 運算使用一把。同樣是 48 位元的次金鑰與擴張後的原文作 XOR 運算,結果分八組進入 S-box,每組 6 位元。

S-box 使用替換法,而且將 6 位元的輸入轉為 4 位元的輸出。S-box 是依據非線性轉換所設計的一個查閱表(Lookup Table),它是 DES 的安全核心,為加密法提供主要的「混淆性」特質。八個 S-box 的輸出進入 P-box 進行再一次的排列,DES 主要依靠多次排列來提供「擴散性」的特質。

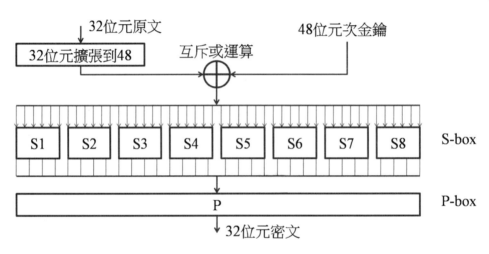

▲ 圖 6-6 DES 中 F-function 的運算

DES 充分使用前述的各項基本轉換技巧,包括替換、排列、擴張、金鑰混和等。除此之外,我們在 6.6 節介紹幾種 DES 應用模式時,會進一步使用墊塞與初始向量等技巧。DES 在過去二、三十年成功的扮演全球加密標準的角色,但以今日電腦運算速度而言,DES 由於金鑰過短,已不被完全信任,一種補救的方法是以不同的金鑰運算 DES 三次(亦即 Triple-DES 算法),但根本的辦法還是發展新的加密系統標準。

6.3.2 AES 加密法

經過公開徵求,兩位比利時密碼學家 Daemen 與 Rijmen 所設計的 Rijndael 加密系統在 2000 年獲選為 Advanced Encryption Standard(AES),目的在取代 DES 成為新的加密系統標準。AES 支援的原文及金鑰長度為 128、192 或 256 位元。

AES 使用一個「4 位元組 ×4」的狀態表(State Table)共 128 位元。不同於 DES 做相同的 16 圈運算,AES 做相同運算的圈數不定,但每一圈運算都包含以下四個步驟:

- AddRoundKey：每一個位元組與那一圈所應用的金鑰做結合。

- SubBytes：使用一個非線性查閱表對每位元組作替換。

- ShiftRows：將狀態表的「行」做位移。

- MixColumns：將狀態表的「列」做混合。

6.3.3　對稱式加密法的優缺點

對稱式加密法有許多優點：首先，它的運算速度較快（相較於下一節討論的非對稱式加密法），即使以今日的電腦運算速度，大篇幅的文件加密仍以對稱式為主。其次，只要算法設計得宜，對稱式加密法的強度很高，除了用曠日廢時的窮舉法，否則很難破解密文。此外對稱式運算法及相關工具容易取得，且大多不收費，DES 或 AES 都是公開的算法，以軟硬體建置都不困難。最後，DES 之類的對稱式加密法可以衍生多種應用模式，例如對一篇很長的原文加密時，可以模擬「一次性密碼本」，將金鑰與前一「區塊（Block）」的密文做運算產生下一個區塊的新金鑰。這些不同的模式將在 6.6 節討論。

對稱式加密法也有缺點：由於加密與解密使用同一把金鑰，如何讓訊息接收方取得金鑰是個難題，金鑰與密文的傳送勢必不能透過同一個管道。如果以電子郵件傳送密文，就應考慮以電話或郵遞方式傳金鑰，或者用非對稱式加密來傳遞金鑰。另一個缺點是金鑰管理的複雜性，每兩者之間要使用一把金鑰來通訊，因此 n 者之間通訊就需要 n（n-1）/2 把金鑰。當 n 越大時，就出現金鑰管理的難題。最後，對稱式加密法可做到文件保密，但「來源證明（Proof of Origin）」還得靠非對稱式加密法。

6.4　非對稱式加密法

非對稱式加密法（Asymmetric Key Cryptography）又稱為公開金鑰加密法（Public Key Cryptography），它使用一對數學上相關的金鑰：必須私密保存的私密金鑰（Secret Key）與可以自由傳遞的公開金鑰（Public Key）。若用其中一把金鑰加密，就只能用另外一把解密。

上一節介紹的對稱式加密法是比較自然而且傳統的技術，就像開門當然用鎖門的同一把鑰匙。大部分數學運算是對稱的，例如 100+x=150 則 150-x=100，我們不需要知道 x 的值，也能確定這種正、逆向的關係。非對稱式加密法是近代偉大的發明，它讓鎖門與開門使用兩把不同的鑰匙，依照「責任分擔（Separation of Duties）」的管理原則，非對稱式加密法可以避免個人持有完整的秘密資訊。

非對稱式加密的觀念由 Whitfiled Diffie 與 Martin Hellman 於 1976 年提出，主要的目的在解決對稱式加密法中金鑰交換（Key Exchange）的難題。如果 Alice 以對稱式金鑰加密了一個檔案，他用電子郵件將密文傳給 Bob，那金鑰要怎麼傳過去給他呢？我們常見有人把密文做為附件，然後在郵件中告訴對方金鑰或密碼；這當然不安全，攔截郵件的人可以用金鑰解開附件。比較謹慎的 Alice 可能以兩封郵件分別傳送密文與金鑰，或以電話等其他途徑傳送金鑰給 Bob。當然，最理想的狀況是根本不必傳送這把金鑰。

圖 6-7 說明了 Diffie-Hellman 的非對稱式運算，Alice 與 Bob 各選一個秘密數字，分別經過「7^A（mod 11）」的運算後，將結果互換，這時互換的並不是最終的金鑰。互換的數字以「Y^A（mod 11）」運算後，分別得到的相同數字就是金鑰。（「X（mod Y）」是指 X 被 Y 除所得的餘數。）Alice 與 Bob 事先不需持有共同祕密，範例中的 3 與 6 是雙方個別任意產生的。同時，兩者互換的資訊，2 與 4，就算被攔截也無法依此推導出最終的金鑰，因為 3 與 6 這兩個數字分別持在 Alice 與 Bob 的手中。Diffie 與 Hellman 成功地證明公鑰（2 與 4）與私鑰（3 與 6）可以分開使用，也展示了完美的金鑰交換。

Alice 選一個秘密數字 3，將之命名為 A。	Bob 選一個秘密數字 6，將之命名為 B。
Alice 將 A 做運算 7^A(mod 11)： 7^3(mod 11) = 343(mod 11) = 2	Bob 將 B 做運算 7^B(mod 11)： 7^6(mod 11) = 117649(mod 11) = 4
Alice 將結果 2 命名為X 並傳給 Bob。	Bob 將結果 4 命名為 Y 並傳給 Alice。
【資訊交換】	【資訊交換】
Alice 以 Bob 傳過來的結果做運算 Y^A(mod 11)： 4^3(mod 11) = 64(mod 11) = 9	Bob 以 Alice 傳過來的結果做運算 X^B(mod 11)： 2^6(mod 11) = 64(mod 11) = 9
兩者在先前之祕密數字未交換的情況下，卻能分享一個新的秘密數字 9；這個秘密數字就可做為兩者未來通訊的金鑰。Diffie/Hellman的方法解決的金鑰交換的困難。	

取材自The Code Book

▲ 圖 6-7 Diffie-Hellman 的非對稱式運算

- 圖 6-8 顯示公開金鑰的兩的主要用法：一是「保密（Confidentiality）」，另一是「來源證明（Proof of Origin）」。上圖使用非對稱式加密達到文件保密之目的：原文在訊息傳送方以接收方的公開金鑰加密，公開金鑰可以從公開管道取得，所以傳、收雙方沒有金鑰交換的困擾。密文傳給接收方後，接收方以自己的私密金鑰解開密文。由於只有接收方自己才有私密金鑰，所以這個通訊能達到保密效果。

- 下圖使用非對稱式加密達到來源證明之目的：原文在訊息傳送方以自己的私密金鑰加密，由於只有傳送方自己才有私密金鑰，所以不可能由別人偽造這個密文。密文傳給接收方後，接收方以傳送方的公開金鑰解開密文，公開金鑰可以從公開管道取得。

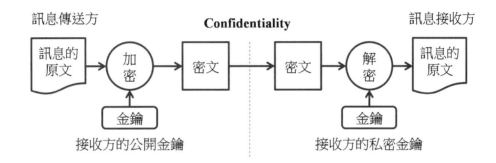

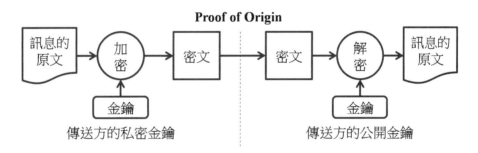

▲ 圖 6-8 非對稱式運算的兩個功能：機密性（上）與來源證明（下）

在圖 6-9 中顯示將兩者合併，可以達到文件保密與身分證明的雙重目的，這是純粹以非對稱式加密法完成的系統。

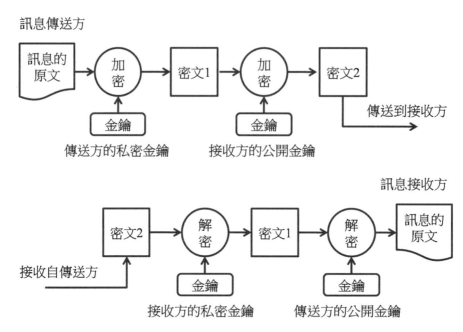

▲ 圖 6-9 非對稱式加解密流程圖

6.4.1 RSA 加密法

非對稱式加密算法中，由 Rivest、Shamir、Adleman 三人在 1977 年共創的 RSA 使用最廣。這個算法的金鑰長度並非固定，所以可在運算時間與安全強度之間做取捨，時下視 1024 位元為維持安全性的最短金鑰長度，當然 2048 或 4096 位元更佳。

RSA 算法的分解動作介紹如下：

- 挑選兩個質數，分別命名為 p 與 q。

- 將兩者相乘，並稱結果為 n。

- 選擇一個公開值 e，該值應小於 n 且與（p-1）及（q-1）互為質數。

- 尋找一個值 d，可以滿足：e*d = 1 mod（p-1）*（q-1）。

- 讓 n 與 e 可以公開，而保持 d 為私密。

- 將原文 m 加密的算法為：$c = m^e \bmod n$。

- 將密文 c 解密的算法為：$m = c^d \bmod n$。

6.4.2 其他非對稱式加密算法

前面介紹的 Diffie-Hellman 金鑰交換協定發明於 1976 年，為最早之公開金鑰法，專利於 1997 年到期。ElGamal 算法發明於 1984 年，由於沒有申請專利，被一些產品所採用，包括 PGP 郵件加密法，它的一個缺點是密文會比原文大一倍，另一個缺點是擴散性不足，攻擊者可能在原文或密文裡做細微的改變，來觀察另一方的變化。

Elliptic Curve Cryptography（ECC）是利用幾何系統裡的橢圓弧所設計的非對稱算法。在類似的加密強度下，ECC 比 RSA 的計算速度快許多，而且金鑰長度較短（1024-bit RSA 約當於 160-bit ECC）。ECC 雖然已被使用，但到目前為止，它的安全性尚未得到數學上的證明。

6.4.3 非對稱式加密法的優缺點

非對稱式加密法的優點是它能同時提供以下三種功能：第一、它可以保護機密性與隱私性，因為文件需要接收方的私密金鑰方能解開。第二、它可以被應用於存取控制，因為私密金鑰只由一位使用者持有。第三、它可以做來源證明，因為只有傳送方才能以傳送方私密金鑰對訊息加密，因此傳送者無法否認他曾傳出文件。

非對稱式加密法的明顯缺點是運算複雜度。若仔細分析對稱式加密法，不論 DES 或 AES，大部分的運算都在做位移、查表、與循環，這些都是電腦所擅長的動作。處理非對稱式加密法相對困難，例如 RSA 需要尋找「大質數」、進行因式分解與 mod 等非線性運算。在提供類似的安全強度下，DES 的運算速度大約比 RSA 快一千倍。

6.5　雜湊、簽章與複合式系統

雜湊函數（Hash Function）將任意長度的訊息字串轉化成固定長度的輸出字串，這個輸出字串稱為該訊息的雜湊值。圖 6-10 將訊息字串以 SHA 這種雜湊函數轉換成 160 位元的雜湊值。左右兩個字串只改了一個字母，雜湊值就完全不同了。雜湊函數的應用很廣，主要用來保證文件的完整性，因為文件若有任何微小的更動，雜湊值就會起巨大的變化。

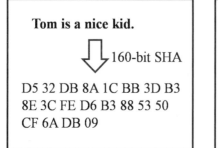
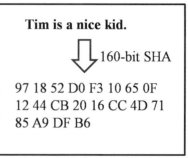

▲ **圖 6-10** 雜湊函數運算範例

雜湊值是訊息原文的一種「濃縮」，任何訊息的雜湊值都要有一定程度的獨特性。雜湊函數是一種「單向函數（One-way Function）」，應該無法從雜湊值來反推訊息原文。雜湊值之間不能有任何線性關係，我們合併兩個雜湊值（例如相加或 XOR）所得到的新值，不應該等於兩個原文以同樣方法合併後計算出的雜湊值。一個訊息產生雜湊值之後，應該無法以數學方法找到另一個訊息會產生一樣的雜湊值。（不是沒有，而是不該有方法能夠找到。）較有名的雜湊函數包括：MD2、MD4、MD5、SHA-1、與 SHA-256 等。

雜湊值的長度固定而且通常比訊息原文要短，所以無可避免的，不同原文可能產生相同的雜湊值。這個現象叫做「碰撞（Collision）」，就像同班同學可能會有生日相同者。設計不佳的雜湊函數碰撞機率較高，而且內容相近的原文會產生更高的碰撞機率，使攻擊者有造假的機會，這個方法稱為「生日攻擊法（Birthday Attack）」。

圖 6-11 是「數位簽章（Digital Signature）」的流程圖，它運用非對稱式加密法與雜湊函數。傳送方使用私密金鑰對訊息的雜湊值，或稱「摘要（Digest）」，進行加密，就產生數位簽章，再將之隨原文傳送給訊息接收方。訊息接收方以傳送方的公開金鑰解開數位簽章後，再計算訊息原文的雜湊值，比對之後就可以確定文件的完整性。

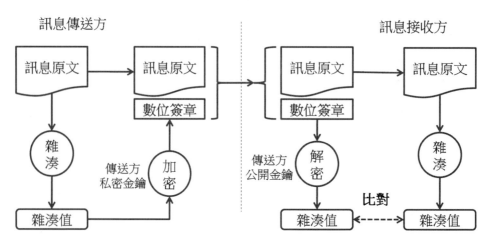

▲ **圖 6-11** 數位簽章流程圖

數位簽章提供訊息傳送方的不可否認性（因為是以傳送方的私密金鑰加密），同時確保訊息的正確性（因為比對雜湊值）。

6.5.1 複合式系統

複合式系統（Hybrid Systems）採用前述各家之長，使訊息傳送能兼顧機密性與完整性，並在安全性與複雜度之間取得平衡。

- **對稱式加密**：大量的訊息（通常指訊息原文）使用對稱式加密法如 DES 或 AES，可以節省最主要的加解密時間。

- **非對稱式加密**：主要用來交換對稱式金鑰，將對稱式金鑰以接收方的公開金鑰加密後傳送，就可以確保只有接收方能解開並取得該對稱式金鑰。

- **數位簽章**：主要用來保證文件的完整性與傳送方的不可否認性。

圖 6-12 為一完整之複合式系統流程圖，一個機密訊息的傳遞包含：訊息原文的加密傳送，對稱式金鑰的加密傳送，數位簽章的查驗，與回條確認。分別說明如下（圖中的 E 表示加密，D 表示解密，H 表示雜湊函數）。

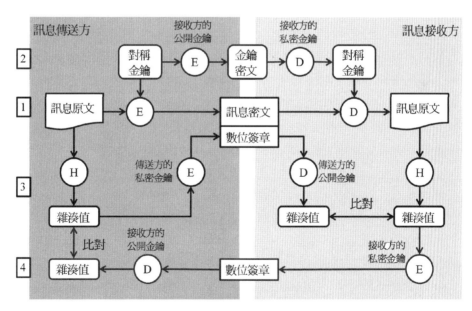

▲ **圖 6-12** 複合式系統流程圖

1. 訊息原文以對稱式金鑰加密後傳送到接收端，再以相同的對稱式金鑰解密後取得原文。這是前面圖 6-4 標準的對稱式加密法，由於速度快，適合篇幅較長之訊息原文。

2. 對稱式金鑰以接收方的公開金鑰加密後傳送，這是採取圖 6-8 非對稱式加密法的「保密」用法，只有接收端的私密金鑰可以解開並取得對稱式金鑰。

3. 訊息傳送方依圖 6-11 的方法產生數位簽章，訊息接收方取得數位簽章後比對雜湊值，以確保原文的正確性與傳送者的不可否認性。

4. 最後接收方以自己的私密金鑰加密雜湊值，並回傳給傳送方，以確認接收方已經收到訊息而且訊息正確，這種做法類似郵局的雙掛號。

6.6 對稱式加密的模式

DES 每次只能加密 64 位元的訊息，稱為一個「區塊（Block）」。訊息若大於 64 位元，則將之切割為多個區塊，再分別進行 DES 加密。這樣的加密方式可用以下五種模式進行，這些模式彼此並不相容，因此使用 DES 前應先加以瞭解。以下模式亦適用於其他對稱式加密法，如 AES。

加密模式有兩種主要類型：「區塊式加密（Block Ciphers）」是依照 DES 的基本特性逐塊進行加密，ECB 與 CBC 屬於這種類型。「串流式加密（Stream Ciphers）」讓金鑰不停地產生變化來模擬「一次性密碼本」的效果，CFB、OFB 和 CRT 屬於這種類型。圖 6-13 顯示串流式加密：訊息原文與源源不絕的金鑰流（Key Stream）做 XOR 運算產生密文。由於 XOR 運算非常簡單，所以加密速度極快。如果可以事先備妥金鑰流，串流式加密就可以使用於即時（Real Time）環境，例如電話語音加密。

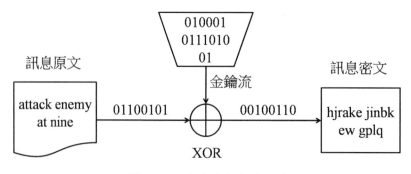

▲ 圖 6-13 串流式加密法示意圖

6.6.1 ECB 模式

Electronic Code Book（ECB）是最基本模式，顯示如圖 6-14。較長的訊息被切割為 64 位元的區塊，圖中有四個區塊（B1 - B4），每一區塊都以對稱式金鑰加密後，產生密文（C1 - C4）。

ECB 的優點是簡單，而且每個區塊的運算可以平行處理（下一區塊的運算不需要等待上一個區塊的運算結果）；另一個優點是任一區塊發生錯誤時，不影響其他區塊。缺點是它只適合加密較短之訊息，由於各區塊都使用相同的金鑰加密，如果訊息的區塊數目太多，萬一有兩個區塊的原文相同，就會產生相同的秘文，增加被破解的可能性。

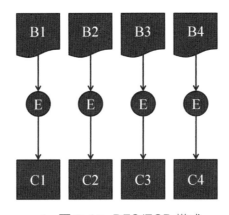

▲ **圖 6-14** DES/ECB 模式

6.6.2 CBC 模式

如圖 6-15，Cipher Block Chaining（CBC）的第一塊訊息 B1 與初始向量 IV（一個隨機亂數）做 XOR 後再以對稱式金鑰加密產生密文 C1。之後每一區塊不再使用 IV，而以前一塊密文取代。

CBC 改善 EBC 不適合長訊息的缺點，即使有兩塊相同的原文，也不會產生相同的密文。除此之外，任一區塊發生錯誤，CBC 也不會造成錯誤擴散。CBC 的缺點是無法平行處理，當一個區塊運算結束後，才能開始下一區塊。

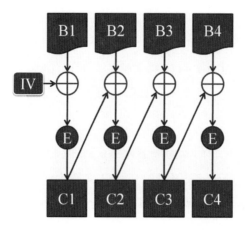

▲ 圖 **6-15** DES/CBC 模式

6.6.3 CFB 模式

圖 6-16 顯示的 Cipher Feed Back（CFB）類似 CBC，但初始向量 IV 與 B1 做 XOR 前先以對稱式金鑰加密。之後每塊密文與下一塊原文做 XOR 也都先加密。CFB 是一種串流加密模式，想法類似一次性密碼本：每塊訊息都與「密碼本」中不同部分做 XOR，而且每次運算都使用不同的密碼本（因為 IV 不同）。CFB 之優缺點與 CBC 幾乎相同。

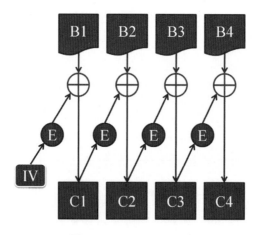

▲ 圖 **6-16** DES/CFB 模式

6.6.4 OFB 模式

Output Feed Back（OFB）模式類似 CFB，只是與原文做 XOR 的不是加密後的前一塊密文，而是由 IV 一級一級地以對稱金鑰加密產生（請見圖 6-17）。OFB 也是類似一次性密碼本的串流加密：每塊訊息都與「密碼本」中不同部分做 XOR，且每次運算使用不同密碼本（因為 IV 不同）。

OFB 有 CFB 的所有好處，但由於一個區塊運算不需以靠上一區塊的結果，所以有平行運算的可能。缺點是對稱式加密過程中若發生錯誤，錯誤會往下擴散。

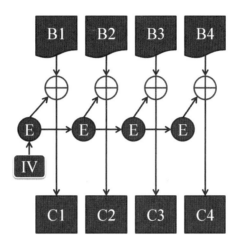

▲ 圖 6-17 DES/OFB 模式

6.6.5 CTR 模式

圖 6-18 顯示的 Counter（CTR）模式類似 OFB，只是與每塊原文做 XOR 的是由計數器（Counter）產生的 IV 加密之後的值。CTR 當然也是類似一次性密碼本的串流加密，但每一區塊所需的密碼都是獨立產生，因此整本密碼本都可以事先一次計算出來。

CTR 可以做到完全的平行運算，而且擁有許多其他模式的好處。它的風險在計數器的設計，若設計太呆板或可預測，那麼 CTR 又與最基本的 ECB 類似了。

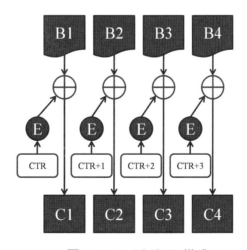

▲ 圖 6-18 DES/CTR 模式

6.6.6 Triple DES

Triple DES（簡寫為 TDES 或 3DES）是將標準的 DES 運算三次，每次使用不同的金鑰，請見圖 6-19。其目的在解決 DES 的 56 位元金鑰長度不足的問題。3DES 已被使用了將近三十年，現在正逐步地被 AES 取代。它的金鑰長度為 168 位元（即 3×56 位元），但安全強度只約當 112 位元。

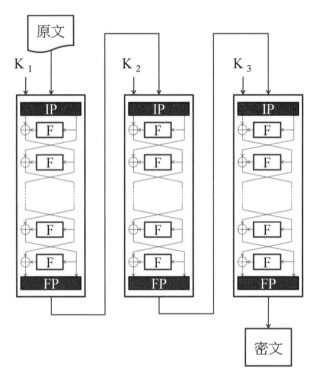

▲ 圖 6-19 Triple-DES 加密法

三次的 DES 運算可以被安排為加密、加密、加密（EEE），或者是加密、解密、加密（EDE）兩種，後者被認為安全性較強：就像攪拌油漆時依順時針方向攪拌一會，再改變為逆時針方向攪拌，結果會更均勻。

6.7 加密法的應用

加密運算的基本功能在維護訊息的「機密性」；雜湊函數可以保持訊息的「完整性」，原文有任何細微變動，雜湊值都會產生巨大變化。私密金鑰僅只個人擁有，因此以私密金鑰加密之訊息可做「身分認證」，同時具有「不可否認性」，數位簽章即是如此。這些特性被廣泛地應用在電子通訊與交易中，成為各種安全機制。

公開金鑰基礎建設（Public Key Infrastructure, PKI）以複合式加密系統為基本架構定義一種規範，通用於不同的產品、系統、及網路。雖然目前不同企業仍有彼此不相容的 PKI 建置方式，但未來數年會在多數人的需求下更趨統一。

PKI 包括以下四個主要部分：

- 憑證管理中心（Certificate Authority, CA）

- 註冊管理中心（Registration Authority, RA）

- RSA 公開金鑰加密法

- 數位憑證（Digital Certificate）

電子商務要求資訊的安全機制，所以需要一個可靠的第三方認證機構，就是憑證管理中心（CA）。CA 負責發行、撤銷、配送數位憑證。數位憑證簡單的說就是連結公開金鑰與個體的機制。通話雙方都信任 CA，CA 發給各人一張包括持有人公開金鑰的憑證，雙方通訊時就以憑證來證明自己的身分。收到憑證的一方會要求 CA 認證對方身分，才開始安全通訊。

註冊管理中心（RA）是數位憑證的註冊審批組織。RA 系統是 CA 的憑證發行與管理的延伸，它負責憑證申請人的訊息登入、審核以及憑證發放等工作，同時，對發放的憑證完成相應的管理功能。RA 可以協助減輕 CA 的工作負擔，一位遠端使用者可與就近的 RA 接洽憑證事務，不需要每件事都要求 CA 處理。

數位憑證是個體（如持卡人、企業、銀行等）在網路上進行資訊交流及商務活動的身分證明。在電子交易諸多環節裡，各方都需要認證對方憑證的有效性，從而解決彼此之間的信任問題。憑證是一個經憑證管理中心數位簽章的文件，裡面包含使用者身分資訊、使用者公開金鑰資訊以及憑證管理中心數位簽章的數據，該數據可以確保憑證的真實性。憑證格式及內容遵循 X.509 標準，將在稍後討論。

從用途來看，數位憑證可分為簽章憑證和加密憑證：簽章憑證的用途是對訊息進行數位簽章，以保證訊息的不可否認性。加密憑證的用途是對訊息進行加密，以維護訊息的機密性。

6.7.1 PKI 應用範例

打開 Microsoft Edge 瀏覽自己的網路銀行，國內外銀行的網路交易大多使用 HTTPS 加密通訊。這時會看到一把鎖的圖示在【網址列】的右側，按一下圖示就可以看到對方的 CA 資訊以及包含網站擁有者或組織的識別資訊。可以進一步檢視該網站的憑證，裡面有依據 X.509 格式的詳細資料，從憑證路徑可以查詢根、中繼、與葉 CA 的相關資料與關係。

如果讀者使用過安全的網路交易，就可以找到自己的憑證。在 Microsoft Edge 中，按下【工具】，再按【網際網路選項】，進入【內容】索引標籤後，再按【憑證】底下的【憑證】或【發行者】就可檢視憑證清單。

當使用者與該網站（如網路銀行）進行安全的網路通訊或交易時，雙方都擁有對方的憑證（含公開金鑰），因此可以進行加密交易。而雙方的憑證都是由可信任的 CA（例如 VeriSign）所發出。

6.7.2 瞭解 X.509

Public Key Infrastructure X.509（PKIX）是一個工作小組負責制訂 PKI 相關的標準，它的初始會員包括麻省理工學院（MIT）與業界領袖如 Microsoft、Apple、Sun 等。

最常被使用的憑證格式為表 6-5 所示的 X.509。讀者可以使用 IE 查看安全通訊網站以及自己的憑證，並對照本圖了解各欄位的意義。目前多數的憑證使用 X.509 v3，而較舊的 v2 則被用來公布「憑證撤銷清單（Certificate Revocation List, CRL）」。

表 6-5 X.509 資訊範例

版本 Version	V3	X.509 版本編號
序號 Serial Number	18 da de 91 …	CA 指派給憑證的唯一序號
簽章算法 Signature Algorithm	sha1RSA	CA 用來數位簽署憑證的雜湊演算法
發行者 Issuer	VeriSign Class 3 Public Primary CA	關於 CA 的資訊
有效期自 Valid From	2006/11/8	憑證有效期間的開始日期
有效期至 Valid to	2036/7/1	憑證有效期間的最後日期
主體 Subject	Bank of ABC	發給憑證的目標個人、電腦、裝置或憑證授權單位名稱

版本 Version	V3	X.509 版本編號
公開金鑰 Public Key	RSA（2048） 2a 14 5c 70 …	與憑證相關的公開金鑰類型及長度，與金鑰數據
延展資訊 Extension	V3 定義的諸多延伸欄位	
CA 簽章 CA Signature	使用 CA 私密金鑰，透過憑證演算法識別項欄位中所指定的演算法，所做出的實際數位簽章	

6.7.3　瞭解 SSL 與 TLS

Secure Sockets Layer（SSL）由 Netscape 公司首先提出，為企業界廣為接受。它是介於 HTTP 與 TCP 之間的一層程式，提供網際網路上的安全通訊。SSL 已被整合進 IE 等主流網頁瀏覽器以及大部分的網頁伺服器產品中，如前述之 PKI 範例。

SSL 主要是使用非對稱式加密法在網頁伺服器與用戶端之間建立安全的會談，兩者之間交換憑證並互相得到認證後，交換一把對稱式金鑰進行通訊。Transport Layer Security（TLS）是 SSL 的演進設計，正逐步取代 SSL 3.0。TLS 與 SSL 非常類似，但彼此並不相容。

6.7.4　瞭解 CMP 與 S/MIME

Certificate Management Protocol（CMP）是一種在 PKI 環境中各實體間溝通訊息的協定，CMP 目前較少用，但應該會快速成長。

負責發行憑證的 CA 在使用 CMP 的 PKI 裡扮演伺服器的角色，以這種協定取得數位憑證的用戶端稱為 End Entity（EE）。CMP 定義各種協定指令，讓 EE 從 CA 取得憑證，也可以要求撤銷自己的憑證，若 EE 遺失了憑證，也可要求 CA 補發。

MIME 是傳遞電子郵件訊息的標準，S/MIME 則是安全版的 MIME，用以加密電子郵件。它在 PKI 的環境中可以為電子郵件加密、確保完整性、並且做認證。

6.7.5 瞭解 SET

Secure Electronic Transaction（SET）是由 Visa 與 MasterCard 於 1996 年開始的一個標準協定，讓信用卡得以在不安全的網路上安全交易，尤其是網際網路。SET 也是以 PKI 與 X.509 為基礎，在「持卡人」、「商店」與「銀行」三者間，建立如圖 6-20 所示之互信通訊。

在 SET 架構中，信用卡應為電子錢包（如智慧卡）以儲存電子憑證。由於信用卡晶片化及讀卡機普及化的速度不如預期，SET 未被廣泛使用。

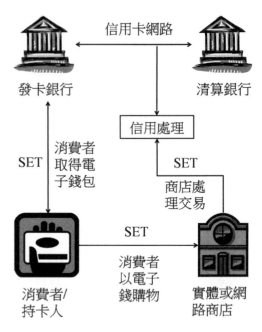

▲ 圖 6-20 SET 流程圖

6.7.6 瞭解 SSH

Secure Shell（SSH）是一種「安全通道（Tunneling）」協定，起初用於 Unix 系統，現在 Windows 也使用。我們曾在第 1 章說明安全通道，它是指在兩個系統或網路間建立一條虛擬的專屬通道，雖然處於公開網路上，但通道兩端使用彼此同意的方法來封包信息。

SSH 是完整 VPN 之外的一種選擇，如圖 6-21 所示，不安全的電子郵件可以經由 SSH 伺服器與客戶端的對應軟體所建立的通道進行安全傳輸。

▲ 圖 6-21 SSH 示意圖

6.7.7 瞭解 PGP

Pretty Good Privacy（PGP）是電子郵件加密系統的一種自由軟體，Phil Zimmermann 在 1991 年公開該軟體，至今仍廣為使用。

如圖 6-22 所示，PGP 使用複合式系統，原文以對稱式會談金鑰進行加密，取其速度；而會談金鑰則以非對稱式加密法傳遞。PGP 不只可以維護文件在傳輸路徑上的安全，而且可以使用於訊息或檔案的安全儲存。

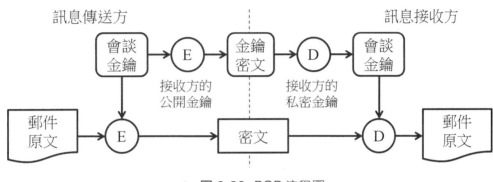

▲ 圖 6-22 PGP 流程圖

6.7.8 瞭解 HTTPS、S-HTTP 與 IPSEC

Hypertext Transport Protocol Secure（HTTPS）是安全版的 HTTP（WWW 的標準語言）。HTTPS 在客戶端與伺服器間建立 SSL 安全管道，電子商務大多以這個協定做交易。在瀏覽器上識別 HTTPS 交易方法如下：網址前面會從「http://」變成「https://」，而且在【網址列】右側會看到一把鎖的圖示。

Secure Hypertext Transport Protocol（S-HTTP）是訊息加密的 HTTP，不同於建立安全通道的 HTTPS。

IP Security（IPSec）是虛擬私有網路（VPN）的一種加密標準，大部分網際網路平台都支援這個協定，它被視為相對安全的系統，可以讓 IP 封包即使被惡意攔截，也不容易破解。新一代的 IP 標準「IPv6」將 IPSec 當做必備功能，若廣泛使用，網路監視工具的威脅將大幅降低。

6-8 金鑰管理

金鑰是加密系統的靈魂，金鑰的選擇應該全自動產生，並應盡量避免使用過的金鑰重複出現（這種情況稱為 Re-key）。可採取以下方法產生金鑰：

- 選擇一個初始變數，也可以用使用者的通關密碼代替。

- 可以為初始變數加入額外的亂數來降低字典攻擊法的成功率，這個做法稱為「加鹽（Salt）」。

- 再對結果做雜湊函數運算（如 MD5、SHA-1 等），使金鑰不能再回到初始變數。

對稱式金鑰的傳送應該使用訊息傳送之外的管道，或以接收方的公開金鑰加密後傳送；公開金鑰則以憑證方式傳送。金鑰長度關係著加密強度，應該依據風險評鑑與加密算法的複雜度來審慎的選擇金鑰長度。金鑰一經產生之後就應該有適當的存放與銷毀程序，金鑰可存放於可信任的硬體中，例如智慧卡。

金鑰管理（Key Management）是指處理金鑰的流程，從它的創造到銷毀，任何環節管理不當都可能造成安全系統的全盤瓦解。我們以「金鑰生命週期（Key Lifecycle）」來形容這個從生到死的過程，以下是金鑰生命週期的各個階段。

6.8.1 金鑰的產生

金鑰的產生是管理金鑰與憑證重要的第一步，金鑰產生可以是集中式或分散式的。集中式是由一台機器產生全系統所需之金鑰，它的優點是便於管理，缺點是如果這台機器出錯或遭受攻擊，整個系統都安全堪慮。分散式則以各區域或組織自行產生金鑰，優缺點與集中式相反。一些 PKI 系統採取折衷方案，以集中式產生加密金鑰，而分散式產生數位簽章金鑰。

產生的金鑰當然要有預期的安全性，金鑰的安全性是以它的破解難度來衡量。有人估計 1024 位元的 RSA 金鑰需要花三百萬年和一千萬美金的預算才能破解，而破解 2048 位元的 RSA 金鑰所需要的成本則幾乎無法估算。然而產生 RSA 金鑰的挑戰在尋找質數，當金鑰長度很長，且金鑰需求量又很大時，計算不重複的大質數尤其困難。若尋找質數的方法錯誤，可能找到的不是質數，加密安全性就大打折扣了。

6.8.2 金鑰的儲存與配送

金鑰的儲存與配送通常用 Key Distribution Center（KDC）或是 Key Exchange Algorithm（KEA）。在前面介紹的 Kerberos 單點登錄技術裡，KDC 以單一伺服器來儲存、配送、維護所有的會談金鑰，它的缺點是如果 KDC 出錯或遭受攻擊，會造成整個系統的安全問題。

KEA 來自 Diffie 與 Hellman 於 1976 年提出的金鑰交換算法，兩個系統間協調出一把特殊的金鑰，它的目的就是做金鑰交換而且只被使用一次，當加密用的金鑰被成功的交換後，KEA 程序就結束。

金鑰可以被儲存在硬體或軟體中：像是以智慧卡儲存金鑰，就是存在硬體中；而客戶端系統儲存 CA 產生的金鑰，就是存在軟體中。

6.8.3 金鑰的託管

「金鑰託管（Key Escrow）」的目的是為了執法。在犯罪調查過程中，執法單位在搜查令允許的範圍內有權搜索、讀取資料檔案。部分美國政府部門為了治安及國土安全，希望執行強制性的金鑰託管法，但是許多個人或組織認為有侵犯隱私權之虞，至今未定案。折衷的做法是成立公正的第三方單位，稱為金鑰託管局（Key Escrow Agency），來持有個人金鑰。在正式的法院命令下，託管單位可以將金鑰交給執法單位。

應否實施金鑰託管確實是兩難，讀者可以思考一個類似的問題：房東是否應該持有學生宿舍的備用鑰匙？如果是，則學生的隱私權受損；如果否，又擔心無法處理緊急或公共安全事件。公共安全與個人隱私之間又看見資訊安全的取捨問題。

6.8.4 金鑰的過期、收回與中止

金鑰就像信用卡一樣大多會預設過期日（Expiration Date），CA 或金鑰發行者會在過期日之前發行新的金鑰。大部分使用 PKI 的應用程式都會查金鑰過期日，遇到過期金鑰就會通知使用者，若雙方選擇繼續信任過期金鑰，則網路交易就無法在安全保障之下進行。

金鑰遭破解或遭竊、員工離職、或出現其他風險顧慮時，都要做收回（Revocation）。這類似信用卡被報失之後，卡號會立刻被註銷。收回的金鑰會被標示在憑證撤銷清單（CRL）上。

金鑰收回是永久的,但中止(Suspension)是暫時的。例如一位員工休假,為避免金鑰遭人冒用,可以暫時中止其金鑰。又例如當公司的登入認證系統出現問題時,管理員可能暫時中止使用者的金鑰,待問題解決後再取消中止。金鑰中止狀態也會出現在 CRL 上。

6.8.5 金鑰的歸檔與重新取出

金鑰加密系統有一個問題,就是無法讀取使用舊金鑰加密的檔案。假如有一個兩年前加密的檔案,你還會記得當時的金鑰嗎?因此金鑰的歸檔管理(Archival)非常重要。當金鑰被產生後,應即刻被加入金鑰歸檔系統。舊的金鑰也要妥善儲存,並在需要的時候可以進行重新取出(Recovery)。

金鑰歸檔系統與資料庫的安全維護應予重視,一旦攻擊者取得這些資料,所有資訊的安全性都喪失了。

6.8.6 金鑰的更新與銷毀

金鑰更新(Key Renewal)定義一套程序,讓金鑰過期後仍能被繼續使用。然而金鑰更新不是很好的做法,因為金鑰過期應當予以銷毀並重發新的金鑰,而不是重複使用原先的金鑰。只有當來不及產生新的金鑰時,才會權宜地進行金鑰更新。

金鑰銷毀(Key Destruction)定義一套程序,銷毀失效的金鑰,失效的原因有可能是過期或是收回。若金鑰裝置在特殊硬體中,則硬體應該被摧毀,例如智慧卡失效後,應從卡中刪除金鑰,或是摧毀晶片。

6.8.7 雲端時代下的金鑰管理

雲端時代帶來資訊世代的轉型,從典型的資通訊服務的架構,進入了以資源調配與虛擬化的服務平台,透過虛擬化的架構,提供了多元化的服務型態,也讓可以調配的資源提供最佳化的彈性運用空間,目前在許多的雲端服務供應商提供的雲端運算平台上,包括了 Amazon Web Services、Google Cloud Platform、Microsoft Azure 等平台,都提供了金鑰管理服務(Key Management Service),以用來建立、管理與控制加密金鑰,可以用來對於資料進行數位簽署,或是對於工作負載中的資料進行加密,也可以配合雲端服務平台上的應用程式中進行加密,也能夠產業可供驗證訊息的驗證碼(Message Authentication Code, MAC),用來檢查訊息在傳遞過程中,其內容是否遭到竄改,也能夠對於訊息的來源進行身分驗證,確認訊息的來源。

目前的雲端服務平台，皆為應用程式與資料庫的結合，而資料庫中所儲存的資訊，多為關鍵的資料或是應用程式在運作過程中產生的資料，對於資料庫進行資料的加密，並且提供安全的搜尋機制，以確保敏感的資料可受到良好的保護。

對於一個雲端服務平台而言，金鑰管理服務將會與雲端服務平台上的應用服務進行整合，以加密靜態的資料，或是利用金鑰進行簽署與驗證，另外對於資訊安全管理系統的要求，系統運作過程產生的關鍵活動，必須要能夠留下可被稽核的紀錄軌跡，面對資訊安全管理機制而言，活動紀錄都會被留存在日誌紀錄檔中，並且該日誌紀錄檔將儲存在加密的儲存媒體或服務上，包括使用者的活動、日期、時間、服務請求或應用程式介面呼叫等，加上所使用的金鑰紀錄，可以做為後續進行資安稽核的重要資訊。

6.9 密碼系統的攻擊

密碼系統是資訊安全技術的核心，建立安全的通訊與資料儲存都要靠它，因此駭客攻擊密碼系統可以帶來豐厚的回報。在攻擊手法上，駭客可能會攻擊金鑰（或通關密碼），就是重複地使用不同的金鑰來嘗試破解密文。選用較長且較複雜的金鑰與密碼會使這種攻擊更難成功。

駭客也可能會攻擊算法，許多看似複雜的算法，都可以用數學模型或統計分析方法找出弱點，使密碼系統失效。但具有攻擊算法能力的人非常少，有些人是為了學術探討而非私利，一旦攻破某種算法會予以公布。

駭客也會攔截傳輸的信息，藉以瞭解加密的方法。例如某人以密文發電子郵件，收件者的回信裡含有原信卻未加密，這時攻擊者可以同時取得原文與密文，大有利於密碼破解。

密碼攻擊者分析訊息的方式有以下幾種：

- **只有密文（Ciphertext-only）**：通常密碼攻擊者透過監聽等手段只能取得密文，但大量的密文也許會透露一些統計學上的蛛絲馬跡，但只靠密文來破解加密算法並不容易。

- **已知原文（Known-plaintext）**：攻擊者如果找到一些原文與密文的對照，破解加密法就容易多了，這個方法幫助破解二次大戰的德國加密機器「謎」。

- **選擇原文（Chosen-plaintext）**：是指攻擊者發出原文，隨即取得密文。例如攻擊者發一封電子郵件給對方，內容引誘收信人將它加密以後轉發出去，如此就可以攔截到整篇密文。這個方法比「已知原文」更好，因為原文乃針對破解的需而設計。

- **選擇密文（Chosen Ciphertext）**：是與選擇原文相反的方法，有些人在回覆加密電子郵件時會將原信做為附件，但卻沒有加密。攻擊者有機會以密文來引誘對方解出原文。

6.9.1 密碼算法的攻擊案例

前面大略介紹過一種 WLAN 的加密機制稱為 Wired Equivalent Privacy（WEP），它的目的是提供和傳統有線網路相當的隱密性。不過密碼分析專家已經找出 WEP 幾個弱點，因此已被 Wi-Fi Protected Access（WPA）與 IEEE 802.11i（又稱 WPA2）所取代。WEP 的加密演算法 RC4 為串流式加密，必須避免金鑰重複出現。然而 WEP 的初始向量僅 24 位元，不足以避免金鑰重複，因此遭破解。

另一個被破解的密碼算法是 COMP128，它是 GSM SIM 卡所使用的加密法。COMP128 並非公開的算法，因此未經嚴謹的測試與挑戰就被使用於 GSM 系統。1998 年兩位柏克萊學生找到它的弱點，直到數年後 COMP128-2 才逐步地取代原先有缺陷的算法。COMP128 算法的弱點在擴散性不足，因此明文與密文間仍有可歸納的關連性，若給予足夠次數的嘗試，就可以猜出金鑰值。

( ) 1. 為了混淆頻率分析法，歐洲人在十五世紀發展出以下哪一種加密法？

    (A) Vigenere Cipher   (B) DES

    (C) Onetime Pad   (D) Diffie-Hellman Cipher

( ) 2. 以下哪一種加密法是至今唯一可以用訊息理論證明「無法破解」？

    (A) ECC   (B) DES

    (C) Onetime Pad   (D) RSA

( ) 3. 數位浮水印（Digital Watermarking）屬於以下哪一種技術？

    (A) PKI   (B) Code Talking

    (C) Stegnography   (D) Microdot

( ) 4. DES 是一種對稱式加密法，每次加密多少位元的原文？

    (A) 16 Bits   (B) 64 Bits

    (C) 1024 Bits   (D) 32K Bits

( ) 5. DES 沒有使用以下哪一種 DES 充分使用前述的各項基本轉換技巧？

    (A) Substitution   (B) Permutation

    (C) Compression   (D) Key-mixing

( ) 6. Triple-DES 算法的主要目的在彌補 DES 的哪一個缺陷？

    (A) 金鑰不夠長   (B) 混亂度不足

    (C) 運算速度慢   (D) 算法遭破解

( ) 7. 目的在取代 DES 成為新的加密系統標準是以下哪一個算法？

    (A) SHA   (B) RSA

    (C) ECC   (D) AES

( ) 8. 以下哪一種算法屬於對稱式（Symmetric）加密法？

    (A) AES   (B) RSA

    (C) ECC   (D) MD-5

( ) 9. 相較於對稱式加密法，非對稱式（Asymmetric）加密法的主要缺點為何？

    (A) 金鑰不夠長   (B) 金鑰交換困難

    (C) 運算速度慢   (D) 算法較易遭破解

( ) 10. 在複合式加密系統中,以下哪一項是對稱式加密法的主要用處?

    (A) 交換非對稱式金鑰　　　　　　(B) 加解密大量的訊息

    (C) 保證傳送方的不可否認性　　　(D) 保證文件的完整性

( ) 11. 要永遠撤銷一個憑證,應該用到以下哪一個機制?

    (A) PAP　　　　　　　　　　　　(B) ACL

    (C) SHA　　　　　　　　　　　　(D) CRL

( ) 12. 「金鑰遭破解或遭竊、員工離職、或出現其他風險顧慮時,」應該執行以下哪一個動作?

    (A) Key Exchange　　　　　　　　(B) Key Escrow

    (C) Key Suspension　　　　　　　(D) Key Revocation

( ) 13. 破解二次大戰的德國加密機器「謎」的方法是:攻擊者找到一些原文與密文的對照關係,藉此進行破解。這屬於以下哪一種方法?

    (A) Ciphertext-only　　　　　　　(B) Known-plaintext

    (C) Chosen-plaintext　　　　　　　(D) Chosen ciphertext

( ) 14. 以下哪一種加密算法有已知的弱點,可以使用固定的方法破解?

    (A) WPA　　　　　　　　　　　　(B) AES

    (C) ECC　　　　　　　　　　　　(D) WEP

( ) 15. 駭客會以何種方法攻擊密碼系統?

    (A) 駭客會攻擊金鑰或通關密碼

    (B) 駭客會攻擊算法

    (C) 駭客會攔截傳輸的信息

    (D) 以上皆是

( ) 1. 目前有多種進行密碼破解的手法,以下何者可以藉由常見或經常被使用的密碼清單進行密碼的猜測?

    (A) 暴力密碼破解   (B) 字典

    (C) 按鍵紀錄器   (D) 彩虹表

( ) 2. 為加強對外服務的網站安全,都會採用加密憑證的方式進行通訊的保護,以下何者可以提供具安全可靠與信任度的做法?

    (A) 使用 1024 位元金鑰來簽署

    (B) 使用 4096 位元金鑰來簽署

    (C) 由企業憑證授權單位(CA)發出

    (D) 由公用憑證授權單位(CA)發出

( ) 3. 當使用者瀏覽網站時,卻出現憑證錯誤的訊息,主要的訊息指出網站並不受到信任。以下何種作法可以有效的改善這個問題?

    (A) 在您的網站上啟用公開金鑰

    (B) 產生憑證要求

    (C) 使用數位簽章

    (D) 安裝受信任憑證授權單位(CA)所核發的憑證

( ) 4. 採用數位憑證的目的,可以確認以下何項資訊安全的要求?

    (A) 電腦中沒有病毒   (B) 數位文件是完整的

    (C) 私密金鑰屬於寄件者   (D) 公開金鑰屬於寄件者

( ) 5. 以下何種作法,可以用來防止未經授權使用者讀取遭竊之可攜式電腦上的特定檔案?

    (A) 進階加密標準(AES)   (B) 分散式檔案系統(DFS)

    (C) 檔案層級的權限   (D) BitLocker

    (E) 資料夾層級的權限

( ) 6. 在共用電腦上使用瀏覽器登入電子商務平台進行購物時,畫面上出現提示,詢問是否要儲存密碼,以下何項做法符合資安風險的考量?

    (A) 否,因為密碼以純文字形式儲存

    (B) 否,因為可存取該電腦的任何人都可能擷取您的密碼

    (C) 是,因為密碼儲存在安全的 Cookie 檔案中

    (D) 是,因為您的密碼變成可在其他瀏覽器中使用

MEMO

資訊系統與網路模型 07

前幾章我們介紹了資訊安全概念以及各種安全威脅與攻防，讀者也已經熟悉防禦機制的理論背景，包括存取控制、安全設計、與密碼學等。為了更深入討論系統與網路安全的議題，我們將在這一章廣泛地介紹資訊系統與網路模型，重點會擺在與資訊安全相關的部分，尤其是名詞和觀念的釐清。

7.1 電腦系統架構

John von Neumann 於 1945 年發表「First Draft of a Report on the EDVAC」這篇論文，勾勒了電腦的基本架構，他認為：

- 電腦要有中央處理器（CPU），內含控制單元（CU）和數學與邏輯單元（ALU），並以累積器（Accumulator）或暫存器（Registers）來記錄狀態的改變。

- 電腦要有記憶體來儲存指令程式與資料。von Neumann 架構的指令與資料是分開儲存的。

- 電腦要有輸入與輸出單元（I/O）。

- 以上各單元要能彼此連結（Interconnection）。

歷經多個世代的演進，電腦已經演進成為極複雜的系統，卻仍然維持鮮明的 von Neumann 架構，請參考圖 7-1。

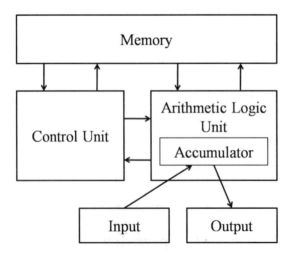

▲ 圖 7-1 von Neumann 電腦架構

今日的電腦包含數個階層：最底層是「電腦硬體」，如前述的中央處理器、記憶體、及輸出入元件等。硬體上面需要「作業系統（Operating system）」才能做比較複雜的動作，早期最簡單的 DOS 主要做磁碟管理，現在的 Windows 或 Linux 功能強大多了。另外，小如智慧卡也有作業系統，一般稱為 COS（Card Operating Systems）。作業系統上可能有些「公用程式（Utilities）」來支援更上層的應用程式，它包括 .NET framework 或 Java VM 等，一些通訊協定也屬於公用程式。最上層才是我們所使用的「應用程式（Applications）」，例如微軟的 Office 等。近來人工智能（Artificial Intelligence, AI）引起資訊技術發展的另一個高峰，許多智能化的對談系統、圖像及影音的生成系統不斷出現，已進入到下一個新的資訊世代。

7.1.1 作業系統的基本功能

作業系統介於電腦硬體與應用程式間，無疑是資訊系統的樞紐。不論現代作業系統多麼複雜，以下的基本功能仍然是主要核心：

- **硬體元件管理**：作業系統的一個基本功能是管理硬體元件，使應用程式的設計人員不需要費心考慮硬體及硬體相容性的問題。

- **記憶體管理**：電腦的記憶體種類繁多，除暫存器、SRAM、DRAM、ROM 之外，還有硬碟及其他外接記憶體，都靠作業系統管理。

- **輸入輸出操作**：作業系統能操作多樣性的 I/O，包括外接系統，如印表機、螢幕、鍵盤與喇叭等。從 von Neumann 架構看，網路也是 I/O 的延伸。

- **程式執行**：作業系統本身是個平台，確保公用程式及應用程式在硬體環境裡流暢的運作。

- **檔案與資料的存取控制**：檔案與資料管理是作業系統的必備功能，DOS 及 COS 這類較單純的作業系統更以檔案管理為核心工作，目前此類的系統多數不再使用。

- **系統服務**：提供系統維護、效能提升、問題排除、錯誤診測等服務。

7.1.2　中央處理器架構

中央處理器是電腦系統的「腦」，不同型號的 CPU 有自己的指令集，彼此軟體未必能互通。圖 7-2 顯示一個程式在做「z = x + y」運算，記憶體內程式與資料（x=5, y=7）分開放置。中央處理器將程式與資料載入暫存器內，由控制單元將它們分配給 ALU 做運算。得到的結果「z=12」再寫回記憶體，接著進行下一步程式運算。

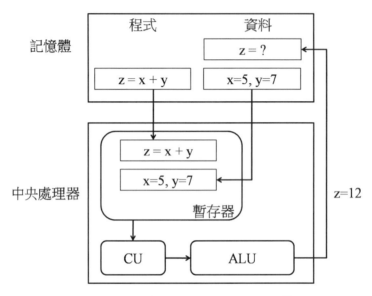

▲ **圖 7-2**　中央處理器（CPU）架構

電腦系統若有多個 CPU 同時進行運算，稱為多重處理（Multiprocessing）或平行處理（Parallel Processing），可以提升運算速度。近來所謂的八核、十六核、三十二核以上的（Multi Core）CPU 就是多個 CPU 核心所組成的多重處理器。

7.2　記憶體與外掛元件

記憶體分為多種類型，各自有性質、速度與價格之差異。

Random Access Memory（RAM）一旦失去電源，就會喪失它所儲存的資料。RAM 的存取速度快，且單位儲存位元的價格便宜，是電腦的主要記憶體。Dynamic RAM（DRAM）是電腦的主記憶體，目前從 32GB 到 128GB 較常見。在過去十年出現各種新型的 DRAM 設計，例如 SDRAM 比傳統 DRAM 速度快，而目前最常用的 DDR 又比 SDRAM 快一倍，DDR2 則將電壓由 2.5V 降至 1.8V，可進一步減低 50% 耗電量。電腦能否相容於某種 DRAM 主要看主機板的設計，及晶片組的相容性。

Static RAM（SRAM）較 DRAM 更快，但單位儲存位元的價格比較高。SRAM 大多做為快取記憶體（Cache Memory），用來存取最常使用的資料。SRAM 常與 CPU 封裝在一起，因此它的容量大小（例如 32MB）在出廠時就已經固定了。

Read-Only Memory（ROM）有兩個特性：一是它的資料只能讀出，卻不能寫回，二是失去電源時，儲存的資料仍能保存。

Programmable ROM（PROM）是指出廠後可以寫進去一次資料的 ROM，電腦裡永遠記憶的系統資料如 BIOS，可以寫在 PROM 或以下的元件中。

Erasable PROM（EPROM）是可以多次清除重寫的 PROM，通常以紫外線（UV）清除原先的資料，再以電子方式重寫。

Electrically Erasable PROM（EEPROM）可以電子方式清除與重寫，相較於 EPROM 更方便，因為清除資料時不需要從主機板將晶片取下。

快閃記憶體（Flash Memory）的性質類似 EEPROM 但較之便宜，已成為「非揮發性記憶體（Non-volatile Memory）」（意即失去電源時資料仍能保存者）的主流技術，大量使用於 USB 碟、數位相機、BIOS、手機及記憶卡。

7.2.1 記憶體管理

圖 7-3 顯示電腦的記憶體層級，作業系統需要在運算時做記憶體管理。作業系統會將正在使用或較常使用的程式與資料往 CPU 移動（圖中往左移），程式設計師並不知道程式在執行時會被怎麼移動，是作業系統依當時狀況做決定。在執行中，較大而不常用的資料也可能被交換到磁碟裡。

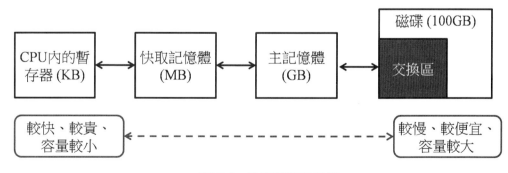

▲ 圖 7-3　記憶體管理架構

作業系統負責管理程序（Processes）對記憶體的存取，通常不允許一個程序存取其他程序的資料，稱為「程序隔離」，以確保程序不互相干擾。但在特殊情況下，作業系統可以允許多個程序共享一塊記憶體與其上的資料，不需要每一個程序都重新拷貝一份。

7.2.2　記憶體映像

CPU 依據記憶體位址來存取資料。如圖 7-4 所示，CPU 送出位址（Address）後，就可以將資料（Data）讀出或寫入該位址的記憶體中。CPU 所定的位址稱做「絕對位址（Absolute Addresses）」。由於記憶體有不同階層，而且許多應用程式會同時使用記憶體，因此應用程式不直接定址記憶體，而使用「邏輯位址（Logic Addresses）」。邏輯位址與絕對位址之間的關聯就是「記憶體映像（Memory Mapping）」，是作業系統管理記憶體的重要手段。

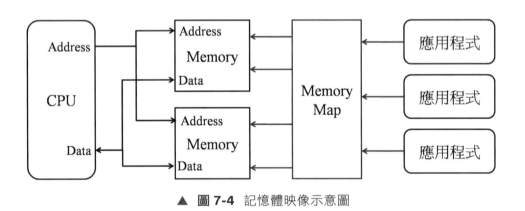

▲ 圖 7-4　記憶體映像示意圖

7.2.3　記憶體滲漏

應用程式向作業系統要求記憶體空間，作業系統為它指定一塊區域。使用完畢後，如果應用程式沒有通知作業系統，那塊區域就無法釋放做其他用途，這個現象稱做「記憶體滲漏（Memory Leaks）」。記憶體滲漏可能肇因於作業系統本身、應用程式、或驅動程式，原因都是軟體設計的疏失。

若駭客發現某系統有記憶體滲漏現象，就可以發動 DoS 攻擊。例如一個 Unix 系統的Telnet 協定程式有記憶體滲漏問題，駭客可以不斷地對它發訊息，系統就不停地為它指定記憶體卻不能釋放，一段時間之後記憶體即用罄。

克服記憶體滲漏的方法有二：一是更謹慎地設計程式，釋放用過的記憶體區域。另一個方法是使用垃圾收集（Garbage Collection），讓系統找出並釋放不用的記憶體。

7.2.4　虛擬記憶體

作業系統可以將硬碟做為主記憶體的延伸，稱為「虛擬記憶體（Virtual Memory）」。主記憶體（DRAM）最多幾個 GB，但硬碟可達數百個 GB。因此在運算中主記憶體空間不足時，可以用資料頁（Pages）的型態將資料交換到硬碟暫存。這些過程都由作業系統自動完成，應用程式設計者及使用者不會感覺到這種功能。

虛擬記憶體有一些安全風險，因為當運算結束或突然當機或斷電時，部分被交換到硬碟上的機密資料可能並未被移除，有機會被有心人士復原。安全的作業系統應謹慎地清除交換區的資料。

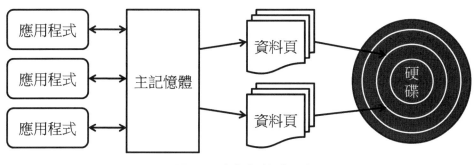

▲ 圖 7-5 虛擬記憶體示意圖

7.2.5　外掛儲存元件

主記憶體和快取記憶體之外的儲存元件多屬外掛元件，包括半導體、磁、或光元件。大部分電腦資料都儲存在硬式磁碟裡，包括作業系統、應用程式、與檔案。硬碟除了會感染病毒，也可能遭竊，防治的方法可將硬碟加密，金鑰儲藏於 BIOS 或智慧卡中，同時硬碟必須有防毒軟體保護。軟式磁碟經常是病毒感染與資料竊盜的工具，但由於容量較小，已被逐漸淘汰。

USB 碟使用快閃記憶體，比磁或光的儲存元件速度快、體積小，目前 GB 等級的記憶卡已普及化，全面取代軟碟的功能。USB 碟容量大、體積小的特質容易造成資訊安全事件，許多人將機密資料藉由 USB 碟帶回家「辦公」，造成機密洩漏，或被植入木馬。此外一些新的科技與元件（如 MP3、智慧手機）會與電腦系統連結，同樣有病毒感染或機密洩漏等威脅，組織對此應有資訊安全政策因應。

光碟技術進步神速，可寫入的光碟機取代軟碟機成為個人電腦的標準配備，但也繼承所有資訊安全風險，包括病毒感染、遭竊等。

個人電腦常以 BIOS 控制外加儲存元件,因此以通關密碼保護 BIOS 可以避免未經授權的外加元件(如磁碟、CD-ROM、USB 碟等)在開機時取得系統控制權。

磁帶是最古老的外掛儲存元件之一,價格便宜、速度快、容量極大,適合做大量資料典藏。磁帶為序列式讀寫,而非如磁碟的隨機讀寫,駭客可以從資料寫入磁帶的順序做更多的推論。

7.2.6 輸入輸出元件

作業系統除了控制硬體與管理記憶體之外,也負責管理輸入輸出元件,如印表機、螢幕、鍵盤、喇叭等。作業系統可以直接對 I/O 元件發出命令,指示它該做的動作。當 I/O 要求與 CPU 通訊時,作業系統接受並處置 I/O 發出的岔斷(Interrupt)要求。

I/O 元件通常有一個控制器(Controller)插入電腦的擴充槽(例如繪圖卡)或經由訊號線與電腦連接(例如印表機)。控制器有自己的驅動程式(Driver),作業系統利用驅動程式與該控制器通訊。例如當我們安裝一台新的印表機,需要先安裝它的驅動程式,讓作業系統知道如何操作印表機。

當一個 I/O 元件完成被指派的工作,需要通知 CPU 將結果取走。I/O 的控制器會送一個訊號給岔斷控制器,讓它在適當時機通知 CPU 去和該 I/O 元件通訊。作業系統有以下幾種方法傳送資料給 I/O 元件,以印表機為例說明之。

- **Programmed I/O**:CPU 送一個字元給印表機後就等待,直到印表機可以接受下一個字元,如此持續到該筆資料列印完畢,這種方法最浪費 CPU 時間。

- **Interrupt-driven I/O**:CPU 送一個字元給印表機後就去執行其他工作,印表機完成後會發岔斷,讓 CPU 送下一個字元。

- **Direct Memory Access(DMA)**:CPU 提供印表機該筆資料的記憶體位址,印表機直接從記憶體讀取資料,這種方法最省 CPU 時間。

7.3　作業系統的程式執行

在 DOS 這種傳統的作業系統環境下,應用程式是不可分割的最小單元,電腦一次只能執行一個程式。較進步的作業系統可同時載入多個程式在記憶體中交替執行,稱為 Multiprogramming,可減少待機時間以效提高電腦效能。Multitasking 是指作業系

統能同時處理多個程序（Processes）的需求，這些程序可能來自不同程式，更細的切割與彈性的處理順序進一步提升 CPU 使用率。現代的系統把程序再切割為執行緒（Threads），如圖 7-6 所示，這種系統稱為 Multithreading。

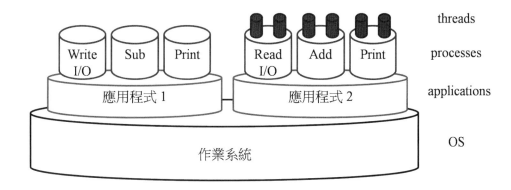

▲ 圖 7-6　程式執行架構圖

常見的作業系統都是「開放式系統」，例如 Windows、Linux、MacOS 等，它們使用標準化的人機介面，並且支援標準協定，任何個人或公司都可以在標準系統介面上開發新應用。有些較老的或特殊用途的作業系統是「封閉式系統」，它們的應用軟體常由作業系統供應商所開發，不具跨平台通用性。封閉系統較不為人所瞭解，因此具有隱匿性，但並不代表它們比較「安全」，由每年所發佈的 CVE 弱點而言，仍然有許多封閉系統被發現的漏洞。

7.3.1　保護圈

電腦在同一時間處裡許多應用程式，如郵件、防毒軟體、網頁瀏覽器等，並在底層進行更多複雜的動作，如記憶體讀寫、I/O、CPU 計算等。作業系統要有機制控管這些動作，以符合最根本的安全需求。

有的 CPU 會提供保護圈（Protection Rings），讓作業系統區隔不同信任度的軟體。常見的保護圈有四層：

- **第 0 圈**：作業系統核心（Kernel）

- **第 1 圈**：作業系統的其他部分

- **第 2 圈**：I/O 驅動程式及共用程式

- **第 3 圈**：應用程式及使用者的活動

系統裡每一個主體與物件都被安排在適當的圈內，越往內圈就有越高的存取權限。例如第一圈的主體可以直接存取第三圈的物件，但第三圈的主體不能直接存取第一圈的物件，而要靠作業系統的授權。

7.3.2 虛擬機器

虛擬機器（Virtual Machine）是一個以軟體模擬的電腦系統，應用程式不是直接在硬體上執行，而是在虛擬機器上執行。應用程式以虛擬機器的語言，如 Java 所寫成，程式設計師只能使用虛擬機器所提供的功能或者呼叫程式庫，而無法直接觸碰底層資源。

虛擬機器有兩個主要優點：一是平台互通（Platform Independent），以 Java 語言寫在虛擬機器上的應用程式可以運作在所有 Java 虛擬機器上，不受限於 CPU 或作業系統的差異。相對的，一般應用程式通常無法跨平台，因為不同的 CPU 可能提供不同的指令集。平台互通的優點使 Java 語言尤其適合網際網路這種開放環境。另一個優點是能維護應用程式的安全，以 Java 等語言寫的應用程式只能使用虛擬機器所允許或提供的功能，因此應用程式的設計疏失不易造成系統的安全威脅。

Java 程式語言由昇陽公司（Sun Microsystems）在 1990 年代發展出來，執行在虛擬機器上，由於跨平台特性，Java 成為網路程式的首選。Java 小程式（Applet）可以從伺服器下載，由瀏覽器在客戶端電腦上執行。小程式被限制在一定的記憶體區間內，稱做「沙盒（Sandbox）」，這個名詞是指專門讓孩童玩沙子的地方，以避免其餘地方被沙子弄髒。沙盒限制小程式無法任意使用系統資源，因此被視為安全，但如果虛擬機器設計錯誤，還是可能有漏洞。

有一種「簽章的小程式（Signed Applet）」使用數位簽章來驗證其真實性，可避免來路不明的程式下載。然而這種小程式不受沙盒限制，因此接受下載簽章的小程式必須謹慎。

ActiveX 是微軟公司的技術，也是一種下載到客戶端電腦上執行的網路程式，ActiveX 直接下載到硬碟，可能造成安全問題。ActiveX 的安全設計是讓網頁瀏覽器詢問使用者，是否信任某伺服器下載的 ActiveX 程式，但是許多使用者並不瞭解這類警訊，形成安全盲點，從 2015 年後發行的 Windows 10，改採用 Microsoft Edge 瀏覽器，取代了已經問世多年的 Internet Explorer 做為 Windows 預設的瀏覽器，而 Edge 瀏覽器也不再支援 ActiveX。

7.4　網路的組件

網路的組件包括路由器、交換器、防火牆、伺服器、個人電腦等，圖 7-7 顯示一種網路架構範例。從資訊安全的觀點，我們除了要檢討每一個組件本身的安全風險，也要評估各組件構成網路之後所形成的新風險。內部網路系統一旦連結網際網路之後，就要承受外部風險，攻擊可能來自世界任何地方。

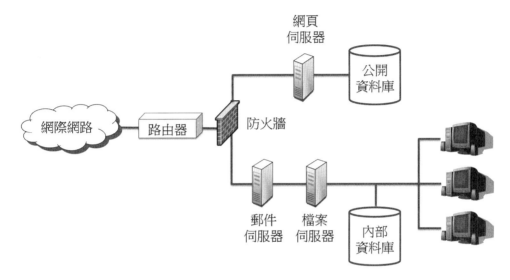

▲ 圖 7-7　網路架構範例

為了確保網路正確運作，許多組織會在一個集中的區域進行網路監控與系統管理，在那裡可以看到網路的全貌，並對各種狀況做快速反應，這個集中區域稱為「網路維運中心（Network Operation Center, NOC）」。有些組織會在 NOC 之外再建立「安全維運中心（Security Operation Center, SOC）」專門監看並快速處理資訊安全事件，軍事機關及主要政府與金融機構最需要 SOC，後來因應巨量的事件紀錄必須進行關聯與分析，以及對於多數雷同的事件進行自動化的處置，以減少人力資源的投入，而發展出了安全性協調流程、自動化和回應的機制（Security Orchestration, Automation and Response, SOAR），目前的資安威脅來自於端點系統遭受攻擊，例如惡意程式的盛行，因此對於端點系統的資安防禦，已衍生了威脅偵測與應變的服務（Managed Detection and Response, MDR），透過專業的資安服務團隊，進行端點裝置所提供的預警資訊，進行事件的應變處置，以上這些都屬於網路安全與資訊安全應變的範疇。

網路架構相當複雜，一些跨國公司光是公司內部網路就包含了數萬公里的網路線、光纖、及無線通訊，或是透過跨國的專線連結不同的辦公室，駭客可能從任何一段訊號線

或軟、硬體組件下手攔截資訊，再加上數位轉型後，企業許多的應用大量的依賴網路上的服務，也產生了許多新型態的雲端服務與應用。我們將在以下幾頁從資訊安全的角度介紹各種網路組件。

7.4.1 網路連結組件

集線器（Hubs）是網路最簡單的組件之一，集線器讓許多主機以實體連接埠互相通訊，集線器沒有安全防禦功能，任何主機都可以攔截或更改通過集線器的訊息。

交換器（Switches）是另一種多連接埠元件，它比集線器擁有較多的網路資訊，可以有效地提高網路效能。交換器會將訊息送往正確位址的主機，而不像集線器那樣播放給所有的連接埠。這樣一來可以避免線路上過多訊息造成壅塞；二來個人的訊息較不易遭其他主機攔截或更改。交換器仍然在網路介面層（參見第 3 章）做訊息交換，路由器就可以再往上一層處理 IP 封包。

路由器（Routers）是連接兩個或多個網路的主要元件，它可以實體隔離不同的網路，並在 IP 層擔任它們之間的通道。路由器是智慧型元件，能掌握網路之相關資訊。大部分路由器能同時扮演封包過濾防火牆的角色，較新的產品還能提供更先進的防火牆功能。邊界路由器（Border Router）是 LAN 與 WAN 的介面，除了要擔任兩種協定之間的翻譯，也要決定哪些外部的訊息與要求可以進入內部網路，前面圖 7-7 顯示了一台邊界路由器，它是網路安全防禦的第一線。

7.4.2 防火牆與 IDS

防火牆也屬於第一線的網路防禦，大多安裝於邊界路由器之後。防火牆的基本功能是將一個網路與另一網路隔開，經由設定（Configuration）來限制往內和往外訊息的進出權限。

防火牆可能是一項單獨存在的產品，也可能被整合在路由器或伺服器中。也有廠商將防火牆、入侵偵測與防禦系統（IDS/IPS）、與防毒軟體等結合成「整合式威脅防禦系統（Universal Threat Management, UTM）」，是一種新的網路安全防禦產品。

防火牆可分硬體防火牆（例如 Fortinet）與軟體防火牆（例如 Snort）。部分個人電腦的作業系統，從 Windows XP 以後的微軟作業系統，亦提供防火牆功能。

防火牆有以下幾種類別，在「第 8 章 防火牆與使用政策」會介紹相關細節。

- 封包過濾防火牆（Packet Filter Firewall）不分析封包的內容，僅依據封包位址的資訊來決定是否允許封包通行。例如允許連接埠 80 的 Web 封包通過，但不允許連接埠 23 的 Telnet 封包通過，或拒絕某些特定 IP 位址的所有封包。

- 狀態檢查防火牆（Stateful Inspection Firewall）不僅決定是否允許封包通過，同時會留下紀錄，據以判斷後面的封包是否可以通過。例如第 3 章曾描述過的「SYN 洪水攻擊」也許可以通過封包過濾防火牆，因為 SYN 是合法的 TCP 指令，但狀態檢查防火牆會認為成千上萬的 SYN 要求極不合理，而加以阻擋。

- 代理人防火牆（Proxy Firewall）可被視為私人網路與任何其他網路的中間人，它接到外部網路的請求之後，依據一些預定的原則做判斷該轉送這個請求，或是拒絕。代理人防火牆將所有進出的封包都做加工處理。

入侵偵測系統（Intrusion Detection Systems, IDS）常與防火牆搭配使用，可以檢查系統紀錄與可疑的活動，進而採取必須的導正行動。

7.4.3 PBX 系統

隨著通訊產品數位化的發展，圖 7-8 所顯示的 PBX（Private Branch Exchange）系統已經可以整合類比及數位語音、資料、呼叫器、網路及各種應用於一個通訊系統中。PBX 使組織的通訊成本大幅降低，卻使資訊安全問題更複雜。例如，駭客對網路發動 DoS 攻擊，卻額外造成電話不通；客戶的語音留言卻意外地在網路上被攔截、篡改。因此組織應將 PBX 列為一項特別需要安全保護的資訊設備。

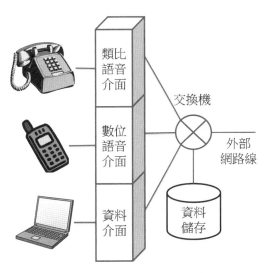

▲ 圖 7-8　PBX 系統示意圖

7.4.4 伺服器與個人電腦

網路中通常會有一些伺服器和大量的個人電腦,駭客經常先侵入疏於防護個人電腦(例如以電子郵件夾帶木馬程式),一旦進入防火牆保護的範圍,就容易操控整個網路了。因此維護網路安全必須強化伺服器與個人電腦的安全性。

- 應該刪除所有不使用的軟體或服務,並且禁止員工私自安裝軟體,它們都可能增加駭客入侵的機會。

- 要確定應用程式及服務都是最新版本,並且被設定為安全組態,包括設定密碼、指定存取權限、與限制程式功能等。一些系統有預設的(Default)管理員名稱甚至通關密碼,要在使用前進行變更。

- 應該避免作業系統及服務平台的資訊洩漏,如第 4 章所述,許多攻擊者可以在公開網站查詢系統的已知弱點。

- 加強資訊安全教育訓練,降低社交工程或木馬程式下載的成功機率。

7.4.5 無線通訊系統

全球行動通訊系統(Global System for Mobile Communitations, GSM)行動通訊具備加密功能,因此要在空間裡攔截語音訊息幾乎不可能。GSM 系統能提供加密機制是因為手機 SIM 卡的金鑰與電信公司機房的金鑰都由電信公司所控制,形成一個封閉系統,目前新一代的行動裝置也已經支援 eSIM,可以透過數位化與可程式化的嵌入式 SIM 卡,取代原本實體 SIM 卡的功能,增加了更靈活的應用。

無線區域網路(Wireless LAN, WLAN)是一個開放系統,而且大部分公共場所的無線網路並未使用認證與加密的機制,造成使用者與服務供應者雙重的風險。WLAN 的安全性有以下三種等級:

- 最糟的情況是任何人都能連結無線網路入口,完全不做認證。

- 其次是無線網路伺服器認證登入者,可避免惡意侵入者濫用網路資源或監看其他無線網路使用者。

- 最安全的是使用者與無線網路伺服器之間彼此相互進行認證。

組織內的 WLAN 訊號常會超過它的建築範圍,有的駭客會駕車在市區內各建築旁,試著以筆記型電腦攔截無線網路訊息,這種手法稱為「駕駛攻擊(War-driving)」。許多人

以為幾公尺外的 WLAN 已經「信號微弱」，應該沒有安全顧慮，事實上駭客使用的強化天線可以收到百餘公尺外的訊號。

7.4.6　網路線

網路線是駭客進行監看與竊聽的目標之一，目前網路線有以下選擇。

雙絞線是最簡單也最便宜的纜線技術，多年來都是最常使用的網路線。雙絞線分非遮蔽式（Unshielded Twisted Pair, UTP）與遮蔽式（Shielded Twisted Pair, STP）兩種，顯示如圖 7-9。UTP 將兩條由銅絲組成的銅線分別覆上絕緣體後絞纏在一起，可有效減低電磁干擾與交叉對話（Crosstalk），外面再覆一層 PVC 外衣做為保護。STP 類似 UTP，但另加一層接地的金屬遮蔽層，以降低電磁波干擾與電磁訊號洩漏。

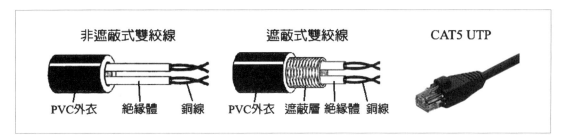

▲ 圖 7-9　雙絞線

目前最常見的網路線如 CAT5（100 Mbps）與 CAT6（1000 Mbps）以及技術已相當成熟的 CAT7（10000 Mbps）都是 UTP。UTP 不適合做極機密之資料傳輸，駭客可以安裝分接頭或接收洩漏電磁訊號竊聽。

同軸電纜（Coaxial Cable）以一條金屬中心線傳訊號，外包較厚的絕緣體，絕緣體外有編織的金屬網接地，再以 PVC 外衣做為保護，請參考圖 7-10。金屬中心線比雙絞線粗，因此可以支援較高頻寬與較長的纜線距離。接地的金屬網遮蔽層，可以降低電磁波干擾，並避免電磁訊號洩漏。同軸電纜的缺點是比較昂貴，而且粗重、不易彎折，較常使用於有線電視。安裝分接頭攔截同軸電纜訊號並不困難，因此盜接有線電視的案例屢見不鮮。

光纖（Fiber Optics）包含三個組件：產生光源的發光二極體或是雷射，玻璃或塑膠製成的光纜線，以及將光訊號轉回電訊號的光感應器。光纖具備許多優點，包括高頻寬、不受電磁干擾、不易掛線竊聽等。它的缺點是比較昂貴也比較難安裝。

同軸電纜

光纖

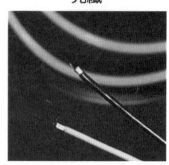

▲ 圖 7-10 同軸電纜與光纖

選擇網路線時，應該考慮以下因素：

- **傳輸速率**：選擇網路纜線時首應考慮傳輸速率，一段傳輸速率不足的纜線可能形成整個網路的瓶頸。

- **元件間距**：纜線的長度越長訊號減弱越嚴重，尤其當訊號處在高頻的時候。因此當元件的間距太長，可以在中間酌量加入中繼器（Repeater）。

- **資料機密性**：纜線有的比較容易從上面攔截訊號，有的比較難（例如光纖）。可以依資料所要求之機密性做選擇。

- **所處環境**：如果環境有較多電磁干擾，就該選用遮蔽式纜線。不耐折的纜線就不適合使用在擁擠的環境。

7.5 OSI 網路模型

這裡有兩種主要的網路模型，一種是第 3 章所介紹的「TCP/IP 模型」，另一種是「OSI 模型」，兩者之同異列表如表 7-1。

表 7-1 網路模型

OSI 模型	TCP/IP 模型	基本功能
應用層 Application	應用層 Application	存取網路資源
展現層 Presentation		翻譯、加密、及壓縮資料
會談層 Session		建立、管理、及中止會談

OSI 模型	TCP/IP 模型	基本功能
傳輸層 Transport	傳輸層 Transport	點對點訊息傳送及錯誤校正
網路層 Network	網際網路層 Internet	提供網路連結並將封包由來源送到目的地
資料連結層 Data Link	網路介面層 Network Interface	將訊號組成資料框，從結點送到結點
實體層 Physical		在硬體上傳送數位訊號

TCP/IP 模型起源於美國國防部，故亦稱 DoD（Department of Defense）模型。其主要目的為描述 TCP/IP：傳輸層對應 TCP 協定，網際網路層對應 IP 協定，另兩層則描述其上與其下之環境。OSI（Open System Interconnect）則是更精細的七層網路模型模型，被訂為 ISO 7489-1 國際標準。

7.5.1 OSI 模型的七個階層

OSI 模型有七個階層，雖然有時被認為太複雜，但它以一個實際且廣為接受的方式來描述電腦網路。圖 7-11 顯示電腦與電腦之間傳送訊息，例如網頁伺服器將網頁資料傳送給遠端的瀏覽器時，應用軟體（網頁伺服器）的資料經過七個階層才被轉換為在網路纜線上傳輸的數位訊號。訊號若中途經過路由器，會被拉到網路層處理之後，再繼續往目標進行。當訊號到達客戶端主機，再經過七個階層轉換回應用軟體（瀏覽器）所顯示的網頁資料。

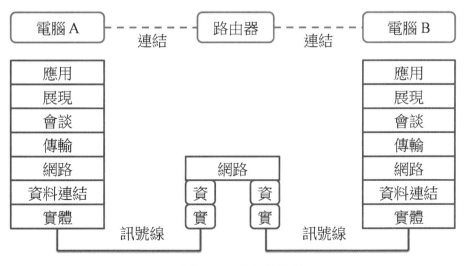

▲ 圖 7-11 OSI 的階層

圖 7-12 進一步說明網路上的資料傳輸。當電腦 A 要傳送資料（一個網頁）給電腦 B，OSI 各階層逐步對資料做「封裝（Encapsulation）」。應用程式的資料（L7 資料）被加上 L6 的表頭（Header）後被封裝為 L6 資料。如此逐層加上表頭或表尾後進行封裝，終於成為數位訊號在網路線傳輸。電腦 B 收到訊號後，依反順序逐步解開封包，最後得到原來的資料（一個網頁）。接下來幾頁中將會詳細介紹 OSI 的七個階層，尤其與網路安全相關的部分。

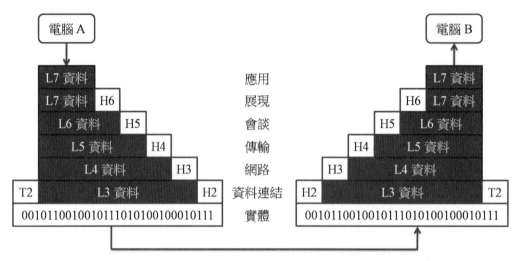

▲ 圖 7-12 OSI 階層的資料傳輸

7.5.2 實體層（L1）

由資料連結層所傳過來的位元被轉變成電子訊號在實體網路線傳輸，若以光纖或無線傳輸，則位元被轉為光訊號或是電波。各種訊號的產生與轉換都發生在實體層，數據機的訊號與網路卡的訊號不同，不同種類的纜線所能傳輸的訊號也各不相同。

前面介紹的一些網路硬體組件運作在實體層，像是集線器、纜線或數據機等。路由器與交換器等更具智慧的組件就會涵蓋較高的階層。

實體層也描述網路的拓樸（Topology），就是電腦如何擺設、網路線怎麼連接等問題。網路拓樸會影響某些組件在網路安全上的關鍵性，當網路遭受攻擊時，拓樸也會影響網管人員的處置方式，例如關閉某個組件來隔離受感染的區域。

網路拓樸大概有以下五種，請參考圖 7-13：

- **匯流排（Bus）**：所有的網路組件（電腦、路由器、防火牆等）都在一條匯流排上，每一個點都能看到別人的訊息，資料連結層負責讓匯流排上傳送的訊息不會相撞

（Collide）。匯流排的優點是可擴充性，增加或移除元件不影響運作。缺點是一旦匯流排故障，整個網路都無法運作。

- **樹狀（Tree）**：通常是以交換器將元件組成樹枝狀。優點也是可擴充性，增加或移除元件還算容易。缺點是若交換器故障，會影響掛在下面的所有元件。

- **環狀（Ring）**：纜線圍成環狀，資料是相同的流向，每一個組件都從上游接收資料傳給下游。環狀結構可以用代符（Token）控制資料流動順序，讓每一個組件傳輸機會公平。它的缺點是任何組件故障，網路就無法運作。

- **網格狀（Mesh）**：網路內的所有組件都彼此連結。完全的網格狀連結成本太高，通常的做法是主要組件做完全連結，其他組件則選擇性地彼此連結。網格狀的優點是有備援性（Redundancy），任何組件或纜線故障，都有機會找到替代通路。缺點是成本高而且較難管理。

- **輻射狀（Star）**：所有的組件都連結到一個中心組件（例如一台路由器）。目前區域網路大多採用輻射狀結構，因為比較容易管理。它的另一個優點是可擴充性，增加或移除元件不影響運作。缺點則是一旦中心組件故障，網路就無法運作。

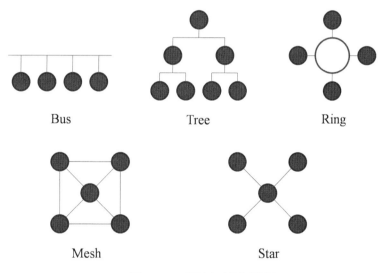

▲ **圖 7-13**　網路拓樸的選擇

7.5.3　資料連結層（L2）

資料連結層是 OSI 的第二層，它連接第三層與第一層，也就是連接電腦與實體網路，因此資料連結層可被視為兩個次階層：Logic Link Control（LLC）與網路層連接，管理兩機的連線並控制資料流動與順序。Media Access Control（MAC）與實體層連接，經過纜線在兩機之間傳送資料框（Frames）。資料連結層負責轉換網路層的「封包」與實體

層的「訊號」，同時藉由 Checksum 的機制檢查實體層傳送來的訊號是否正確，若有錯誤則要求對方重送。

圖 7-14 顯示網段最左邊的電腦（MAC 位址 12）要傳訊息給最右邊的電腦（MAC 位址 44）。網路層的 L3 資料加上傳送端與接收端的 MAC 位址後，被封裝並轉換為實體層的訊號。網段裡的組件分別讀取實體層的訊號並做轉換，如果資料框的接收端地址是自己的，就收下該資料框，並將其中的 L3 資料傳給網路層。

資料連結層可以給資料加密，但若資料在到達接收端之前經過其他組件（例如路由器），就必須解密之後再重新加密，造成加密品質的顧慮。

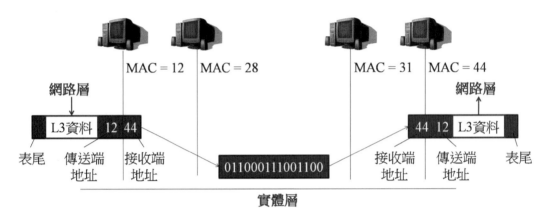

▲ 圖 7-14 資料連結層圖示

乙太網路（Ethernet）主要運作在資料連結層，它的使用彈性大、價格相對低廉，而且增加或移除組件容易，因此過去二十幾年一直是區域網路的主力，支援匯流排、輻射狀、與點對點的網路拓樸。乙太網路從開始的 10 Mbps 傳輸速率，到現在已經進入 10 Gbps、100 Gbps，在骨幹網路上已應用 400 Gbps 的傳輸速率了。

乙太網路被定義為 IEEE 802.3 標準，它與早期競爭者 Token Ring（IEEE 802.5）比較，優點是在傳輸資料時使用較少的額外訊息（Overhead），因此頻寬效率比 Token Ring 高。缺點是如果同一時間有超過一個組件在網路上要傳送訊息，乙太網路會要求組件重送訊息以避免碰撞，但若重送機率太高，網路效率就會大打折扣。環狀結構以代符控制資料流動順序，因此沒有碰撞問題。

無線區域網路，IEEE 802.11az（Wi-Fi 6）已經是目前的主流，速率可達 574 ～ 9608 Mbps 之間，而下一代的 IEEE 802.11be（Wi-Fi 7）預計 2024 年發布，最大的速率將達到 1376 ～ 46120 Mbps 之間，對於絕大多數的應用服務而言，頻寬將不再是瓶頸。

除了有線與無線網路之外，屬於資料連結層的組件還有交換器與橋接器（Bridge）。交換器的功能與集線器類似，但因為它具備資料連結層的資訊，可依據 MAC 位址將資料框送給正確的主機，網路流量得以降低。交換器主要用來連接主機，橋接器則用來連接不同的網段。

電腦裡的網路卡（Network Interface Card, NIC）是資料連結層的組件。每張乙太網路卡的 ROM 裡都儲存一個「唯一的」48 位元 MAC 位址，從來沒有兩張網路卡有相同的 MAC 位址。資料框就依據 MAC 位址被傳送給正確的主機。

ARP（Address Resolution Protocol）協定負責將網路層的 IP 位址轉換成資料連結層的 MAC 位址。例如區域網路有台電腦要傳送電子郵件上網際網路，它首先需要找到邊界路由器（假設 IP 位址為：192.168.0.1），所以這台電腦透過自己的網路卡在區域網路中廣播：「Who has 192.168.0.1?」路由器收到廣播後將自己的 MAC 位址回覆給該電腦，兩者的資料連結層通訊就建立了，往後的資料框只要貼上路由器的 MAC 位址就能送達。路由器收到資料框，解出 L3 資料後，就可以依據表頭裡的 IP 位址將郵件送上網際網路。

ARP 協定將已知的 IP 與 MAC 對應關係儲存在一個快取區域，稱為「ARP Cache」，因此不需要每次都廣播尋找。有一種駭客的攻擊技巧稱為「ARP 快取毒害（ARP Cache-poisoning）」，就是藉由假造的 ARP 回應，在 ARP 快取區域裡儲存不正確的 IP/MAC 對應，藉以發動中間人攻擊。

7.5.4 網路層（L3）

資料連結層的功能是將資料框從一個組件傳送給另一個實體相連的組件，而網路層的主要功能則是將資料由一台主機傳送給另一台未必實體相連的主機。資料連結層使用實體位址來傳送資料，也就是組件的 MAC 位址，而網路層則使用每台主機的邏輯位址，這個位址是主機連結上網路後才被賦予的。

IP（Internet Protocol）是 TCP/IP 裡最重要的網路層協定，它主要有兩個功能：第一、如果 IP 從上層接到的資料過大，會被切割成適當的大小，封裝成 IP 封包送往下一層。第二、負責編訂 IP 位址並選擇路徑來傳送封包。IP 並沒有在收發兩端建立連結，它只是將封包送往指定的 IP 位址。

在網際網路世界中，每台使用 IP 協定的主機，都必須擁有獨一無二的 IP 位址，才能相互找到對方並傳送資料。IP 位址由 32 位元分成四個位元組，分別以十進位表示，例如以下的位址：11000000 10101000 00000000 01100100 被表達為：192.168.0.100。

IP 位址分為 A、B、C 三種等級：

- 第一個位元組從 1 到 127（二進制的 0 開頭）屬於 A 級，它的第一個位元組由 IANA（Internet Assigned Numbers Authority）指定，其餘 24 位元自行運用，每一個 A 級包含一千六百多萬組 IP 位址。

- 第一個位元組從 128 到 191（二進制的 10 開頭）屬於 B 級，它的前面兩個位元組由 IANA 指定，其餘自行運用，每一個 B 級包含六萬多組 IP 位址。

- 第一個位元組從 192 到 223（二進制的 110 開頭）則屬於 C 級，它的前面三個位元組由 IANA 指定，每一個 C 級只有 256 組位址。

- 第一個位元組從 224 到 255 則保留作它用。

以下的位址被保留為「私人 IP 位址」，供不直接連接網際網路的電腦使用（例如區域網路內的電腦），因此它們並非獨一無二的。

- 10.0.0.0 到 10.255.255.255（一個 A 級）

- 172.16.0.0 到 172.31.255.255（16 個 B 級）

- 192.168.0.0 到 192.168.255.255（256 個 C 級），常使用於小型區域網路

組織內若使用私人 IP 位址，可以讓組織在網際網路上只需要一個或很少的 IP 位址做代表，內部訊息送上網際網路之前被改成代表的 IP 位址即可，這個功能就是 NAT（Network Address Translation），在第 1 章已簡略說明。它的優點有二：第一、它可以節省 IP 位址，現階段 IPv4 已有位址不足的現象。第二、內部主機的 IP 位址不會暴露於網際網路，可以降低外部攻擊的機會。

網際網路從 90 年代起經歷爆炸性的成長，IP 位址的需求量大於當初的預估（32 位元的設計已可組合出四十多億個位址）。IPv6（IP version 6）將取代現存的 IPv4，使用 128 位元的位址，應該不會再缺乏 IP 位址。同時 IPv6 改善 IP 協定的安全性，使用 IPSec 進行加密。

IP 協定在設計之初並沒有預期到今日會如此廣泛的使用，因此安全性並非當初的重要考量，導致目前的 IPv4 仍然有部分風險。IP 協定的一個主要弱點是它沒有身分認證機制，因此欺騙攻擊有機會得逞。例如，攻擊者可以用假 IP 位址封包給受害者，就能誤導對方與指定的主機對話。

有些風險肇因於產品內的 IP 協定未妥善設計，像是淚滴攻擊法（Teardrop Attack）：一筆資料在網路傳送時常被切割為許多 IP 封包，淚滴攻擊先篡改表頭裡的封包長度資訊

（例如讓「封包總長」小於「表頭長度」），接收端主機會因此將某些 IP 封包的長度誤算為負值，使重組過程出現資料重疊現象，進而造成系統問題。雖然大部分 IP 相關的產品都注意到這個問題，但新的攻擊仍然持續發生。例如微軟 Vista 及 Windows 7 在 2009 年 9 月就曾遭受淚滴攻擊（ZDNet 2009/9/8）。

網路層的協定除了 IP 之外，還有 ICMP（Internet Control Management Protocol），它是一種管理與控制協定，在主機之間傳送關於網路狀態的訊息。這些資訊大部分僅提供給網路設備，使用者直接執行 ICMP 協定的機會不多，較具代表性的是 Ping 這個工具。讀者可以到視窗作業系統下執行「命令提示字元」後，輸入「Ping【某 IP 位址】」，就可以得到類似以下的 ICMP 訊息。

```
Ping 192.168.0.100 具有 32 位元組的資料：
回覆自 192.168.0.100: 位元組 = 32 time<1ms TTL=128
回覆自 192.168.0.100: 位元組 = 32 time<1ms TTL=128
回覆自 192.168.0.100: 位元組 = 32 time<1ms TTL=128
回覆自 192.168.0.100: 位元組 = 32 time<1ms TTL=128
192.168.0.100 的 Ping 統計資料：
    封包：已傳送 = 4，已收到 = 4，已遺失 = 0(0% 遺失)，
大約的來回時間（毫秒）：
    最小值 = 0ms，最大值 = 0ms，平均 = 0ms
```

有一些網路層攻擊是利用 ICMP 的安全弱點。例如前述的 Ping 指令傳送一個 ICMP Echo 封包到指定的 IP 位址，等它回覆 Echo Reply。一個 Ping 通常只有 64 個位元組，如果把 Ping 故意弄得大於「最大 IP 封包」，也就是 64 千位元組，就有作業系統因為無法處理這種特例而當機，這種攻擊被稱為 Ping of Death。另一種攻擊方法是以多台電腦連續發出 Ping 要求給同一 IP 位址，有的作業系統因為無法同時處理大量網路要求而形成拒絕服務。駭客也可以冒用受害者的 IP 當作來源位址，以廣播（Broadcast）方式同時 Ping 大量的 IP 位址，這些主機同時回覆時，受害者的網路就形成拒絕服務。

網路層的攻擊，需要很高的網路技術，而且大部分作業系統都已經修補了上述這些漏洞。使用的方法是更詳細的 IP 過濾，與準備更大的緩衝區來接受 Ping 要求。

在網路層建立安全通道是維持機密通訊的有效方式。我們曾經介紹以加密的 SSH 取代 Telnet 或 rlogin，以 IPSec 建立通訊兩端安全的 VPN，或採用更簡易的 SSL/TSL VPN 以瀏覽器進行安全的遠端存取。

路由器是網路層的重要組件，它的功能是將封包往前送到別的網路。當收到封包，路由器讀出目的地 IP 位址，並依據它對網路的瞭解將封包送給下一個最適合的組件（可能是另一個路由器）。在這裡做個簡單的比較：實體層的集線器與中繼器只是讓訊號通

過，資料連結層的交換器與橋接器有 MAC 位址的觀念，卻無法在公開的網際網路定
址，路由器才有網路層的 IP 位址觀念，成為網際網路的主要組件。

7.5.5　傳輸層（L4）

傳輸層負責確保跨在網際網路兩端的主機之間能夠正確地傳輸訊息，網路層則在傳輸
層之下，依 IP 位址傳送封包。這兩層唇齒相依，因此 TCP（傳輸層）與 IP（網路層）
經常相提並論。在傳輸層的 TCP 與 UDP 協定中，連接埠（port）是封包表頭裡的一個
數字被用來對應到電腦裡的某個程序。第 3 章介紹過特殊連接埠，例如 80 是 HTTP，
25 是 SMTP，110 是 POP 等。以大樓做比喻，郵差把信送到大樓管理室，就像網路層
將封包送到 IP 位址，管理員再把信送給每層樓的住戶，就像傳輸層將訊息送到指定的
連接埠。

TCP（Transmission Control Protocol）和 UDP（User Datagram Protocol）是最常見的傳
輸層協定。TCP 提供可靠的資料傳輸，並在通訊的主機之間保持一個虛擬連接。網路層
將封包視為獨立個體，即使同一筆資料的分段封包，也可以沿完全不同的路徑發送。這
些封包到達目的地之後，靠著傳輸層的序號完成封包重組。

為了確保正確地接收資料，TCP 要求接收端電腦成功收到資料時發回一個確認（即
ACK），若未在時限內收到，發送端將重送封包。遇到網路擁塞時，重新傳送反而導致
封包重複，此時接收端電腦可以利用序號來判斷封包重複並予以丟棄。

UDP 與 TCP 的主要區別在於 UDP 不一定提供可靠的資料傳輸。UDP 雖然不能保證資
料準確無誤地到達目的地，但它在許多應用上非常有效率。如果應用程式的目標是儘快
地傳輸最多的資訊，而不計較資料正確性時，就可選用 UDP。

TCP/IP 的攻擊在第 3 章已做介紹，包括網路監聽、連接埠掃描、SYN 洪水攻擊、與
TCP/IP 劫持等。駭客使用這些攻擊可以取得機密（如監聽）、竄改資料（如劫持）、或
造成服務中斷（如洪水攻擊）。

7.5.6　會談層（L5）

會談層在 TCP/IP 之上，負責建立、控制、及關閉 TCP 會談，它同時提供應用與應用
之間的認證與登入等服務，例如「目錄服務（Directory Services）」與「遠端程序呼叫
（Remote Procedure Calls, RPC）」等。目錄服務是單點登錄的窗口，它視網路上的資料
與資源為物件，並將它們歸入一個層級結構中，各自擁有唯一的名稱，目錄服務能為主

機之間的物件做身分認證。RPC 可以讓一個電腦程式的 Subroutine 或 Procedure 在遠端的電腦執行，而程式設計師不需要知道遠端的細節。

7.5.7　展現層（L6）

應用程式的網路通訊會使用不同的格式，例如有的字元用 ASCII，有的用 Unicode，展現層要確保應用程式能了解彼此的資料格式。它的另一個作用是為網路資料提供加解密與資料壓縮，像是 DRM（Digital Rights Management）這種直接影響資料展現的功能就可以建置在展現層。DRM 是指使用技術保護數位資料的著作權，例如視窗作業系統在 Vista 之後使用 PVP（Protected Video Path）技術，讓未獲授權的內容無法播放。DVD 裡的 CSS（Content Scrambling System）也是 DRM 技術。

7.5.8　應用層（L7）

應用層是應用程式使用網路通訊服務的入口，它是指網路通訊的應用協定，而不是應用程式本身。例如 FTP 雖然是一個傳送檔案的應用程式，但應用層的 FTP 是指這一種傳送檔案的協定。

應用層是 OSI 模型的最上一層，在這裡做存取控制與資料加密需要倚賴管理員及使用者的安全意識。相對的，較下層的安全機制（如網路層的 IPSec）可以由作業系統自動完成，未必需要使用者的參與。

在應用層加密的缺點是只保護了資訊本身，但各階層的表頭資訊仍然暴露在外。在下層加密的缺點是沒有使用者的參與，增加了造假的機會，當我們收到某 IP 位址傳來的訊息，不足以證明該訊息是由某人所傳。

應用層的網路服務有以下幾種類別：

- **資料交換服務**：網際網路的 HTTP、HTTPS、S-HTTP 與檔案傳輸的 FTP 等。

- **訊息服務**：電子郵件的 POP、SMTP，網路新聞的 NNTP，與較新的即時通訊與 VoIP 服務等。

- **管理服務**：單點登錄的 RADIUS 與網路管理的 SNMP 等。

- **遠端存取服務**：各種網路虛擬終端機的協定，如 Telnet、rlogin、X11 等。

7.6 封包攔截與分析工具

一個能夠監看封包的系統並不像大家想像的複雜與昂貴，只需要將電腦網卡設定為混雜模式，再加上一個自由下載的監看軟體，如 Wireshark，就可以達到監看的目的。Windows Server 提供的 Network Monitor 是微軟的網路監看工具，更完整的版本在 System Management Server（SMS）產品中。

在這一節，我們介紹封包分析工具 Wireshark，藉由這個工具讓讀者瞭解網路模型與各種通訊協定，同時也更深刻體會網路通訊的安全缺口。

Wireshark 的前身為 Ethereal（因商標問題而改名），是全球廣受歡迎的網路封包分析軟體。Wireshark 擷取網路封包加以分析，並顯示出詳細的網路封包資料。一般網管人員使用它診斷自己的網路問題，駭客也使用它攔截並分析他人的網路資訊。Wireshark 是一種靜態的監看系統，它不會更改網路封包內容，也不會送封包到網路上。它也不是入侵偵測系統，不會對網路上任何異常狀況產生警示，但仔細分析它所攔截的封包，有助管理員瞭解網路行為。

過去網路封包分析軟體非常昂貴，但 Wireshark 屬於 GNU 自由軟體，可以免費取得軟體及程式碼並加以修改及客製化。讀者可從官方網站（www.wireshark.org）下載各種版本的執行檔及程式碼。

7.6.1 攔截通關密碼實例

啟動 Wireshark 工具軟體後，在【Capture】選項裡的【Options】選擇正確的網路介面卡，就可以開始攔截網路上的封包。除了能看到本機傳出與接收的訊息，若串接其他主機，也能看到別人的封包。

在【Capture】選項下選【Start】開始攔截封包，接著啟動 Outlook（微軟電子郵件軟體），數秒後回到【Capture】選項下選【Stop】停止封包攔截。此時 Wireshark 頁面顯示如圖 7-15：本機（192:168:0:100）與遠端郵件伺服器（203:188:203:200）之間以 ARP（將網路層的 IP 位址轉換成資料連結層的 MAC 位址）等協定建立連線後，就開始電子郵件的 POP 協定。請注意圖中放大的區域，POP 將郵件信箱的使用者名稱（USER）和通關密碼（PASS）分別在封包內以明文傳送！可見網路與應用軟體的設計是多麼的不安全。由於這是真實案例，所以在圖中掩蓋使用者名稱及密碼。

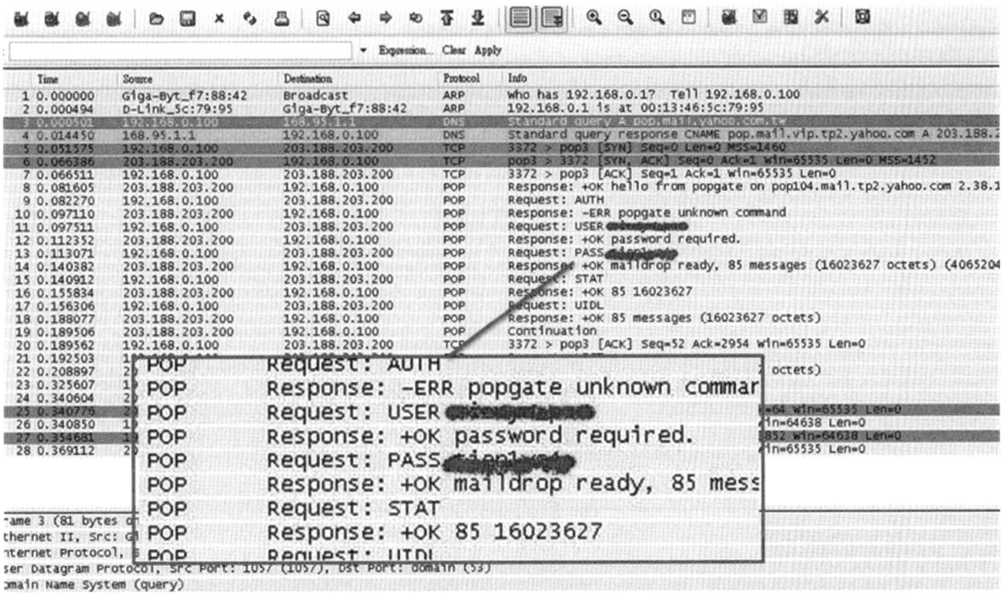

▲ 圖 7-15 攔截電子郵件系統的通關密碼

7.6.2 攔截網路通訊實例

重新設定讓 Wireshark 攔截封包，這次我們實驗網頁瀏覽器的通訊。使用任意一種搜索引擎隨手打入字串（例如從 a 到 z）然後送出，數秒後停止封包攔截並觀察攔截到的封包內容。此時 Wireshark 頁面顯示如圖 7-16：攔截到的 HTTP 封包內可以看到這個字串，仍然是明文！這就是為何我們建議讀者以 HTTPS 取代 HTTP 做電子商務，否則任何交易及登入資訊都可能遭到攔截。

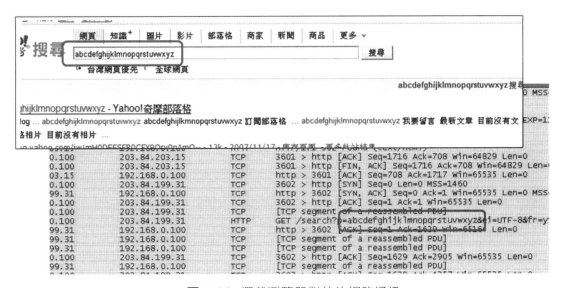

▲ 圖 7-16 攔截瀏覽器對外的網路通訊

7.6.3 重組網路通訊實例

我們再試著以 Wireshark 攔截一封寄出去的電子郵件，如圖 7-17 所示，我們攔截到許多主機送往伺服器的 SMTP 封包。在【Analyze】選項下選擇【Follow TCP Stream】就會將這些封包按照 TCP 順序重組，視窗內就是重組後的內容，對於未使用加密機制的通訊而言，幾乎可以達到原文重現！

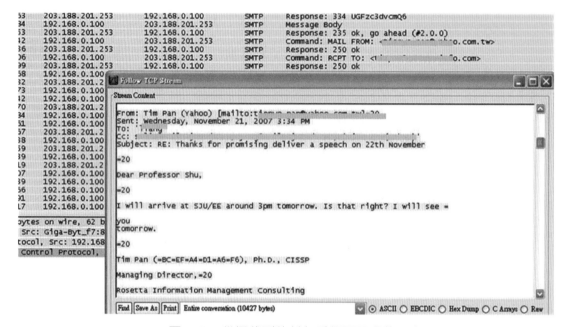

▲ 圖 7-17　從攔截到的封包重組電子郵件原文

從封包攔截實例中，我們學到以下的教訓：

- 實現網路監看的成本不高，技術也不困難，大家可以認知網路並不安全。

- 以網路傳送機密資訊應該加密，前面介紹過各種加密的通訊協定，如 IPSec、HTTPS、PGP 等，加密工具不難取得，也能夠保護通訊的內容。

- Wireshark 也可以監看並重組 FTP、HTTP 等通訊協定的內容。

- 組織內部人員比外部駭客更容易（也更有興趣）監看他人的各種通訊，要提防禍起蕭牆。

- 目前已有超過 80% 網路通訊採用加密的通訊協定，以保護使用者的通訊安全，因此對於封包的分析而言，就只能局限於通訊行為的統計與分析，較難進行通訊內容的獲取。

( ) 1. 以下哪一個組件能提供較佳之網路安全能力？
    (A) Hub   (B) Switch
    (C) Router   (D) Bridge

( ) 2. 封包過濾（Packet-filtering）型路由器或防火牆主要在執行以下哪一項功能？
    (A) 禁止未獲授權的封包進入內部網路
    (B) 允許所有封包離開內部網路
    (C) 管理內部網路防止封包碰撞
    (D) 檢查進入內部網路的封包是否夾帶病毒

( ) 3. 以下哪一個組件儲存關於網路裡目的地的資訊？
    (A) Hub   (B) Switch
    (C) Router   (D) Firewall

( ) 4. 以下哪一個網路組件可以整合類比及數位語音、資料、呼叫器、網路及各種應用於一個通訊系統中？
    (A) Switch   (B) Router
    (C) Modem   (D) PBX

( ) 5. 公司的 VPN 最可能使用以下哪一種協定？
    (A) ARP   (B) IPSec
    (C) SMTP   (D) HTTP

( ) 6. 網路層的哪一個協定是一種管理與控制協定，在主機之間傳送關於網路狀態的訊息？
    (A) SMTP   (B) POP
    (C) ICMP   (D) HTTP

( ) 7. 如果駭客發現某系統有「記憶體滲漏（memory leaks）」現象，最可能發動哪一種攻擊？
    (A) Man-in-the-middle Attack   (B) DoS Attack
    (C) Side-channel Attack   (D) Password-cracking

( ) 8. 一般無線網路安全機制是由伺服器認證登入者；如果採用更安全的機制，讓伺服器與使用者相互認證，就可以避免以下哪一種攻擊？
    (A) DoS Attack   (B) Man-in-the-middle
    (C) Rogue Access Point   (D) Open Systems Authentication

( ) 9. 「整合式威脅防禦系統（UTM）」擁有許多網路安全防禦功能。以下哪一項比較不會被整合在 UTM 中？

(A) IDS

(B) DNS

(C) Firewall

(D) Anti-virus software

( ) 10.以下哪一種纜線最不易被掛線竊聽？

(A) Coax

(B) Fiber

(C) STP

(D) UTP

( ) 11.以下哪一種儲存媒體不會感染病毒？

(A) Tape

(B) Memory Stick（USB 碟）

(C) CD-RW

(D) All above may be infected

( ) 12.以下哪一種儲存媒體適合存放敏感的個人資料？

(A) Tape

(B) Memory Stick

(C) Smart Card

(D) CD-RW

( ) 13.以下哪一個協定負責將網路層的 IP 位址轉換成資料連結層的 MAC 位址？

(A) DNS

(B) ARP

(C) UDP

(D) ICMP

( ) 14.以下哪一段的位址不屬於「私人 IP 位址」？

(A) 10.0.0.0 到 10.225.225.225

(B) 67.0.0.0 到 67.255.255.255

(C) 172.16.0.0 到 172.31.255.255

(D) 192.167.0.0 到 192.167.255.255

( ) 15.以下哪一種協定不屬於應用層（Application Layer）？

(A) ICMP

(B) POP

(C) SMTP

(D) HTTP

( ) 1. 為了確保使用者端的電腦可以穩定的運作,以及減少資安的風險,我們可以透過以下何種作業來達成此目標?

(A) 維持軟體的授權狀態   (B) 更新硬體防火牆

(C) 修復現有的漏洞   (D) 維持伺服器連接埠可用

( ) 2. 在企業中為了能夠集中管理工作站的環境,都會加入 Active Directory 網站的成員,而以下何種方式,可以讓我們快速的將應用程式派送到所管理的工作站?

(A) 登入指令碼   (B) 群組原則

(C) Windows Update   (D) 本機原則

( ) 3. 在兩部執行 Windows Server 的伺服器上進行檔案的搬移,兩部伺服器都採用 NTFS 的格式,當我們將檔案從原本的伺服器搬移到另一台伺服器時,檔案的權限會有何種變化?

(A) 啟用 Everyone 群組的完整存取權

(B) 限制只有 Administrators 群組有存取權

(C) 維持原始資料夾的權限

(D) 繼承目的地資料夾的權限

( ) 4. 使用以下那種技術可以檢查封包標頭資訊,用來判斷是否允許網路流量進入內部網路?

(A) 防毒軟體   (B) BitLocker To Go

(C) 專用防火牆   (D) RADIUS 伺服器

( ) 5. 有一部放置於網域外部電腦,懷疑這部電腦感染了惡意程式碼。在執行惡意程式碼軟體移除工具之後。必須進一步確保電腦完全安全無處,而且使用者檔案可供取用。請按照正確的動作順序排列。

(A) 從原始媒體重新安裝作業系統和應用程式。

(B) 備份完整系統。

(C) 重新格式化磁碟。

(D) 更新每一項,包括作業系統應用程式和防毒 / 反惡意程式碼工具。

(E) 從備份映像還原使用者資料。

( ) 6. 為了有效管理伺服器的版本更新作業,都會透過 Windows Server Update Services(WSUS)來進行,以下何者是對於這項服務機制最適合的說明?

(A) 提供有關系統漏洞的警示和報告

(B) 將每個功能的權限設定為最低必要等級

(C) 為公司伺服器管理修補程式的部署作業

(D) 更新 Windows 伺服器的授權

( ) 7. NTFS 檔案系統提供的權限管理機制，以下何者屬於標準或基本集合？

(A) 讀取屬性、列出資料夾 / 讀取資料、周遊資料夾 / 執行檔案

(B) 讀取和執行、讀取、寫入完全控制

(C) 變更權限、讀取權限、寫入權限

(D) 建立檔案 / 寫入資料、建立資料夾 / 附加資料、取得擁有權

( ) 8. 關於 WPA2 Enterprise 的建置，以下哪種伺服器是必要的？

(A) SSL 伺服器   (B) VPN 伺服器

(C) WEP 伺服器   (D) RADIUS 伺服器

( ) 9. 無線網路帶來便利性，但也存在資安的風險，對於用戶端而言，以下有哪兩個漏洞需要特別留意？（請選擇 2 個答案）

(A) 緩衝區溢位   (B) 檔案損毀

(C) 竊聽   (D) 惡意的存取點

( ) 10. 對於企業而言，以下何者可以提高網路安全性的要求？（請選擇 3 個答案）

(A) RADIUS   (B) WPA2 Enterprise

(C) WPA2 Personal   (D) 802.1x

( ) 11. 利用媒體存取控制（MAC）篩選的功能，可以達到以下何項目的？

(A) 設定共用資料夾的存取權限

(B) 根據用戶端電腦的網路介面卡限制對於網路的存取

(C) 限制與特定網站之間的通訊

(D) 防止特定 IP 位址之間的通訊

第 **3** 篇

數位邊界與防禦部署

面對強化的駭客與網路攻擊威脅，強化數位邊界與防禦部署的能力，以確保在資安威脅的衝擊下仍能持續運作，熟悉資安設備的角色與能力，將有助於將正確的防禦機制部署在正確的位置，強化多層次的防禦機制，建立網路、系統、端點等防禦的能量，以資安威脅情資建立防禦機制。

防火牆與使用政策 08

防火牆（Firewall）是網路上一個重要組件，能夠藉著過濾進入或流出的資訊執行資訊安全的管理政策，它依據一組設定的規則來決定該資訊應被放行或是阻擋，配合資安威脅情資，也可以強化防火牆的防禦能力。防火牆技術已經相當成熟，它可以和其他防火牆或是入侵偵測系統與防毒軟體協調，形成更廣的防禦體系。家庭用戶也可以藉由作業系統中的個人防火牆，比較安全地使用網際網路。本章的主要參考資料為美國國家標準暨技術局（NIST）的 SP800-41 文件「Guidelines on Firewalls and Firewall Policy（防火牆與防火牆政策指導）」。

8.1 防火牆概論

防火牆的功用是保護一個網路區域或主機，透過存取控制網路的連線，並且確保主機上的弱點不會遭人利用。另外它可以區隔安全性或安全需求不同的區域，例如網頁伺服器和它的資料庫（對外公開）與組織內部資訊系統（不對外公開）之間就可以用防火牆做區隔。也可以用防火牆區隔組織內的不同部門，例如為資料敏感的財務部單獨加一道防火牆。

防火牆的種類很多，從單純地過濾 IP 封包的封包過濾防火牆，到較複雜可以過濾資訊內容的產品，不一而足。選擇防火牆的考慮因素包括：保護區域的大小、資訊流量、系統與資料的敏感性以及組織所需要的應用等。防火牆本身也可能是受攻擊的目標，因此要正確的設定並下載需要的修補程式，避免因應防火牆的系統出現漏洞而成為駭客的攻擊目標。另外，在選擇防火牆時，在現在需要透過資安威脅情資進行阻擋，因此在處理效能的要求上，比早期的網路環境而言，需要同時考量可以支援的安全規則數量，以及處理的效能。

許多相關的組件可以組織成一個防火牆環境，例如：一個保護區域的邊界可以架設有封包過濾功能的路由器，以較簡單的方式阻擋不受歡迎的資訊，過濾的方法可能只是拒絕某些 IP 位址傳送過來的所有封包。路由器的後方裝置防火牆，進一步過濾封包內容。另外以入侵偵測系統保護網路，遭到入侵時可以通知防火牆改變設定。為了提供安全的遠端存取，防火牆可能整合 VPN，使資訊流可以加密的方式上網際網路。設計防火牆環境要謹慎，一方面要適當地保護組織，另一方面要避免過於複雜而難以管理。尤其在 2020 年初爆發的 COVID-19 全球疫情，企業快速的進行數位轉型，提供員工能夠遠距進行工作，所採用的就是防火牆上提供 VPN 的服務，讓遠端工作的員工，可以透過 VPN 的服務進入企業內部。

以 OSI 網路模型而論，防火牆可能使用到以下幾個階層：

- 資料連結層（L2）負責乙太網路的 MAC 位址。

- 網路層（L3）負責 IP 位址。

- 傳輸層（L4）負責 TCP 的會談身分。

- 應用層（L7）負責使用者的應用如電子郵件、網站等。

簡單的防火牆只在資料連結層與網路層運作，通常不會識別任何特定使用者，功能類似有封包過濾能力的路由器。複雜的防火牆則涵蓋較多的階層，例如應用代理閘道防火牆就可以進行使用者認證，並記錄特定使用者的網路活動。

8.2　防火牆的種類

我們在這一節介紹防火牆的四個種類：「封包過濾防火牆（Packet Filter Firewalls）」、「狀態檢查防火牆（Stateful Inspection Firewalls）」、「應用代理閘道防火牆（Application-proxy Gateway Firewalls）」、以及「個人防火牆（Personal Firewalls）」。

8.2.1　封包過濾防火牆

最基本的防火牆是個運作在網路層的封包過濾器，依據以下資訊做存取控制：

- 封包的來源 IP 位址。

- 封包的目的地 IP 位址。

- 資訊流的類型，通常是指來源與目的地主機之間的網路通訊協定。

- 可能包含一些傳輸層的訊息，像來源與目的地的連接埠。

- 可能包含來源與目的地路由器的介面訊息。

封包過濾防火牆將以上資訊與預設的過濾規則（Ruleset）比對之後，採取以下的一個行動：

- **接受**：讓封包通過。

- **拒絕**：不讓封包通過，但會送一個錯誤訊息給來源系統。

- **丟棄**：不讓封包通過，而且不送錯誤訊息給來源系統。在使用丟棄動作時，防火牆如同一個黑洞，可避免外部探知該防火牆的存在。

表 8-1 是參考 NIST SP800-41 所設計的一個過濾規則範例。

表 8-1 封包過濾規則範例

	來源位址	來源埠	目的位址	目的埠	動作	說明
1	任何	任何	192.168.1.0	>1023	接受	允許回覆的 TCP 連結到內網
2	192.168.1.1	任何	任何	任何	拒絕	避免防火牆本身任意做連結
3	任何	任何	192.168.1.1	任何	拒絕	避免外部與防火牆連結
4	192.168.1.0	任何	任何	任何	接受	內部使用者可接受外部服務
5	任何	任何	192.168.1.2	SMTP	接受	允許外部傳進電子郵件
6	任何	任何	192.168.1.3	HTTP	接受	允許外部存取網頁伺服器
7	任何	任何	任何	任何	拒絕	任何前面沒有允許的都拒絕

為了方便說明，這個範例比真實的防火牆規則簡化許多。範例中假設有一個網路，IP 位址從 192.168.1.0 到 192.168.1.254，是一個 C 級的小型區域網路。

它的第一項規則是允許外部系統的回覆封包。192.168.1.0 通常是整個內部網路的代表 IP，1024 埠以前都是特殊用途的連接埠，以後則是回覆的 TCP 連結，應該接受。第二及第三項規則是避免防火牆被利用。做為邊界防禦，防火牆的位址假設為 192.168.1.1，第二項規則避免防火牆自己把訊息傳到內部或外部的系統，因為有攻擊者會偽裝為防火牆企圖混淆防火牆的判斷；第三項規則在避免任何外部的系統直接連結防火牆。

第四項規則允許內部使用者傳送封包給任何外部的 IP 位址及連接埠，它與第一項規則呼應成為內部對外自由通訊的基礎。第五及第六項規則是允許外部傳來的 SMTP（使用 25 埠的郵件協定）與 HTTP（使用 80 埠的 www 協定），外部傳來的郵件封包傳給 192.168.1.2 位址的電子郵件伺服器，外部傳來要求網頁存取的封包傳給 192.168.1.3 位址的網頁伺服器。

最後一項很重要的規則是「拒絕所有規則之外的封包」，如果最後這個規則沒訂，所有外部要求的通訊都被自動接受，而失去防火牆的功能。

封包過濾防火牆的優點是「速度」與「彈性」：過濾速度快是因為它不查網路層以上的資料；使用彈性大是因為網路層以下的通訊大多成熟而固定，所以這種防火牆可以運作在各種網路環境下。速度與彈性優勢讓它適合扮演邊界路由器的角色，成為組織的第一道防線。封包過濾防火牆可以阻擋某些攻擊種類，尤其是短時間內湧入大量封包的阻斷

服務（DoS）攻擊，它可以過濾一些不受歡迎的通訊協定，可以做基本的存取控制，最後再把允許通過的封包交給內部的主要防火牆做更高層（如應用層）的檢查後，才能進入內部網路，能夠處理應用層的過濾，則屬於應用層防火牆的範圍。

封包過濾防火牆的缺點之一是檢視資料太少，一旦允許某種應用，它的所有功能都被允許，因此無法防禦駭客利用應用層所發動的攻擊。同時它記錄的資料也少，當需要做事件調查或稽核時，能提供的證據性薄弱。除此之外，這種低層的防火牆通常不具備使用者認證的功能，同時也很難避免「IP 位址偽裝」之類的攻擊，因為缺乏其他資訊來判斷位址是否造假。

8.2.2 狀態檢查防火牆

狀態檢查防火牆可以被簡單地描述為封包過濾器加上一些傳輸層功能。當主機與遠端建立 TCP 會談時，有一個連接埠負責接收遠端傳回來的訊息，這個連接埠的編號通常大於 1023。封包過濾防火牆必須允許所有傳給 1023 以上連接埠的封包，但開放這麼多連接埠會造成巨大的風險，駭客可能使用各種技術攻擊這些開放區域。狀態檢查防火牆彌補這個弱點，它以一個狀態表（State Table）追蹤這些開啟的連接埠。

重新檢視表 8-1 的第一項過濾規則：當目的埠大於 1023，防火牆永遠接受連結。狀態檢查防火牆則會檢查狀態表，例如外部要求連結 192.168.1.100 的 1030 埠，但狀態表裡沒有該連接埠的開啟紀錄，外部連結要求就會被拒絕。所以狀態檢查防火牆比較安全，因為它能靠狀態記憶做存取控制，不只依據靜態規則。

8.2.3 應用代理閘道防火牆

應用代理閘道防火牆是較先進的防火牆，結合了較低層級的存取控制與應用層的功能。應用代理閘道防火牆可被視為私人網路與任何其他網路的中間人，它接到外部網路的請求後，依據一些預定的原則來判斷應該轉送這個請求還是拒絕。代理人防火牆將所有進出的封包都做加工處理，包括隱藏 IP 位址。圖 8-1 顯示一個應用代理伺服器。外部請求存取某個應用伺服器，但實際與其連接的是代理伺服器。每一種應用需要一個代理伺服器，透過代理伺服器我們可以將資訊安全的政策，以資安規則的方式落實，以達成資安防禦的目的，目前應用代理閘道防火牆已成為應用層的網路服務必要的防禦機制，可以對於所提供網路服務建立數位防禦的邊界。

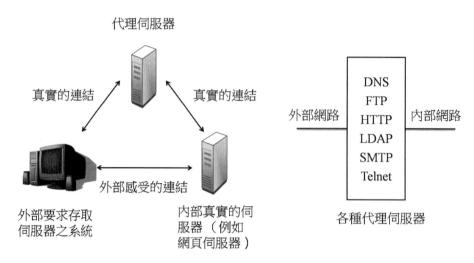

▲ 圖 8-1 應用代理閘道防火牆圖示

應用代理閘道防火牆一般是指代理伺服器與傳統的 L3/L4（網路層與傳輸層）防火牆整合為一個組件，但也可能兩者分開，以免組件故障時連基本的防禦功能都喪失。由於 HTTP 與 SMTP 等應用需要經過代理伺服器才能對外收發封包，因此代理伺服器可以對網頁及電子郵件的內容進行掃描，包括過濾 Java Scripts、Java Applets、ActiveX 等內容，掃描與移除病毒，過濾某些指令與拒絕特定使用者的資料內容。許多資訊安全事件屬於禍起蕭牆，代理伺服器也可以檢查由內部往外傳送的資料，或是內部使用者對應用伺服器所下的指令。

與前述的防火牆比較，應用代理閘道防火牆的優點是可以檢查整個網路封包，所以能留下較完整的紀錄為稽核或調查。

微軟建議的防火牆的基本設定為：

- 開啟防火牆。

- 所有網路位置（家中或工作地點、公共場所或網域）皆開啟防火牆。

- 所有網路連線皆開啟防火牆。

- 防火牆會封鎖不符合例外的輸入連線。

▲ 圖 8-2 防火牆進階設定

【具有進階安全性的 Windows 防火牆】下有幾個「設定檔（Profiles）」可以讓電腦在不同環境下使用不同的防火牆政策。使用者可能在家使用他的筆記型電腦，這是一個「私人」網路環境，可能電腦要和家庭網路的印表機或其他資源連結，所以防火牆需要開啟某個或某些連接埠。使用者也可能在機場使用他的筆記型電腦，連接上一個「公開」網路，如果前述的那個或那些連接埠仍然開啟，就產生風險。因此作業系統在連接上新的網路環境時，要使用者告訴系統那是一個私人或是公開的環境，再選擇適當的安全政策。除此之外，我們可以選擇「輸入規則（Inbound Rules）」與「輸出規則（Outbound Rules）」，若要設定新的防火牆規則，視窗會啟動一個精靈引導新規則的設定。安全事件紀錄也可以在這裡設定或修改，如圖 8-2 所示。

前面提到有的防火牆會整合一些外加服務，包括病毒過濾等，但微軟特別說明防火牆不能防禦「電子郵件病毒」或「網路釣魚詐騙」。電子郵件病毒附加在電子郵件中，防火牆無從判斷電子郵件內容，因此無法保護使用者免於這些類型病毒的危害。開啟電子郵件前應使用防毒程式先掃描、移除可疑的附件。網路釣魚是一種用來誘騙電腦使用者透露個人資訊或財務資訊（如銀行帳戶密碼）的技巧，網路釣魚通常由一封電子郵件開始，發件人偽裝成可信任的對象，這封信一步一步地引導收件者上詐騙網站提供私人資訊。防火牆並未判斷電子郵件的內容，因此無法保護使用者免於詐騙攻擊。Windows 作業系統上，從 Windows 8 之後的版本，附有 Windows Defender 做為防止網路釣魚的工具。

8.3　建立防火牆環境

防火牆環境（Firewall Environment）是指一些組件與系統和防火牆合作，發揮更大的整體安全防禦功能。一個最簡單的防火牆環境可能只有封包過濾防火牆，較複雜的可能包括數個防火牆、代理伺服器與特定的網路拓樸來支援系統與安全。圖 8-3 是參考 NIST SP800-41 所設計的一個防火牆環境範例，相關技術說明於後。

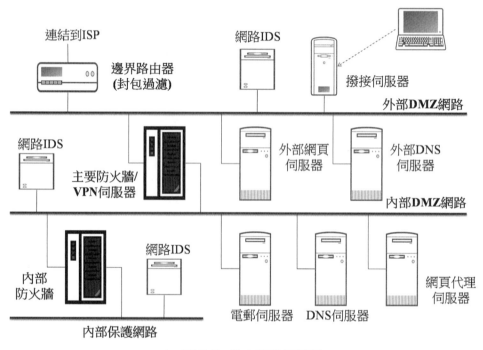

▲ 圖 8-3　防火牆環境範例

8.3.1　DMZ

安全區也有人稱為非武裝區（Demilitarization Zone, DMZ）是指兩個防火牆之間所夾的一個網路區域，或是在單一防火牆的架構中，一個對外提供網路應用服務的區域，裡面的組件或主機要能被比較自由地存取，因此不能放在內部保護網路區域。範例中的邊界路由器、主要防火牆、和內部防火牆將網路分割為「外部 DMZ 網路」、「內部 DMZ 網路」與「內部保護網路」。邊界路由器過濾封包，避免拒絕服務類型的攻擊，但並不做細部的封包檢查。放在外部 DMZ 網路的是可以讓外部比較自由存取的系統與資料，例如網頁伺服器、DNS 伺服器等。目前因應雲端服務的成熟，也可以將對外服務的主機，放置在雲端服務的平台上，但仍需要留資安政策的一致性。

內部 DMZ 網路則在主要防火牆的後面，存放可以讓內部比較自由存取的系統與資料例如供內部人員使用之網頁伺服器、電子郵件伺服器、和目錄伺服器等。從組織外撥接進來的員工，必須要通過主要防火牆的身分認證才能進入這個區域。最後，組織並不希望內部人員任意存取一些敏感的系統或資料，所以用內部防火牆隔離出內部保護網路，它可以同時防禦外部與內部的入侵。

8.3.2 VPN

防火牆及防火牆環境可以建構圖 8-4 所示之 VPN。遠端使用者與 VPN 伺服器之間使用 IPSec 等加密技術築起安全通道之後，就像置身於內部 DMZ 網路一樣。VPN 伺服器最好能與防火牆結合，如果 VPN 伺服器置於防火牆之後，那麼通過防火牆的仍然是它無法判讀的加密資訊。當遠端使用者透過 VPN 完成連線後，所進入的網路環境，仍然需要有所對應的資安防護，以確保使用者連結組織內部的網路後，其行為仍然可以受到適度的監控，避免資安事件的發生。

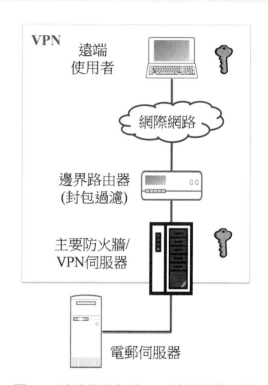

▲ 圖 8-4 遠端使用者以 VPN 連結組織內部網路

8.4 防火牆的安全政策

資訊安全政策主導組織的安全活動，防火牆政策則在描述如何安排及設定防火牆來實踐資訊安全政策。如果沒有這些政策，管理員對防火牆的管理將無所適從，資訊安全事件就會層出不窮。防火牆政策決定防火牆如何處理應用程式的資訊流，例如網頁資訊或電子郵件。要先以風險評鑑瞭解每一個應用的弱點和所受的威脅，就能產生如表 8-2 所示的「應用資訊流矩陣（Application Traffic Matrix）」（參考 NIST SP800-41），再據此產生防火牆規則。

表 8-2 應用資訊流矩陣範例

網路應用	位置	內部主機類型	主機安全政策	防火牆政策（往內）	防火牆政策（往外）
Finger	任何	Unix	TCP Wrapper	接受	拒絕
	任何	PC-TCP/IP	無	接受	接受
FTP	任何	Unix	不可匿名，ID/ 密碼，SSH	接受	使用者認證
	任何	PC-TCP/IP	限客戶端，防毒	接受	使用者認證
TFTP	任何	無磁碟之 Unix 伺服器	安全模式，只允許有限目錄	接受本地領域，拒絕其他	拒絕
	任何	所有其他之 Unix	關閉	拒絕	拒絕
	任何	PC-TCP/IP	關閉	拒絕	拒絕
Telnet	任何	Unix	SSH	接受	使用者認證
	任何	PC-TCP/IP	限客戶端	接受	使用者認證
	任何	路由器 / 防火牆	雙密碼，代符認證	代符認證	拒絕
NFS	任何	Unix	限制輸出	無書面授權則拒絕	拒絕
	任何	PC-TCP/IP	限客戶端	拒絕	拒絕
NetBIOS	任何	Windows	限制分享的存取	接受本地領域，拒絕其他	拒絕

對於外部進入的封包，防火牆的預設值應設為「除了規則允許的，其餘拒絕」，而不是「除了規則拒絕的，其餘允許」。防火牆規則應該拒絕以下種類的資訊流：

- 由不明外部系統所傳來的封包，目的位址是防火牆自己。這類封包常是對防火牆的探測或攻擊。

- 外部進入的封包，但來源位址卻標示為內部的位址。這類封包通常是某種欺騙的攻擊。

- 外部進入的 ICMP 指令，例如 ping。由於 ICMP 會透露太多網路訊息，所以由外部進入的 ICMP 指令應予阻擋。

- 由不明外部系統所傳來的 SNMP（Simple Network Management Protocol）。這種封包很可能代表外部入侵者正在探測內部網路。

- 往內或往外的封包有任一位址為 0.0.0.0 者。有的作業系統對這個位址有特殊的定義，所以常被攻擊者利用。

8.4.1　防火牆管理

防火牆備援及故障復原的方法很多，一種是使用網路交換器，它持續地監視使用中的防火牆，一旦故障就將所有的流量導入備援防火牆。交換器可以偽裝成它後面的防火牆，當防火牆故障時，交換到備援系統這個動作不會影響進行中的會談。另一種比較便宜的方法是當使用中的防火牆故障時，以所謂「心跳（Heartbeat）」的機制啟動備援防火牆，但這種方法就無法避免進行中的會談會中斷。

防火牆應該設法阻擋表 8-3 所列出的檔案類型進入網路及系統，尤其是以電子郵件的附件形態。這些檔案大多是可執行檔，若要了解它們的意義與特性，可以參考以下網站：https://www.file-extensions.org/

表 8-3　應該拒絕的檔案類型

.ade	.cmd	.eml	.ins	.mdb	.mst	.reg	.url	.wsf
.adp	.com	.exe	.isp	.mde	.pcd	.scr	.vb	.wsh
.bas	.cpl	.hlp	.js	.msc	.pif	.sct	.vbe	
.bat	.crt	.hta	.jse	.msi	.pl	.scx	.vbs	
.chm	.dll	.inf	.lnk	.msp	.pot	.shs	.wsc	

如果防火牆架設在作業系統上，例如 Windows 或 UNIX，則應注意移除作業系統上非必要的應用程式，並強化作業系統對攻擊的防禦能力，及時安裝作業系統的更新與補丁。防火牆必須能記錄各種資訊安全活動，管理員應每天檢視紀錄。防火牆及入侵偵測系統應使用時間同步機制，藉由同步記錄可以還原資訊安全事件的發生狀況。

目前因應資安威脅與日俱增，情資的運用也結合了防火牆等典型的資安設備，定期的進行偵測規則或阻擋規則的設定，可以將最新發佈的入侵特徵指標（Indicators of Compromise, IOCs）轉換成設備上的安全規則，並且提供使用者可以依據情資的可信度或特定目的，將安全規則比對後的行動方案，設定為只偵測、告警、阻擋等不同的動作，在自動化的運作架構下，部分的設備將會加入整合情資平台（Total Intelligence Platform, TIP），將平台上的威脅情資，自動化的部署成設備上所使用的安全規則，以擴充了原本防火牆的應用範疇。新一代的整合情資平台，除了提供資安威脅情資的取得外，也提供了情資的管理以及情資的使用功能，可以協助使用者整理所收到的資安威脅情資，並且決定這些情資部署後的動作對策，例如拒絕存取、允許存取或是單純的觸發告警等，最後再將這些情資透過平台的管理功能，自動化的派送與部署到終端的資安設備上，或是將資安威脅情資應用在日誌紀錄或是威脅告警關聯的分析平台上。

(　) 1. 「狀態檢查防火牆（Stateful Inspection Firewalls）」大概不會使用以下哪一個 OSI 網路層的訊息？

    (A) Data-link Layer   (B) Network Layer

    (C) Transport Layer   (D) Application Layer

(　) 2. 「封包過濾防火牆（Packet Filter Firewalls）」至少需要以下哪一個 OSI 網路層的訊息？

    (A) Network Layer   (B) Transport Layer

    (C) Presentation Layer   (D) Application Layer

(　) 3. 以下哪一種防火牆最難防禦「IP 位址偽裝」之類的攻擊？

    (A) Packet Filter Firewalls   (B) Stateful Inspection Firewalls

    (C) Application-proxy Gateway Firewalls (D) None of Above Can Defend

(　) 4. 以下哪一種防火牆最難防禦短時間內湧入大量封包的 DoS 攻擊？

    (A) Packet Filter Firewalls   (B) Stateful Inspection Firewalls

    (C) Application-proxy Gateway Firewalls (D) None of Above Can Defend

(　) 5. 以下哪一種防火牆可以掃描電子郵件的內容，包括過濾 Java scripts 等？

    (A) Packet Filter Firewalls   (B) Stateful Inspection Firewalls

    (C) Application-proxy Gateway Firewalls (D) None of Above Can Defend

(　) 6. 以下哪一個區域是在兩個防火牆或路由器之間，裡面的組件或主機要能被比較自由地存取？

    (A) Intranet   (B) DMZ   (C) Internet   (D) Extranet

(　) 7. 防火牆應該設法阻擋以下哪一種檔案類型進入網路及系統？

    (A) DLL   (B) COM   (C) SCR   (D) All above

(　) 8. Windows Defender 的主要功能為何？

    (A) Anti-spam   (B) Anti-virus   (C) Anti-phishing   (D) None of above

(　) 9. 如果由不明外部系統所傳來的封包，目的位址是防火牆，最可能是以下哪種情況？

    (A) 廠商正在更新防火牆軟體   (B) 該防火牆為代理伺服器

    (C) 駭客對防火牆進行探測或攻擊   (D) 以上皆非

(　) 10. 如果以下安全區域都存在一個組織裡，那麼電子郵件伺服器比較適合放在哪一個區域？

    (A) 外部 DMZ   (B) 內部 DMZ   (C) 內部保護網路   (D) 以上皆非

(　　) 1. 利用角色隔離的機制，可以改善伺服器何項安全性的要求？

    (A) 將伺服器架設在不同的 VLAN

    (B) 在不同的硬碟上安裝應用程式

    (C) 強制執行最低權限的原則

    (D) 將高安全性伺服器與其他伺服器分開設置於不同地點

(　　) 2. 防火牆可運用在網段的區隔，如果想利用防火牆的資料來源檢查功能，以下何種類型的防火牆可以符合需求？

    (A) 網路層   (B) 封包篩選

    (C) 應用程式層   (D) 可設定狀態

(　　) 3. 對於內部的網路而言，經常會透過隱藏內部 IP 位址的方式進行處理，但是經過以下何種機制來接取網際網路上的連線請求，也可以同時讓使用者對外存取網際網路？

    (A) 存取控制清單   (B) 連接埠轉送

    (C) 網路位址轉讓（NAT）   (D) 安全通訊端層（SSL）

(　　) 4. Ipsec 經常用來保護遠端的使用者與內部的伺服器之間，建立安全的網路連線，此種技術是屬於以下何者？

    (A) RADIUS   (B) VPN

    (C) SSH   (D) SFTP

(　　) 5. 透過分析進出的網路流量，加以保護網路周邊，可以透過以下何項技術來實現？

    (A) 遠端存取伺服器   (B) 以主機為基礎的防火牆

    (C) 專用網路防火牆   (D) 虛擬私人網路

(　　) 6. 下列哪一項經常應用在防火牆上，會將內部使用的 IP 位址轉換成外部存取的 IP 位址？

    (A) 應用程式層篩選   (B) 電路層檢查

    (C) 網路位址轉譯   (D) 靜態封包篩選

(　　) 7. 使用 Ipsec 原則，可以應用在網域成員與非網域成員之間，利用以下何種程序來建立一道屏障？

    (A) 伺服器篩選   (B) 網域篩選

    (C) 伺服器隔離   (D) 網域隔離

(   ) 8. 請問下列哪個敘述最符合虛擬區域網路（VLAN）的描述？

     (A) 它可讓不同的網路通訊協定在不同的網路區段之間通訊

     (B) 它是一種跨越實體子網路的邏輯廣播網域

     (C) 它會連接多個網路並路由傳送資料封包

     (D) 它是一種向公用網路顯示公司對外資源的子網路

(   ) 9. 當我們需要異地傳送資料時，需要考量資料安全傳送的要求，可以採用以下何種方式進行處理，增加對於資料的保護？

     (A) 在伺服器之間建立隱藏的網路連結

     (B) 建立用於假封包的目的地

     (C) 將一個封包放在另一個封包內

     (D) 從封包中移除隨機資料

10. 下列敘述正確選擇「是」，錯誤選擇「否」。

  （是 / 否） (A) Ipsec 要求網路應用程式比需具備 Ipsec 感知功能。

  （是 / 否） (B) Ipsec 可加密資料。

  （是 / 否） (C) Ipsec 會對所有使用此功能的網路通訊增加額外負擔。

入侵偵測與防禦系統 09

本章概要 ▶
9.1 IDPS 概論
9.2 IDPS 的種類
9.3 IDPS 範例與整合技術

「入侵偵測（Intrusion Detection）」是監視一個系統或網路活動的技術，並藉由對活動的分析，找出可能發生安全事故的跡象。安全事故是指違背資訊安全政策或標準做法的行為。「入侵防禦（Intrusion Prevention）」是指除了進行入侵偵測之外，並嘗試阻止可能的安全事故。阻止的技術包括阻止攻擊本身，改變安全環境（例如重新設定防火牆）或是改變攻擊的內容等。

入侵偵測與防禦系統（Intrusion Detection and Prevention Systems, IDPS）合併以上兩者，它的主要工作是識別可能的安全事故，記錄它們的相關資訊，嘗試阻止它們發生，並且報告給安全管理員，目前多數會將觸發的告警日誌，提交到資訊安全維運中心（Security Operation Center, SOC）進行後續的分析與應變處理。本章內容參考 NIST 的 SP800-94 文件「Guidelines to Intrusion Detection and Prevention Systems（入侵偵測與防禦系統指導）」。

9.1　IDPS 概論

IDPS 的主要用途之一為識別可能的安全事故，例如，IDPS 偵測到攻擊者已經利用弱點侵入系統，它將事故報告給安全管理員以採取快速的補救措施，損失因而減少。其次，IDPS 可以識別安全政策的問題，例如，IDPS 上也有一份防火牆的規則，當它發現防火牆該阻擋的封包通過了防火牆，就會警示安全管理員重新檢查防火牆是否設定錯誤。IDPS 會詳細記錄被偵測到的威脅，這些紀錄可以協助組織瞭解各種威脅發生的頻率、特性與對組織的影響，並據此訂定適當的防禦策略。最後，IDPS 可以嚇阻企圖違背安全政策的人，當有心人士知道他的行為正受到監控，就比較不敢做不正當的事，這和公共場所裝置監視攝影系統是同樣的道理。

9.1.1　入侵偵測的方法

IDPS 偵測安全事故的方法有三種：第一種在資訊流裡比對惡意攻擊的特徵，稱為「特徵偵測（Signature-based Detection）」。第二種是在資訊流裡監視異常狀況，稱為「異常偵測（Anomaly-based Detection）」。第三種方法則依廠商提供的原則監視資訊流，稱為「協定狀態分析（Stateful Protocol Analysis）」。

首先說明「特徵偵測」。已知的威脅能被找到一些固定的特徵，而特徵偵測是將這些特徵與偵測到的事件做比對，以識別可能的安全事故。假設我們已知一封主題為「生日快樂」且有附檔 gift.exe 的電子郵件為惡意攻擊，IDPS 會過濾接收到的電子郵件，符合

者就予以刪除，近年來因為駭客活動熱絡，因應時事的主題往往成為惡意攻擊郵件的主旨，以吸引收信人上當。

特徵偵測對偵測已知的威脅非常有效，但無法偵測原先並不瞭解的威脅或是改裝後的已知威脅。上面例子的附檔名若被攻擊者改為 gift2.exe，那麼 IDPS 可能在比對 gift.exe 特徵不符而放這個電子郵件通過。特徵偵測是最簡單的一種方法，因為 IDPS 只將眼前的一個封包或一筆紀錄與資料庫內的特徵做比對，卻不了解網路或應用的協定，也無法追蹤狀態改變。

其次，「異常偵測」則是將觀察到的事件與定義中的「正常活動」做比較，以期找出重要的差異。使用者、主機、應用與網路的正常活動被定義於描述檔（Profiles），它是監視正常活動一段時間後所記錄下來的系統特性。例如，某描述檔顯示正常上班時間網路的流量鮮少達到 1Mbps，因此當流量突然超過 1Mbps 且持續了半分鐘，IDPS 就應該對管理員發出異常警告。

描述檔內可以記錄各種有用的正常活動統計數據，像是一段時間內組織發出和接收的電子郵件數目，每台主機的 CPU 平均使用率，以及 VPN 登入失敗的平均次數等。異常偵測最大的好處就是可以偵測未知的威脅。例如有一個新型惡意程式入侵，IDPS 沒有該惡意程式的特徵資料庫而無法進行比對，但由於該惡意程式對外發出大量的電子郵件造成 CPU 使用率大增，而被偵測到異常狀況。

最後，「協定狀態分析」是將觀察到的事件與協定的預先定義之正常狀態做比較，以期找出重要的差異。異常偵測使用自己的主機或網路所產生的特定描述檔，而協定狀態分析則依靠廠商提供的描述檔，說明特定的協定該如何被使用。

「狀態的（Stateful）」表示這種 IDPS 可以瞭解與追蹤網路層、傳輸層、與應用層的各種協定以及它們的各種狀態。例如一位使用者啟動了 FTP，在進行身分認證前，使用者處在「未經認證」的狀態，所以許多活動是不被允許的。攻擊者企圖以各種方法欺騙FTP 伺服器，但因 IDPS 瞭解使用者還在未經認證的狀態，攻擊無法得逞。協定狀態分析法的最大缺點是耗費運算資源，因為它需要追蹤狀態並進行複雜的分析。另一個問題是它查不到沒有違背協定的攻擊，例如在很短的時間內進行極大量符合協定的通訊，而造成拒絕服務。

9.1.2　偵測的準確性與調節

IDPS 技術不可能提供絕對正確的偵測，所以生物特徵識別儀器的「交點錯誤率（CER）」觀念可以在這裡使用。

- 如果 IDPS 將正常的活動誤判為惡意是第一類錯誤，或稱誤殺（False Reject）。

- 如果 IDPS 將惡意的活動誤判為正常是第二類錯誤，或稱誤放（False Accept）。

- 調節入侵偵測靈敏度可以改變第一與第二類的錯誤率；而最佳之靈敏度應該在兩條曲線的交點，即為 CER。

大多數 IDPS 的偵測都可以做一些調節（Tuning），讓它更符合組織的環境與安全政策的需求。管理員要能夠界定正常與異常的「門檻值（Threshold）」，例如「當流量超過 1Mbps 且持續了半分鐘，IDPS 就給管理員發出異常警告」這個規則中的「1Mbps」與「半分鐘」都是可以調節的門檻值，尤其目前網路頻寬與串流視訊的服務越來越普遍時，網路流量的多寡已無法因應異常偵測上的要求，目前已有許多透過直播或是即時串流視訊的方式來提供網路應用服務。

如果管理員將一些已知有風險的主機、連接埠、應用或使用者記入黑名單，已知安全者記入白名單，就可以降低 IDPS 的誤判機會，不過因駭客攻擊的手法日新月益，單純使用黑白名單進行管控的機制因無法即將掌握最新的名單，將影響資安防禦上的成效。管理員要妥善設定 IDPS 的警示系統，設定通知優先順序，並選擇警示方式，包括電子郵件通知或手機簡訊等。管理員最好能夠瞭解甚至修改 IDPS 的程式，讓它更符合組織的安全政策需求。

9.1.3 入侵防禦的方法

入侵防禦可以對入侵偵測找到的威脅做出反應，試圖阻止它成功。入侵防禦技術可分為以下三大類：

- **阻止攻擊本身**：例如當 IDPS 偵測到攻擊後，可以採取以下的步驟：第一、先結束被利用做攻擊的網路連結或使用者會談。第二、阻擋發動攻擊的使用者帳號、IP 位址、或其他屬性，讓攻擊者不能存取攻擊目標。第三、全面阻擋攻擊者，讓他不能存取系統及網路的任何資源。

- **改變安全環境**：IDPS 可以藉由改變其他安全控制來中斷攻擊。常見的例子是改變防火牆或路由器的設定，來阻擋攻擊者對攻擊目標的存取。當察覺系統沒有安裝補丁時，有的 IDPS 還可以啟動系統更新。

- **改變攻擊的內容**：有的 IDPS 可以刪除攻擊的惡意部分。一個簡單的例子是刪除電子郵件上受病毒感染的附件後，讓乾淨的郵件通過。

9.2 IDPS 的種類

我們在這一節介紹 IDPS 的四個種類:「網路為基礎的(Network-based)IDPS」監視某段網路或元件的資訊流,分析網路及應用協定的封包來識別可疑活動。「無線的(Wireless)IDPS」監視並分析無線網路的資訊流,來識別與無線網路協定相關之可疑活動。「網路行為分析(Network Behavior Analysis, NBA)IDPS」檢查網路的資訊流來識別產生異常流量的威脅,像是 DDoS 攻擊、某些形式的惡意程式、與違背資訊安全政策的行為等。「主機為基礎的(Host-based)IDPS」監視單一主機上的特徵與在該主機上發生的事件來識別可疑的活動。

在介紹各種 IDPS 時,我們會分析它們以下的安全能力:

- **資訊收集能力**:許多 IDPS 會主動收集環境的資訊,以識別主機、作業系統、應用與網路特徵等。

- **記錄能力**:IDPS 記錄偵測到的事件,用這些資料來驗證警訊、調查事故、並與其他安全紀錄做比對。

- **偵測能力**:IDPS 通常有強大的偵測能力,並使用多種前述的入侵偵測方法。

- **防禦能力**:IDPS 常使用多種前述的入侵防禦技術。入侵防禦有時會誤殺正常的活動,可依需要關閉該功能。

9.2.1 網路為基礎的 IDPS

網路 IDPS 監視某段網路或元件的資訊流,分析網路及應用協定的封包來識別可疑的活動。和防火牆類似,網路 IDPS 使用 OSI 模型的應用層、傳輸層、網路層與資料連結層。

IDPS 的基本元件包括「感應器(Sensor)」負責監視與分析在網路上的各種活動,「管理伺服器」負責接收從感應器傳來的資訊並儲存從感應器或管理伺服器上所記錄的資訊,以及「操作介面」提供使用者及管理員監視及管理的功能。網路 IDPS 的伺服器與操作介面都和其他三種 IDPS 大同小異。但感應器的 NIC 設定在隨意模式,可以接收所有經過的封包,不論目的 IP 位址。

如圖 9-1 所示,感應器擺設的位置分為「居間(Inline)」與「被動(Passive)」兩種模式。居間感應器放置在資訊流必須通過的地方,類似防火牆的位置,不過通常被放在防火牆的後方,需要處理的資訊會比較少。主要通道包括與外部網路的邊界或是兩個隔離的內部網路的接點。感應器放在居間位置的主要目的是可以阻擋攻擊。

被動感應器監視一份複製的資訊流，但流量沒有真正地經過它。這種感應器被安排來監視網路的重要位置，在第 8 章的「圖 8-3 防火牆進階設定」圖中，就是使用被動網路 IDS 來監視內、外 DMZ 與內部保護網路。被動感應器適合做入侵偵測，但入侵防禦的技術則需要居間感應器來阻擋封包。被動感應器的好處是不影響資訊流量，如果元件故障，也不影響網路通暢。

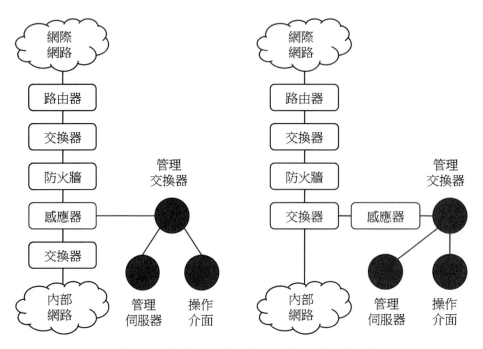

▲ 圖 9-1 居間感應器（左）與被動感應器（右）

以下介紹網路 IDPS 的四種安全能力，主要為收集主機及網路環境資訊的能力：

- IDPS 可以將組織網路上的主機依照 IP 或 MAC 位址列表，如果有新的主機出現在網路上，就很容易識別，再依據安全規則進行後續的處置。

- IDPS 透過使用各種技術來識別主機上的作業系統，例如：從連接埠或封包的表頭資訊，都有機會判別主機所使用的作業系統，配合安全規則進行判別網路行為的合理性，以及偵測到的攻擊威脅是否會對於受攻擊的目標造成影響。

- IDPS 藉由追蹤連接埠或監視通訊特徵，來判別網路上使用的應用程式及版本，某些版本的應用程式有已知的弱點，因此識別應用程式可以讓 IDPS 比較清楚防禦重點。

- IDPS 收集網路設定的資訊，例如：兩個網路元件之間的連結數（Hops），當網路設定被改變時，就很容易偵測到。

網路 IDPS 會記錄偵測到的事件，用這些資料來驗證警訊、調查事故、並與其他安全紀錄做比對。經常會被記錄的資料包括：

- 事件發生的日期與時間。

- TCP 連結或會談 ID。

- 事故或是警示的類型與等級（如優先順序、嚴重性、衝擊程度與機密性）。

- 網路層、傳輸層或應用層的協定。

- 來源與目的地的 IP 位址與來源與目的地的 TCP/UDP 連接埠。

- 在連結上傳輸的資料量。

- 封包內的關鍵資料。

- 認證用途的使用者身分等資料。

- 針對事故或警示所採取的防禦措施。

網路 IDPS 通常具備強大的偵測能力，結合特徵偵測、異常偵測、與協定狀態分析三種技術。網路 IDPS 的感應器可以藉由檢查每一個封包的表頭、表尾及內容，偵測以下類型之事故：

- **應用層的刺探與攻擊**：例如像緩衝區溢位、破解通關密碼、惡意程式入侵以及第 4 章介紹的許多針對應用程式的攻擊。

- **傳輸層的刺探與攻擊**：例如像連接埠掃描、SYN 洪水攻擊、以及不正常的封包切割等。

- **網路層的刺探與攻擊**：例如像偽裝的 IP 位址與惡意的 IP 表頭值。

- **意外的應用服務**：像是應用程式出現後門，或是主機上正在執行未授權的應用服務。

- **違背安全政策**：例如有人使用被禁止的應用協定，或瀏覽被禁止的網站。

居間型網路 IDPS 可以提供較多的防禦能力，它可以直接攔阻封包，扮演類似防火牆的角色。也可以藉由限制某種協定的網路流量，防禦 DoS 類型的攻擊。被動感應器雖然無法直接攔阻封包，但可以送 TCP 重置（Reset）封包給通訊兩端，來終止 TCP 會談。除此之外，兩種網路 IDPS 都可以藉由重新設定其他的網路安全組件（如防火牆）來阻擋入侵的行為。

9.2.2　無線 IDPS

無線 IDPS 與網路 IDPS 之間最大的差異在感應器。網路 IDPS 可以看到它所監視的網路上每一個封包，而無線 IDPS 則對資訊流進行「取樣（Sampling）」。

放置無線感應器應該考慮的問題不同於放置其他 IDPS 感應器，見圖 9-2。無線感應器的一個目的是監視 WLAN 基地台與客戶端之間的通訊，應盡量涵蓋有訊號的範圍。而另一個目的在監視不該有 WLAN 服務的地方，是否出現欺騙基地台的訊號。無線感應器有時放置於公開場所，因此應考慮加裝破壞防護或置於閉路電視的監視範圍內。無線網路範圍可能很廣，感應器的數量是一個成本考慮。

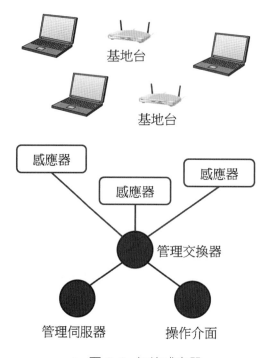

▲　**圖 9-2**　無線感應器

在偵測能力上，透過資訊收集能力，大部分無線 IDPS 感應器可以偵測到未經授權的無線網路或無線網路元件。感應器可以偵測出無線網路元件的不安全設定，例如 WEP 這種已屬不安全的加密法。使用異常偵測方法，感應器可以察覺 WLAN 上的不正常現象，例如某個客戶端與基地台間使用了太高的頻寬。感應器可以查出惡意者對無線網路進行掃瞄，並從固定時間內偵測到的事件數量找出可疑的 DoS 攻擊，並提出警示。IDPS 感應器比較活動的微小差異，可能找出可疑的中間人攻擊，並提出警示。

在防禦能力上，有的無線 IDPS 感應器可以發訊息給正在以無線通訊的兩端，讓它們終止連結，同時可以拒絕後續的連線要求。被終止的「兩端」可能是正常基地台和惡意或

不正常設定的客戶端,也可能是正常客戶端和欺騙基地台。有的無線 IDPS 感應器可以控制交換器來封鎖無線網路與有線網路之間的連結,讓惡意的基地台或無線客戶端無法攻擊有線網路上的伺服器。在進行防禦活動時,無線 IDPS 可能無法進行正常的掃描偵測,所以較先進的 IDPS 備有兩組以上的天線,同時進行偵測與防禦。

9.2.3 網路行為分析 IDPS

網路行為分析(NBA)功能檢查網路資訊流或統計資料來識別異常現象,有的直接監視網路上的封包,有的則是從路由器等網路元件取得相關的流量資訊。NBA 大致與網路 IDPS 類似,只是前者更重視從整體網路的統計數據上分析出異常現象,而後者著重於監視個別封包。

除了網路 IDPS 的偵測能力外,NBA 尤其擅長偵測 DoS(含 DDoS)攻擊,它使用異常偵測方法來察覺系統遭受攻擊時快速增加的頻寬使用量和某主機傳來異常多的封包。這個能力使 NBA 也適合偵測具備網路行為的惡意程式,一來此類的惡意程式會產生超乎異常的網路流量,二來它會使平常未從事通訊的主機彼此通訊,而主機會使用平時不使用的連接埠,三來惡意程式也會進行網路上的掃描動作,這些也是 IDPS 可以偵測到的項目。

9.2.4 主機為基礎的 IDPS

主機 IDPS 使用裝設在主機上的偵測軟體來監視主機上可疑的事件。網路 IDPS 通常無法監視加密的通訊,但主機 IDPS 位居終端,因此可以看到解密後的活動。然而主機 IDPS 有兩個弱點:第一、由於裝置在主機上,若系統被攻破,IDPS 也就失去作用了。第二、主機 IDPS 得分別裝置在每台受保護的主機上,因此安裝與維護都是管理員吃重的工作。

主機 IDPS 所偵測的事故類型因產品而異,較常見者如下:

- **程式碼分析**:主機執行一個程式前,可以先在受控制的虛擬環境中嘗試執行,並分析程式是否有惡意屬性。

- **網路資訊流分析**:類似網路 IDPS,可以監視及分析有線、無線網路。

- **網路資訊流過濾**:主機 IDPS 常包括防火牆的功能,依據規則過濾進出的封包,並防止未獲授權的存取。

- **檔案系統監視**：可以使用檔案完整性查驗來避免檔案遭到未經授權的刪改，檔案監視也有助偵測病毒，因為病毒與木馬程式常會刪改檔案。

- **記錄分析**：一些主機 IDPS 會分析作業系統及應用程式的稽核紀錄，來辨識惡意的活動。

- **網路設定監視**：一些主機 IDPS 會監視主機上的網路設定，避免未經授權的篡改。

9.3　IDPS 範例與整合技術

對大部分網路環境來說，一個有效的 IDPS 方案應該包括網路 IDPS 與主機 IDPS，前者監視封包並分析各種網路協定，後者分析加密的點對點傳輸。若要監視無線網路並確定實體範圍內沒有欺騙基地台，組織就需要安裝無線 IDPS。若組織需要更強的偵測能力來應付 DoS、蠕蟲與刺探掃描等攻擊，可以考慮加裝 NBA。

有的組織除了使用不同種類的 IDPS，還選擇不同廠商的產品。由於每種產品的偵測方法與技術各異，使用多種產品可以提供較完整的偵測能力。不過裝設的 IDPS 間需要進行整合，尤其要讓安全管理人員便於比對及管理監視及警示資料。

商用的入侵偵測與防禦軟體非常多，其中 Snort 是全球最廣泛使用的一個產品，被下載的次數已有數百萬次。它是一套開放原始程式碼（類似前述的 Wireshark），除了下載不收費外，技術能力較強的組織或個人還可以將之修改為更符合特定安全政策之產品。目前官方網站（www.snort.org）提供 Unix 與 Windows 的版本，有興趣的讀者可以參考。

Martin Roesch 從 1998 年開始撰寫 Snort 軟體，將之定位為小型的入侵偵測軟體。經過各方專家多年的投入，Snort 已經相當成熟而且功能豐富。它使用特徵偵測與協定狀態分析等偵測方法，是一種安裝在主機上的網路 IDPS。Snort 不像套裝軟體那麼容易安裝，尤其安裝視窗版本時可能需要參考前人經驗。但安裝之後，Snort 的操作並不複雜，而且有相當完整的使用手冊。

Snort 有下面幾種運作模式：在「監看模式」下，Snort 擷取網域內的封包，並顯示在螢幕上。在「封包紀錄模式」下，Snort 將已擷取的封包存入儲存媒體中。「網路入侵偵測模式」是 Snort 的主要功能，它可以分析網路資訊流並與使用者所定義的規則做比對，並根據檢測結果採取一定的動作。Snort 也提供「居間模式」，藉由允許或拒絕封包通過來進行入侵防禦。Snort 是相當完整的 IDPS。

近年來新一代的 IDPS 工具，包括了 Suricata、Bro（Zeek）、OSSEC、Samhain Labs、OpenDLP 等，這些都是可以提供 IDPS 功能的自由軟體，可以提供使用者應用在網路上或是主機端，進行威脅的偵測與告警。

9.3.1 與 IDPS 相關的技術

除了 IDPS 外，組織常會使用其他技術來搭配或補充網路及系統的威脅偵測及防禦。「網路調查分析工具（Network Forensic Analysis Tool, NFAT）」主要在記錄與分析網路資訊，目的是調查與蒐證。NFAT 所記錄與分析的資料會比 IDPS 更完整。IDPS 通常偵測惡意程式的能力不強，因此仍需要各種「反惡意程式（Anti-malware）技術」來監視作業系統與應用程式，防禦病毒、蠕蟲、木馬程式與惡意行動碼等。「防火牆與路由器」等組件以阻擋惡意封包與控制存取為主，而 IDPS 則以威脅偵測為主，彼此可以互助、互補。例如 IDPS 可以重新設定防火牆來阻擋威脅，而路由器可做為 NBA 的資訊源。

IDC 從 2003 年開始使用「整合式威脅管理（Unified Threat Management, UTM）」這個名詞來指整合多種資訊安全功能的產品，整合的功能林林總總，包括網路防火牆、入侵偵測、入侵防禦、垃圾郵件篩選、閘道防毒功能、反間諜程式、VPN、反釣魚功能及網頁內容過濾等。主要的網路設備、防火牆或防毒軟體廠商都已推出 UTM 產品，包括 Fortinet、Cisco、Juniper、Symantec 等。

許多中小企業選擇使用 UTM，一來 UTM 的成本通常低於防火牆、IDPS 與防毒閘道等組件的總成本。二來整合後的各項安全功能可以分享運算資源、提升效能。有的廠商（如 Fortinet）進一步將 UTM 做成單晶片來加快處理速度。而且管理一個 UTM 比自行整合、管理多個組件要容易許多。

有的組織為了更早了解大規模的網路事故，例如像新的惡意程式，而安排一個引誘外部攻擊的假系統，藉以進行偵測與分析，這種系統稱為「誘捕系統（Honeypots）」。誘捕系統本身是一個故意設計為有缺陷的系統，主要目的如下：

- 當有真實攻擊發生時，它可能先攻擊誘捕系統，因而對安全管理員提供警示。

- 安全管理員可以在誘捕系統中追蹤攻擊者的活動。

- 誘捕系統設置一段時間之後，可以從統計資料瞭解駭客的攻擊行為。

- 誘捕系統的弱點可以引誘攻擊者攻擊誘捕系統，而降低網路或系統受攻擊的機率。

如圖 9-3 所示，誘捕系統可以是 DMZ 中的一台伺服器。我們故意在上面執行未安裝補丁的 Windows 或 Linux 作業系統，使之成為誘餌。同時在蜜罐上安裝主機 IDS 和其他監控軟體，來記錄伺服器上的所有活動。由於誘捕系統有安全漏洞（雖然是刻意造成的），它可能被駭客挾持為傀儡去攻擊別人的系統。最好將誘捕系統設計在反向的防火牆後，以防止誘捕系統對外發動攻擊。

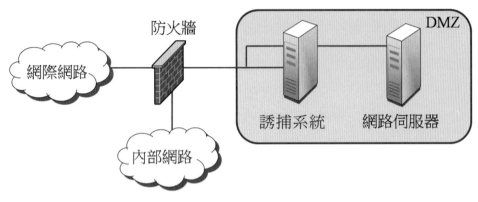

▲ **圖 9-3** 誘捕系統安裝示意圖

由於誘捕系統本身並不具備聯絡價值，因此所有針對誘捕系統的通訊要求都屬可疑，誘捕系統所收到的訊息或受到的攻擊可補強真實系統的防禦機制。這種觀念可以應用於垃圾郵件篩選：如果有郵件被送到一個虛設的電子郵件地址，就一定是垃圾郵件；可以從真實信箱中將相同的郵件刪除。

使用一些誘捕系統、防火牆與路由器可以連結成一個「誘捕網路（Honeynet）」，用以模擬真實網路，它可以吸引更多的攻擊並且收集更多的資料。建置誘捕網路的成本頗高，除了需要未使用的 IP 位址外，也需要實體的設備或是虛擬化的平台來部署，大多為了研究用途。後來因為人工智慧（AI）的發展，為了因應越來越多的新型態攻擊，亦開始發展出具備人工智慧偵測能力的誘捕網路，透過分析攻擊者的行為，利用誘捕網路的生成技術，提供更具有互動性的偵測網路與環境，能夠更有效的掌握攻擊者的行為。

欺敵系統（Deception）是誘捕系統的進化，再發展成欺敵網路（Deception Network）應用於許多情境的部署，目前的欺敵系統也採用人工智慧（AI）的技術，在解析駭客的攻擊行為後，自動化生成仿真的系統與網路環境，讓駭客無法識別是否為假冒出來的誘捕系統。

( ) 1. 以下哪一種組件最適合監視網路上未獲授權的活動？

    (A) Host-based IDS   (B) Firewall

    (C) VPN   (D) Network-based IDS

( ) 2. IDPS 可以對偵測到的威脅做出反應，試圖阻止它成功。以下哪一項是這種主動的反應？

    (A) 發入侵警示訊息

    (B) 記錄入侵事件

    (C) 變更防火牆設定來阻擋特定 IP 位址

    (D) 以上皆是

( ) 3. 哪一種入侵偵測方法是在資訊流裡依據觀察經驗監視異常狀況？

    (A) Signature-based Detection   (B) Anomaly-based Detection

    (C) Stateful Protocol Analysis   (D) All Above

( ) 4. 以下哪一個系統是故意設計來讓攻擊者入侵的？

    (A) Virtual Machine   (B) Worldwide Web

    (C) Honey Pot   (D) Sandbox

( ) 5. 相較於特徵偵測（Signature-based Detection），異常偵測（Anomaly-based Detection）的最大的好處為何？

    (A) 偵測比較準確

    (B) 可以偵測未知的威脅

    (C) 速度較快，可以做到即時偵測

    (D) 異常偵測不具備優勢

( ) 6. 以下哪一種入侵偵測方法需要依靠廠商提供描述檔？

    (A) Signature-based Detection

    (B) Anomaly-based Detection

    (C) Stateful Protocol Analysis

    (D) None of Above

( ) 7. 如果發生太多第一類錯誤（Type-I Error），IDPS 應該做怎樣的調整？

    (A) 降低 IDPS 偵測靈敏度

    (B) 提高 IDPS 偵測靈敏度

    (C) 降低判斷為異常的「門檻值（Threshold）」

    (D) 更換 IDPS 的偵測方法

( ) 8. 以下哪一種作法能夠有效地降低 IDPS 的誤判機會？

    (A) 設定 IDPS 警示系統的通知優先順序

    (B) 將已知有風險者記入黑名單，已知安全者記入白名單

    (C) 選擇 IDPS 警示方式，包括電子郵件通知或收機簡訊等

    (D) 修改 IDPS 的程式，讓它更符合組織的安全政策需求

( ) 9. 要讓 IDPS 達到阻擋攻擊的效果，感應器（Sensor）應該放在哪一種位置？

    (A) Inline   (B) Passive

    (C) Parallel   (D) IDPS Cannot Defend From Attacks

( ) 10. 為什麼無線 IDPS 不適合裝置於居間（Inline）的位置？

    (A) 因為無線感應器運算速度不夠快，無法即時處理

    (B) 因為需要許多台無線感應器同時平行運作

    (C) 因為無線 IDPS 對資訊流進行取樣（Sampling）

    (D) 無線 IDPS 應該適合裝置於居間位置

惡意程式與防毒 10

本章概要 ▶
10.1 惡意程式的種類
10.2 惡意程式的防禦
10.3 惡意程式事件的處理

惡意程式（Malware）是指一個被秘密安置進系統的程式，企圖破壞受害者的資料、應用程式或作業系統的機密性、完整性或可用性。間諜程式（Spyware）則是特指以侵犯他人隱私為目的的惡意程式。惡意程式是最主要的外部威脅，經常造成大規模的損失，受害者需要花很大的代價來復原。本章主要分三個部分：第一部分介紹各種惡意程式，第二部分介紹惡意程式的防禦方法與工具，第三部分介紹惡意程式事件的處理流程。本章的主要參考資料為美國國家標準暨技術局（NIST）的 SP800-83 文件「Guide to Malware Incident Prevention and Handling（惡意程式事件的防禦與處理指導）」。

10.1　惡意程式的種類

大家比較熟悉的惡意程式是病毒、蠕蟲和木馬程式，本書第 3 章已對三者做過大略介紹。惡意行動碼與追蹤 cookies 主要是在網站瀏覽過程中入侵。攻擊工具則是指後門程式、rootkits 或鍵盤側錄等程式，它們本身不會發動攻擊，而是駭客植入系統的工具，勒索軟體成為攻擊者最愛使用的惡意程式，兼具病毒、蠕蟲、木馬等特性，經常發生在資安事件中，受害者往往因為勒索軟體的影響，造成數位資料受到竊取或破壞。表 10-1 顯示這些惡意程式之間的差異，並分別說明如後。

表 10-1　惡意程式的種類比較

特徵	病毒	蠕蟲	木馬	惡意行動碼	追蹤 cookies	攻擊工具	勒索軟體
可否自行存在？	否	是	是	否	是	是	是
可否自行複製？	是	是	否	否	否	否	是
擴散方法為何？	使用者互動	自行擴散	使用者不知情的情況下，經由網路下載、郵件附檔執行、或惡意者所植入。				

10.1.1　病毒

病毒複製自己並擴散到其他的檔案、程式或電腦上。每種病毒有自己的擴散方式，例如寄生在檔案或程式上再經由使用者下載、拷貝後感染。病毒分為兩大類：編譯病毒（Compiled Viruses）是經過編譯的程式，可以在作業系統上直接執行。直譯病毒（Interpreted Viruses）則靠應用程式執行。它的兩種主要類型為巨集病毒（Macro Viruses）與指令碼病毒（Scripting Viruses），像 Melissa 病毒就是 Word 的巨集病毒，許多指令碼病毒則使用 Visual Basic Script（VBS）語言。直譯病毒的原始碼容易取得並修改，因此常有後續的變種病毒。

病毒會使用各種手法讓受害者無法察覺，甚至躲避防毒軟體的監視。例如使用不同金鑰加密來改變病毒的外形稱做「千面人（Polymorphism）」，可以躲避防毒軟體的偵測。千面人病毒在啟動攻擊前才自我解密，變形過程並未改變病毒的實質內容。相對於千面人，「變體（Metamorphism）」病毒不光靠變形來躲避監視，而是實質地改變自己的內容。例如在原始碼中加入多餘的程式或調整程式順序後重新編譯，就產生變體病毒。

病毒利用各種技巧使自己不被看見稱為「隱藏（Stealth）」，例如有的隱藏病毒會修改作業系統顯示的檔案大小，讓人無法察覺被寄生檔案的改變，有的會將自己設定為隱藏檔並關閉系統顯示隱藏檔的功能。「加殼（Armoring）」技巧是指病毒使用特殊的程式碼保護自己，使防毒軟體或清毒專家更難偵測、分解或瞭解病毒碼。「通道（Tunneling）」技巧則是指病毒建立通道來攔截低階的作業系統呼叫與中斷，以削弱防毒軟體的偵測功能。

病毒製作的手法隨科技演進不斷翻新，深入研究很花工夫，不過病毒的基本原理不難了解，圖 10-1 顯示一種簡單的早期病毒以組合語言寫成，寄生在 .com 命令檔中。作業系統從指令位址 100 開始執行這個程式，第一行直接跳到（Jump）可執行程式碼的第一個位址 200 開始執行這個程式，到位址 300 終止，將執行權還給作業系統。

入侵的病毒將病毒碼寫在 .com 程式後面，並將位址 100 的內容改成「jmp 300」就完成了寄生。當這個受感染的命令檔被執行時，會直接跳到位址 300 執行病毒碼。病毒碼所做的事可能是去感染別的 .com 程式，或是在某種條件下發動惡意攻擊。病毒碼執行完了之後，會跳回 200 的位址執行原程式碼，避免受到注意。

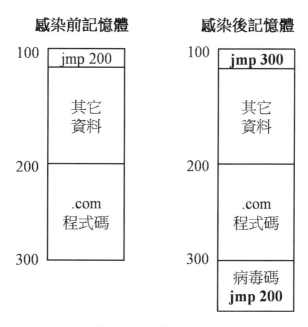

▲ 圖 **10-1** 早期病毒的範例

10.1.2 蠕蟲

病毒需要寄居體，而蠕蟲可以自行存在、自行複製、自行擴散。蠕蟲利用網路或系統的已知弱點來進行攻擊，而且擴散不需要人的參與，所以擴散速度極快。2004 年的 Witty 蠕蟲利用 ISS 公司的防火牆及其他資訊安全產品的漏洞，在半個小時內癱瘓全球一萬多台主機。

「大量郵件蠕蟲（Mass Mailing Worms）」與郵件病毒類似，只是蠕蟲不需要寄居在其他檔案上。郵件蠕蟲感染一台電腦後，繼續使用受害者的通訊錄將自己再大量的寄出，目前蠕蟲的攻擊行為，經常發現在區域網路內，而入侵的管道多數會配合社交工程的攻擊，利用電子郵件或是網站上的惡意連結感染受害人的電腦。

10.1.3 木馬

木馬程式可以自行存在，但不以複製或擴散為目的；它看似好的程式，卻暗藏惡意。例如一個網路上下載的電玩程式，卻同時在收集系統裡的密碼檔案。偵測木馬程式有時並不容易，因為它執行起來像是一個正常的應用程式。此外較新的木馬程式也會使用躲避監視的手法。

不同於病毒或蠕蟲只會產生破壞，木馬程式可能為攻擊者帶來利益，因此它似有凌駕前兩者的趨勢。攻擊者可以使用木馬程式來散播間諜軟體，也可以用木馬進行未經授權的存取，攻擊者多數會利用自行建立木馬程式後門的方法，建立與受駭主機間的網路連線。

10.1.4 惡意行動碼

網路時代開始後，大家開始撰寫能夠跨平台的「行動碼（Mobile Code）」，在不同的作業系統、不同的瀏覽器及電子郵件閱讀器上都能順利執行。行動碼可以從遠端系統傳到本地執行，通常行動碼的下載不需要使用者的允許。

雖然行動碼大多是善意的，但惡意行動碼可以攻擊系統，並傳送病毒、蠕蟲及木馬。惡意行動碼與病毒及蠕蟲等頗有不同，它不會感染檔案或企圖擴散，也不會利用特定的弱點。惡意行動碼必須靠本地主機授予它執行的權限。行動碼最常使用的語言是 Java、ActiveX、Java Script、VB Script 等。2001 年造成巨大傷害的 Nimda 即是使用 Java Script 寫成的惡意程式，至今作者不詳。

「混合攻擊（Blended Attack）」是指一個惡意程式使用多種感染與傳輸方法，例如 Nimda 惡意程式就使用了四種擴散方法：

- **電子郵件**：當一個主機有弱點的使用者打開了被感染的電子郵件附件，Nimda 感染主機，並找出郵件通訊錄將自己大量的寄出。

- **視窗的資源分享**：Nimda 掃描未正確設定檔案分享的主機，利用 NetBIOS 傳輸來感染主機上的檔案。當使用者執行被感染的檔案，就會啟動 Nimda。

- **網頁伺服器**：Nimda 掃描網頁伺服器，尋找微軟 IIS 的已知弱點（同一弱點在 2001 年稍早被 Code Red 蠕蟲利用，攻擊了三十餘萬台電腦），若找到弱點，就感染該伺服器及其檔案。

- **網站客戶端**：如果一台有弱點的網站客戶端瀏覽了被 Nimda 感染的網頁伺服器，則客戶端主機也被感染。

除了以上方法，近年的混合攻擊也利用即時傳訊的軟體（IM）或點對點通訊軟體（P2P）做為擴散管道。其中攻擊者在透過即時通訊、簡訊或是電子郵件等應用服務進行資訊的傳遞時，也運用了短網址的服務，接收訊息的使用者經常在無法察覺短網址背後的真正網址情況下，就被帶往惡意網站，而感染了惡意程式。

10.1.5 追蹤 Cookies

Cookie 是特定網站在客戶端建立的一個小資料檔，可分為只在一次網站拜訪中有效的「會談 Cookie」，和長期存在客戶端電腦中的「長期 Cookie」。網站用後者做身分認證並記錄使用者的喜好；但有心人士利用它做間諜程式，在使用者不知情的狀況下，追蹤他的瀏覽活動。例如一家行銷公司在許多網站上都置入廣告，卻在使用者的電腦上使用相同的 cookie，這家公司就可以追蹤這位使用者在各個網站的行為。許多掃毒軟體或間諜程式偵測軟體都能找出這種「追蹤（Tracking）Cookies」。

10.1.6 攻擊工具

「攻擊工具（Attacker Tools）」主要幫助攻擊者不經授權地存取被感染的系統。攻擊工具可以經由蠕蟲或木馬等惡意程式進入系統，再被用來進行下一步的攻擊。以下是幾種較常見的攻擊工具種類：

- **後門程式（Backdoor）**：泛指祕密地建立 TCP 或 UDP 埠連結的惡意程式。它通常包含客戶端與伺服器兩個部分，前者在入侵者的遠端電腦上，後者在受感染的系統內，兩者連線後，入侵者就可以存取受感染系統的檔案或下指令。

- **「殭屍電腦（Zombie）」或稱「傀儡電腦」**：是指被植入後門程式的系統，受指揮去攻擊別的系統。一位駭客同時操控許多傀儡電腦，就組成了所謂的「殭屍網路（Botnet）」。DDoS 攻擊就是利用許多台受到操控的電腦同時對一個受害者發動攻擊。

- **鍵盤側錄（Keylogger）與螢幕截取（Screen Snapshot）等工具**：監視並記錄鍵盤與滑鼠的使用，可有效竊取受害者鍵入的密碼、郵件、信用卡帳號等私密訊息；後續也發展出具備螢幕側錄功能的惡意程式，當受害人感染了惡意程式後，攻擊者可以透過受害者終端設備上的攝影機進行影像的截取，對於受害者的隱私帶來隱私資訊外洩的傷害。此類型的惡意程式主要的攻擊對象，已從一般的使用者轉向具備管理權限的系統管理員或網路管理員，這些具備特權管理帳號的管理員，對於攻擊者而言，往往能夠獲得更大的利益。

- **瀏覽器嵌入軟體（Web Browser Plug-in）**：可被用做間諜程式，一旦嵌入後，可以監視使用者的瀏覽器活動，包括曾經上過的網站與瀏覽過的網頁。

- **攻擊者工具包（Attacker Toolkits）**：可以一次植入各種工具到受害者的電腦裡面，讓攻擊者立即或日後監控受害者。攻擊者工具包裡可能有：封包監視工具，連接埠掃描工具，弱點掃描工具，通關密碼破解工具，遠端登入程式，以及可以發動 DoS 的攻擊工具。

近幾年 Rootkits 引起許多關切，它是一個或一組的工具程式可以幫助入侵者控制系統並躲避偵測。成功地植入 Rootkit 可以讓入侵者擁有管理員的權限。雖然經常被使用於惡意攻擊中，Rootkits 其實具備許多有用的特性，例如可以用它來管理軟體授權或協助系統管理員隱藏不讓一般使用者看到的檔案。在 2005 年，SONY 為了保護 CD 著作權，在一百多款 CD 上附加 Rootkit 軟體，消費者播放 CD 時便自動植入其個人電腦。這個軟體意外地破壞了作業系統設定，形成駭客可以利用的後門，造成軒然大波。為此 SONY 正式回收所有 CD，並提供修補程式。

由於 Rootkits 具有「隱藏」和「遠端操控存取」的能力，駭客經常利用它來隱藏與啟動間諜程式、木馬、或釣魚軟體。駭客對被植入 Rootkits 的電腦擁有系統管理員的權限，幾乎完全控制了受害的電腦，也因此網路上的其他電腦很容易遭到感染。

Rootkits 可能存在作業系統核心、程式庫、或應用程式中，存在核心的 Rootkits 尤其危險，因為它可能與作業系統緊密結合，以致作業系統提供的訊息不能被信任，靠這些訊息做判斷的掃毒軟體因而喪失偵測能力。不只偵測不易，要移除這種 Rootkits 尤其困難，因為一方面要作業系統維持運作，另一方面又要修正與作業系統緊緊相連的惡意程式是相當複雜的事。若無法徹底移除有害的 Rootkits，就不得不格式化硬碟，重新安裝作業系統。

對抗 Rootkits 還是「預防重於治療」，預防 Rootkits（或其他惡意程式）感染的方法包括：一、安裝最新的補丁，確保作業系統健康。二、盡量以「非管理員」的權限登入電腦。三、隨時更新防毒軟體與間諜程式防禦軟體。四、不去下載及安裝任何來路不明的軟體，不去開啟可疑的電子郵件附件，也不去拜訪無法信任的網站。

10.1.7 網路釣魚

網路釣魚（Phishing）是一種欺騙攻擊，它可能是一個看似有公信力的惡意網站，或是冒名的電子郵件要受害者連結到惡意網站。圖 10-2 是一封真實的釣魚郵件，惡意者冒用匯豐銀行之名，要求收件者上釣魚網站填寫一張網路銀行的表格。這封信已經被過濾為垃圾郵件。

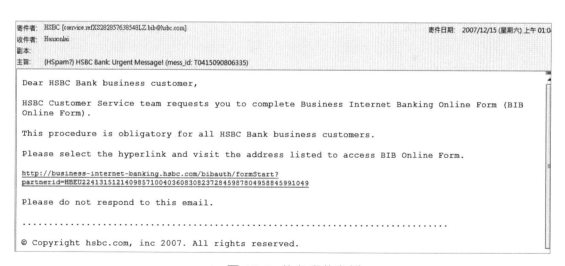

▲ 圖 10-2 釣魚郵件案例

點選信中的連結就會進入
圖 10-3 顯示的釣魚網站，
它違法地使用該銀行的商
標，並在左上方標示「加
密的安全網站」，企圖取
信於受害者。它要求受害
者填寫的資料包括使用者
名稱及通關密碼等。這個
網站也已經被過濾為釣魚
網站。

▲ 圖 10-3 釣魚網站案例

10.1.8 勒索軟體

勒索軟體（Ransomware）對於數位資料的破壞力遠高於其他的惡意程式，透過高強度
的加密演算法，將受害人儲存在數位媒體上的資料進行加密，並且配合虛擬貨幣的電子
錢包向受害人進行勒索，透過受駭裝置上的顯示器呈現時間倒數的畫面，加深受害人對
於資安事件的恐慌，以遂行其勒索虛擬貨幣的目的，虛擬貨幣採用區塊鏈的技術，使用
去中心化的機制，難以追蹤金錢的流向。對於電腦數位鑑識而言，勒索軟體將會破壞受
害主機上的數位資料，而變得難以採集相關的證據，而這些數位資料被高強度的加密演
算法所加密，直接衝擊了數位資訊的可用性，更成為此類惡意程式活躍的主因之一。

對於資安事件的調查而言，過往可以透過數位鑑識等採證的程序，將發生資安事件的主
機與相關的系統進行分析，以發掘資安事件背後的根因，但在勒索軟體盛行的時代中，
典型的數位鑑識或是資安事件調查的工具，並無法深入資安事件的現場，實現最後一
哩路的採證與分析，而無法發掘資安事件背後可能隱藏的根因。目前勒索軟體攻擊的對
象，已擴及各個不同的產業與對象，早期大多針對特定的政府組織或特定的企業，而目
前隨著時代的演進，攻擊者的目標多數以容易攻擊的產業為優先，例如：製造業等，這
些典型的產業型態，對於資訊安全的防禦能力較為薄弱，多數僅有基本的網路防火牆，

無法因應新型態的資安威脅，但所帶來的影響，卻容易讓這類型的產業願意支付贖金，攻擊者即可達成其目的，因此近年來發生在典型產業中的資安事件已層出不窮。

而勒索軟體的攻擊對象，目前已涵蓋一般的資通訊設備以及應用場域中的物聯網設備，例如：網路攝影機、工業控制系統或是設備上的控制電腦等，並且利用這些物聯網設備在資安防禦上的弱點進行攻擊，後續攻擊者除了竊取資料外，也將大量的物聯網設備應用在分散式阻斷服務攻擊（DDoS）上，影響被攻擊目標的正常運作。例如：專門以攻擊物聯網裝置為目標的 Mirai 惡意程式，駭客組織亦將其原始碼公佈在全球最大的開發人員程式交流平台 Github 上，對於網路世界帶來更大的資安威脅，有心人士可以輕易的取得這些惡意程式的原始程式碼，並且加以客製化成針對特定品牌、設備的攻擊工具。

10.2 惡意程式的防禦

惡意程式的防禦責任要在安全政策中說明，同時要透過教育訓練建立大家對惡意程式的認知。資訊安全專業人員要補強系統及網路的弱點，來降低惡意程式的攻擊動力；並且應建置多重的威脅防禦措施（如防火牆與防毒軟體）來避免惡意程式成功地攻擊系統或網路，需要涵蓋網路層與端點系統的資安防禦，建立面對惡意程式來襲時的因應對策。

10.2.1 安全政策與教育訓練

若要組織貫徹執行惡意程式防禦措施，就必須制定相關政策讓組織成員有所依循，而組織政策又必須經由教育訓練來落實。惡意程式防禦的認知應該成為資訊安全教育訓練的重點宣導項目。以下是幾項政策的範例，供資訊安全專業人員參考。

- 外部進入組織的任何儲存媒體都要透過惡意程式掃描後才能使用。
- 不開啟可疑之郵件或附件，不瀏覽任何可能含惡意內容的網站。
- 所有電子郵件附件都要先存入本地磁碟並透過掃描後才能開啟。
- 禁止電子郵件送出或接收某些種類的檔案，尤其任何形式的可執行檔。
- 限制或禁止使用可能傳輸惡意程式的軟體，例如 P2P 或沒有公信力的 IM。
- 一般使用者不該有管理員的權限。
- 要求系統與應用軟體更新並安裝補丁。
- 限制使用可移除的儲存媒體，如 USB 碟，尤其在公共區域或安全區域。

- 規定各系統應該安裝的防禦軟體，並指導軟體的設定方式，員工不得任意關閉安全防禦機制。

- 只允許使用組織認可的方法進行網路通訊。

10.2.2 弱點補強

安裝補丁是作業系統與應用程式最通用的弱點補強方法，應當密切地注意更新與補丁的訊息。新的弱點被公布而補丁還未完成安裝之前，是系統最脆弱的時候，因為攻擊與防禦的雙方資訊不對稱，應盡量縮短這種空窗期。近年來作業系統、應用軟體或是資通訊設備被揭露的弱點相當多，從每年所發佈的公共漏洞暴露（Common Vulnerabilities and Exposures, CVE），這是一個與資訊安全有關的資料庫，專注於收集各種資安弱點及漏洞並給予編號供公眾查閱，目前此資料庫由美國非營利組織 MITRE 所屬的美國聯邦基金研究發展中心 - 國家網絡安全小組（National Cybersecurity FFRDC）營運維護。對於作業系統或是應用軟體上的弱點，也可以參考通用缺陷列表（Common Weakness Enumeration, CWE）來掌握存在弱點的原因，這是一個對軟體脆弱性和易受攻擊性的一個分類系統，同時也得到了來自美國國家網路應變中心和美國國土安全部的國家網絡安全辦公室的支持，目前已成為全球對於弱點的分類與描述上的重要依據。

最低權限原則（Least Privilege）」是在不影響工作的情況下，只提供最小的使用權限給使用者、程式和主機。由於惡意程式經常需要取得管理員權限，因此最低權限原則是一個有效的防禦手段。

我們在下一章會討論更多「強化（Strengthen）」主機及運算環境的方法，主要的原則還是關掉或移除不需要的服務、排除不安全的檔案共享、建置身分認證機制並勤於更換夠強的密碼等。系統與網路的弱點越少，惡意程式攻擊成功的機率就越低。尤其是應用程式的初始設定大多以功能性為考量，而非安全性，因此組織在安裝應用程式後，應該主動關閉不需要的功能以降低應用軟體被惡意程式利用的機會。對於瀏覽器或電子郵件閱讀器，應該限制行動碼的執行、避免跳出視窗或在瀏覽器裡任意安裝軟體。電子郵件的附檔應該經過嚴格的篩選，同時最好能夠限制巨集語言的執行。

10.2.3 防毒軟體

防毒軟體（Antivirus）是最常用來防禦惡意程式威脅的工具。防毒軟體廠牌眾多但功能大多類似，主要在監視作業系統的可疑活動與應用程式的行為，並掃描檔案檢查已知的

病毒。防毒軟體要能夠識別惡意程式的種類,像是病毒、蠕蟲、木馬、行動碼、鍵盤側錄等,並能夠清除惡意程式或是隔離無法清除者。

防毒軟體對惡意程式的偵測方式以「比對特徵(Signatures)」為主,這種方法對識別已知惡意程式相當有效,對已知病毒的變形、變種也有很好的偵測效果。若要偵測全新的惡意程式則需要「探索方法(Heuristic Method)」,包括在程式裡搜尋可疑的邏輯順序,或是先在虛擬機器上執行程式來檢查可疑活動。偵測新威脅的探索方式容易造成誤殺,將好的檔案誤判為惡意程式,因此商用防毒軟體通常會讓使用者自己調節偵測的敏感度,在安全性和方便性之間做取捨。

防毒軟體公司以「自動」和「人工」兩種方法來分析病毒,許多病毒及測試方法是以自動方法研究出來的,也可以透過自動化沙箱(Sandbox)的方式進行,若無法以自動方法分析的潛在病毒就需要研究員來分析病毒碼。主要的防毒軟體廠商通常在重要攻擊事件發生幾小時內,就要完成惡意程式分析、編寫攻擊特徵、測試之後連同說明文件下載給用戶。

防毒軟體是防禦惡意程式的最有效方式,因此組織最好在所有系統上裝置防毒軟體。作業系統安裝好之後,應儘速安裝防毒軟體並更新病毒特徵及補丁;再以防毒軟體掃描系統以識別可能的病毒感染。像電子郵件伺服器這一類非常重要的系統,可以考慮安裝多種防毒產品。一來對威脅的過濾比較完整,二來可以防範某個防毒軟體本身的安全弱點。

防毒軟體主要在處理惡意程式,而「間諜程式偵測與移除工具」則同時針對惡意程式及非惡意程式形態的間諜程式。它的功能包括監視最有可能帶進間諜程式的應用程式,像是瀏覽器與電子郵件軟體等,經常性的掃描檔案、記憶體與設定檔,尋找已知間諜程式,如惡意行動碼、木馬程式與追蹤 cookies 等,並且防止間諜程式的下載方法,包括網站的彈出視窗與瀏覽器嵌入等。這種工具通常能夠隔離或刪除間諜程式。

因應惡意程式變種與隱匿特徵的週期越來越短,已無法有效的利用更新特徵碼的方式進行進禦,目前在端點設備的防禦上,發展出了端點偵測與回應系統(Endpoint Detection and Response, EDR),不再單純的依賴惡意程式的特徵比對,而加入了異常行為與運作邏輯合理性的分析,可以因應目前惡意程式在發展趨勢上的因應措施,而多數的端點偵測與回應系統亦可以與網路偵測與回應系統(Network Detection and Response, NDR)進行整合,納入資訊安全維運中心(Security Operation Center, SOC)以及代管式端點偵測與反應系統(Managed Detection and Response, MDR)的服務,以加強第一時間對於可能造成資訊安全威脅的原因。

大多數的網路以 IDPS 監視最容易遭到攻擊的應用，像是電子郵件伺服器與網頁伺服器，以比對方法識別潛在的惡意網路行為。IDPS 能夠協助防毒軟體加強對惡意程式的偵測與防禦，它可以偵測網路蠕蟲，應付大規模的惡意程式攻擊事件。防火牆也能協助防禦惡意程式的攻擊，它限制不明資訊的進出，可以有效阻擋蠕蟲攻擊；同時防火牆限制允許通訊的 IP 位址及連接埠，讓木馬程式比較不容易與外部主機建立連線。當組織面臨惡意程式攻擊時，也可以經由重新設定防火牆來降低損失。

10.3　惡意程式事件的處理

組織本身的事件反應能力，是處理惡意程式攻擊的基礎。第 2 章我們曾介紹資訊安全事件的處理步驟，包括「分類」、「調查」、「隔離」、「分析」、和「復原與結案」。惡意程式攻擊事件的處理步驟也很類似：偵測到惡意程式之後應加以了解並隔離；經過追蹤與分析，就可以進行惡意程式移除與系統復原。

雖然惡意程式事件經常無預警發生，我們還是可以觀察一些徵兆。最直接的當然是防毒軟體偵測到主機被感染並發出警訊，或是主機上出現防毒軟體被關閉的現象。管理員或使用者也可能觀察到網際網路上存取主機的速度變慢、系統資源被用盡、磁碟機變慢、系統啟動速度變慢、或網路伺服器當機等現象，或是電子郵件管理員看到大量內容可疑的退回信件等都可能是惡意程式攻擊的徵兆。防毒軟體偵測到惡意程式攻擊後，管理人員應對它加以識別，可以從全球防毒軟體檢測平台的資料庫查詢相關資訊，可以對於已知與未知的檔案進行資安風險的檢測，也可以對應到不同的防毒軟體偵測引擎的比對結果，例如 https://www.virustotal.com/；再依該惡意程式的特性與防毒軟體建議的方法隔離或移除該程式。

多數面對惡意程式攻擊後的復原，主要在於回復到原本的運作環境，其中包括了系統運作環境的復原，以及重要的數位資料能夠從備份還原到復原後的環境，降低因為遭到惡意程式攻擊所造成的營運中斷與損失。

10.3.1　惡意程式隔離

隔離惡意程式有兩個主要目的：一方面是阻止惡意程式的擴散；另一方面要防止它進一步地傷害系統，幾乎所有惡意程式事件都需要進行隔離。隔離惡意程式的方法包括人員參與、軟體自動隔離、和暫停服務或連線等。

可以讓使用者參與隔離惡意程式，尤其在面臨大規模攻擊時。要指導使用者如何識別感染現象，受感染時如何求助，和如何做快速的反應，例如切斷網路連結或是關機。資訊能力較強的組織（例如資訊公司）可以指導使用者如何處理惡意程式，像是更新防毒軟體的病毒特徵，進行系統掃描，或是取得並執行特製的惡意程式處理工具。雖然使用者參與有助於惡意程式事件隔離，組織不能單依靠這個方法，因為再簡明的隔離指導也難讓所有的使用者完全瞭解並貫徹執行。

自動隔離方法主要以防毒軟體為工具，依照它的建議隔離惡意程式。當防毒軟體力有未逮時，防火牆、IDPS、與電子郵件伺服器都可以協助過濾特定特徵的訊息與郵件。

惡意程式通常會依靠某種網路服務來擴散，因此停止該服務可以快速隔離惡意程式。例如電子郵件常是傳染的媒介，關閉電子郵件伺服器是一種有效的隔離手段。同樣的，暫時停止網路連線也是快速有效的惡意程式隔離手段。

10.3.2 瞭解受感染的主機

單一主機受感染（例如在家裡）比較容易調查，但是在組織的區域網路環境中，要識別哪些主機受感染則相對困難。有的沒有開機，有的已從網路上移除或搬遷，所以不容易追蹤感染途徑。因此有些系統在清除惡意程式之後，很快又遭到感染。

要瞭解受感染的主機可以採用鑑識（Forensic）手法，藉由證據調查來識別受感染的系統。大部分證據來自於防毒軟體、間諜程式偵測工具、IDPS、垃圾郵件過濾器等，這些惡意程式防禦工具會詳細記錄可疑活動。除了這些標準資料，也可以參考網路組件如防火牆及路由器監控網路活動的紀錄，或是應用伺服器的記錄，大多數惡意程式會透過網站或電子郵件，因此相關的伺服器可能會記錄它們的活動。

也有其他的技巧可以幫助了解主機受感染的狀況，例如修改網路登入程式來檢查主機是否有惡意程式活動，設定封包監視器來比對某些惡意程式的特徵，或是使用弱點分析軟體來偵測一些已知惡意程式的威脅。

10.3.3 惡意程式移除與系統復原

防毒軟體偵測到惡意程式後，可能提供隔離與移除感染的功能，如圖 10-4 所示。如果作業系統被惡意程式做大幅變動或遭到太多惡意程式同時攻擊，就必須重建整個系統。

惡意程式攻擊事件後的復原工作包含兩方面：一為恢復受感染系統的功能與資料，另一為移除暫時隔離的措施。

一般惡意程式事件不需要做系統復原，例如只感染了幾個檔案，而且已被防毒軟體清除。但有的惡意程式嚴重地傷害系統或大量的檔案，或清除部分或全部的硬碟，就需要重建整個系統或從可靠的備份上還原，並且強化系統安全讓惡意程式無法攻擊相同的弱點。

▲ 圖 10-4 防毒軟體安全紀錄範例

在處理大型惡意程式事件過程中，決定何時解除暫時隔離的措施是一個困難的決定。例如，一個組織暫時關閉了電子郵件系統避免惡意程式的擴散，但是修補弱點、安裝補丁、到完全清除感染需要幾天甚至幾週的時間。電子郵件系統不能關閉那麼久，因此處理事件的人需要在風險可以控制的情況下恢復郵件系統。

處理重大惡意程式事件花費巨大的時間與精力，組織應該從過程中檢討、學習。包括修正資訊安全政策避免類似事件再發生，改變認知教育訓練來強化使用者對事件的回報與處理能力，重新調整作業系統及應用程式的設定來因應安全政策的修正。如果事件發生的原因是惡意程式偵測與防禦工具不足，應該加強相關軟體的部署或重新調整惡意程式偵測軟體。

目前許多與惡意程式相關的資安事件，以勒索軟體所帶來的影響最大，此類的惡意程式以破壞資訊系統上的數位資料為主要對象，運用高強度的加密演算法將受駭電腦上的資料在背景中進行加密處理，當完成加密的作業時，畫面上即會出現以要求給付虛擬貨幣為訴求的勒索畫面，經常讓受害人遭受極大的損失，因為所採用的加密金鑰並無法在短時間進行暴力破解，而致使遭到加密的資料無法復原。

(　　) 1. 以下哪一種惡意程式無法自行存在？

    (A) Virus　　　　　　　　　　(B) Worm

    (C) Trajan Horse　　　　　　　(D) Tracking Cookie

(　　) 2. 以下哪一種惡意程式會自行擴散，不需要人的參與？

    (A) Virus　　　　　　　　　　(B) Worm

    (C) Trajan Horse　　　　　　　(D) All Above

(　　) 3. 以下有關 Melissa 病毒的敘述哪一項不正確？

    (A) A Macro Virus　　　　　　(B) An Interpreted Virus

    (C) Attached to Excel Files　　　(D) Spread by e-mail

(　　) 4. 會使用不同金鑰加密來改變病毒的外形屬於哪一種病毒？

    (A) Scripting Virus　　　　　　(B) Compiled Virus

    (C) Armoring Virus　　　　　　(D) Polymorphic Virus

(　　) 5. 以下哪一種程式不屬於「行動碼（Mobile Code）」？

    (A) Java Script　　　　　　　　(B) Active-X

    (C) Pascal　　　　　　　　　　(D) VB Script

(　　) 6. 以下哪一個名詞與「後門程式（Backdoor）」無關？

    (A) Zombies　　　　　　　　　(B) SQL Injection

    (C) Botnet　　　　　　　　　　(D) Trojan Horse

(　　) 7. 何者不算是一種駭客監看工具？

    (A) Task Manager　　　　　　　(B) Sniffer

    (C) Keylogger　　　　　　　　(D) Screen Snapshot

(　　) 8. 以下哪一個不屬於 Rootkits 的主要特性？

    (A) 具有隱藏性　　　　　　　　(B) 能執行遠端操控存取

    (C) 在系統內大量複製自己　　　(D) 讓入侵者擁有管理員的權限

(　　) 9. 相較於特徵比對法，防毒軟體使用「探索方法（Heuristic Method）」的優點為何？

    (A) 對於識別已知惡意程式相當有效　(B) 擅長偵測已知病毒的變形、變種

    (C) 可有效降低病毒偵測的誤殺　　(D) 可以偵測全新的病毒

(　　) 10. 相較之下，哪一個現象比較可能是系統遭到惡意程式攻擊？

    (A) 無線網路訊號變弱　　　　　(B) 主機上的防毒軟體被關閉

    (C) 垃圾郵件數量增加　　　　　(D) 作業系統啟動的速度變慢

(　　) 1. 為了以下何種目的，透過在伺服器上安裝系統檔案總和檢查碼驗證應用程式的方式來達成？
    (A) 可存取性　　　　　　　　　　(B) 完整性
    (C) 可用性　　　　　　　　　　　(D) 機密性

(　　) 2. 以下哪兩種策略，可以讓我們確保網路電腦不受病毒和惡意程式碼感染？（請選擇 2 個答案）
    (A) 確保防毒和反惡意程式碼軟體定義都處於最新狀態
    (B) 確保所有網路連接埠都可供使用，使所有重要的網路流量得以通過
    (C) 設定完整的防毒和反惡意程式碼掃描，以按照規律排程自動執行
    (D) 確保即時保護已停用
    (E) 確保 Windows 防火牆已停用，使它不會干擾任何反惡意程式碼掃描

(　　) 3. 郵件管理系統會掃描內送電子郵件是否有病毒，主要是為了以下何種目的？
    (A) 為了確認郵件的寄件者是否合法
    (B) 為了降低病毒進入用戶端電腦的可能性
    (C) 為了確保由建中的所有連結都可信任
    (D) 為了加快郵件處理的速度

(　　) 4. 企業經常受到惡意程式的威脅，可以透過安裝以下何項軟體，來降低因為惡意程式所帶來的風險？
    (A) 系統　　　　　　　　　　　　(B) 備份
    (C) 防毒　　　　　　　　　　　　(D) 伺服器

(　　) 5. 使用者回報說公司配發給他的膝上型電腦會隨機重新啟動和當機。可以使用以下哪種檢測的方式，來確認電腦上是否有任何異狀？
    (A) copy stsrtop-cofig running-cofig　　(B) sfc /scannow
    (C) diskshadw load meadata　　　　　(D) default-information originate

(　　) 6. 有一部放置於網域外部電腦，懷疑這部電腦感染了惡意程式碼。在執行惡意程式碼軟體移除工具之後。必須進一步確保電腦完全安全無處，而且使用者檔案可供取用。請按照正確的動作順序排列。
    (A) 從備份映像還原使用者資料。
    (B) 更新每一項，包括作業系統應用程式和防毒 / 反惡意程式碼工具。
    (C) 備份完整系統。
    (D) 從原始媒體重新安裝作業系統和應用程式。
    (E) 重新格式化磁碟。

多層次防禦 11

攻擊手法與遭受攻擊的標的越來越多元化，多層次防禦（Multi-Layered Defense）應用多個策略保護資料與資源免於外部與內部的威脅。本章是過去許多章節的總合，我們先介紹多層次防禦的觀念，接著細部說明強化系統與網路安全的做法，另外加入了目前以資安威脅情資為防禦核心的概念，目前眾多的資安設備都導入了威脅情資的應用，以降低營運過程的可能風險。

11.1 多層次防禦觀念

我們可以這樣描述資訊安全事件：**攻擊者**使用**工具**企圖對**受害者**達到某些**目的**。在這個描述中，「攻擊者」狹義地看是指智慧型罪犯、駭客、病毒撰寫人或施放者、以及心有不滿的員工等主動攻擊者；廣義地看還包括人為疏失、自然災害、停電等非惡意因素。攻擊者使用的「工具」極為廣泛，從大家較熟悉的病毒、蠕蟲、木馬，到網路監聽、密碼破解、DDoS 攻擊工具等，不一而足。

前面描述中的「受害者」最終應該是組織或個人，但直接受到攻擊的目標則相當多元，包括電腦主機、網路、應用程式或檔案資料。攻擊者的「目的」當然是破壞資訊的機密性、完整性、與可用性。資訊安全攻擊是人與資訊的合作，企圖以多元、創新的手法與途徑達到攻擊的目的。

相對的，資訊安全防禦也是人與資訊的合作，在各種途徑上設下偵測與防禦機制，企圖阻止攻擊者達到目的。組織應制訂並實施資訊安全政策以落實各項安全防禦措施；人員應接受資訊安全認知教育訓練以正確使用安全防禦工具並避免欺騙攻擊；網路元件、作業系統、應用程式與安全防禦軟體要按時更新以減少可被利用的弱點；同時要選用適合的安全防禦工具，包括防毒軟體、防間諜與釣魚軟體、入侵偵測與防禦系統、防火牆、垃圾郵件過濾軟體等，並正確地設定網路、系統及應用的安全機制以降低攻擊威脅。

按照「人」與「資訊」的參與程度將各種資訊安全攻擊與防禦方法做成圖 11-1，我們不難發現資訊安全課題的多元性。例如社交工程是攻擊者使用詐騙手段，防禦社交工程攻擊也要靠防禦者提高警覺性，因此攻守兩端都不把社交工程當作一個科技問題。相反的，網路蠕蟲是非常技術性的攻擊，防禦蠕蟲也要靠資訊工具。社交工程和網路蠕蟲都對資訊安全造成破壞，但兩者的屬性大相逕庭。

圖中列出許多資訊安全攻擊手法，大部分已在本書中討論，由於攻擊手法多元，沒有一種防禦措施可以阻擋全部的攻擊種類。例如防毒軟體能防禦病毒，蠕蟲攻擊可能要靠防火牆，但兩者都無法阻擋密碼破解。從這張圖我們可以瞭解到多層次防禦的必要性。

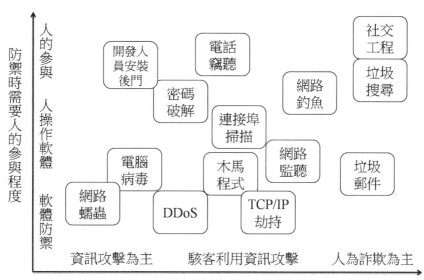

▲ 圖 11-1 攻擊與防禦的多元性

11.1.1 多層次防禦概念

多層次防禦應用多個策略保護資料與資源免於外部與內部的威脅,包括從邊界路由器到內部資源的所在位置,以及兩者之間的所有位置點(如圖 11-2 所示)。部署多層安全性可以保障某一層受到損害時,其他層能夠提供所需的安全性來保護資源。例如損壞組織的防火牆並不能使攻擊者存取組織最敏感的資料。

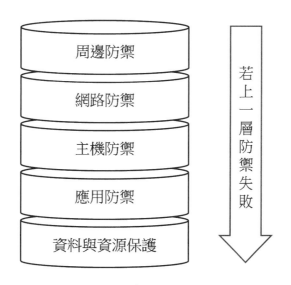

▲ 圖 11-2 多層次防禦示意圖

多層次的防禦需要考量整體的系統與應用服務的架構，以 2016 年發生在第一銀行的 ATM 入侵事件為例，駭客集團攻擊舊款式的 ATM 提款機，一路從銀行的周邊防禦入侵到主機，以及最後透過惡意程式控制提款機的操作，這也提醒我們在企業內部需要建立與部署行為異常的預警機制，金融機構的資訊系統複雜且安全要求高，如果組織有建立以下的多層次防禦，就不會發生這個事件。

- 建置並落實資訊安全政策與管理程序，避免「安全空窗期」的機會。

- 從組織外部到存放機密的資料庫之間應隔離為多個安全區域，每塊區域都有各自的防火牆。

- 除了防火牆之外，應設置其他網路安全機制，如入侵偵測系統。

- 存放信用卡資料的伺服器應有主機防火牆及事件檢視器等安全措施。

- 資料庫應有存取控制，信用卡資料應加密保護。

11.2 強化作業系統安全

外部的攻擊需要利用安全漏洞才能成功，安全漏洞的形成可被歸納為三種來源：第一種安全漏洞來自於產品本身，尤其當市場佔有率高的產品被發現弱點時，極易造成大規模的資訊安全事件，目前有許多的惡意程式，經常以作業系統本身的弱點進行攻擊，也帶來許多的資安風險。

然而大部分的作業系統、應用程式、或網路產品都是安全的，第二種安全漏洞來自不正確的設定與不良的使用習慣。例如系統要求密碼認證，使用者卻設定太弱的密碼；個人電腦安裝了防毒軟體，使用者卻沒有更新病毒碼；瀏覽器警告某一陌生網站正要下載 ActiveX 程式，使用者卻不經查證就回答「確定」。

第三種安全漏洞是一些安全的產品經過組合後產生的新問題。例如企業網路是安全的，數據機設定密碼撥接 ISP 也是安全的，但企業網路內若有私自安裝的數據機就形成了後門。

彌補安全漏洞是多層次防禦的基本防線，因此在討論如何使用工具進行多層次防禦之前，我們優先討論如何強化產品、設定、與應用的安全性。任何網路的強度就和它最弱的組件相同，這個概念稱為「最弱環節（Weakest Link）」。就像拉扯一條堅固的鐵鍊，終究會斷在其中最弱的一環，因此我們要確保網路上沒有任何一個組件特別脆弱。作業系統是網路環境的基礎，強化作業系統方能降低其他組件被攻擊成功的機會。

11.2.1 強化 Windows 作業系統

從 Windows 2000 起，微軟公司就提供視窗更新（Windows Update），可連結到微軟網站自動下載並安裝更新。使用者及系統維護人員要確定自己系統的各項更新、補丁都在最新的狀態。相關技術問題可以上微軟 TechNet 網站：http://technet.microsoft.com 查詢，微軟資訊安全網站則在：http://www.microsoft.com/security/。

Windows 作業系統提供系統記錄、報告、與監看的工具，可以有效地協助系統安全維護。圖 11-3 顯示 Windows 的「資源監視器」，能即時監視 CPU、磁碟機、網路、記憶體等資源的使用情形。不論惡意程式或駭客入侵都會企圖「隱密」地進行，但效能監視器可以讓它們的活動現形。「事件檢視器」能檢視已發生事件之紀錄，這些紀錄有助於追蹤入侵者及他們在系統中所做的事。

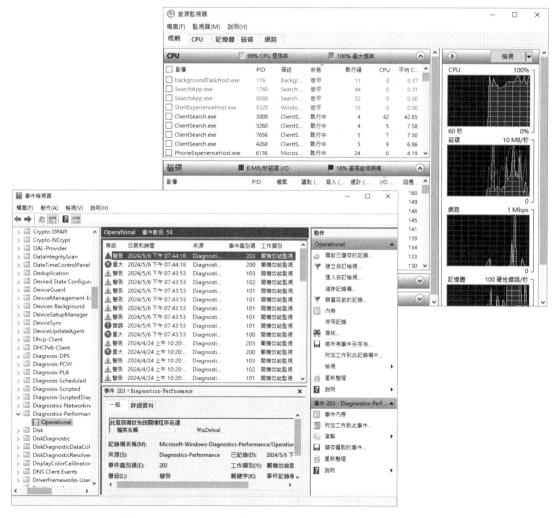

▲ **圖 11-3** Windows 資源監視器（上）與事件檢視器（下）

微軟源自 DOS 時代的檔案系統（Filesystems）稱 為 File Allocation Table（FAT），FAT-32 可以使用於視窗作業系統。由於 FAT 無法個別設定存取權限，在網際網路時代並不安全。微軟建議所有與網路連接的電腦都使用 New Technology File System（NTFS）檔案系統如圖 11-4 所示。NTFS 採用前面介紹的「存取控制目錄（ACL）」方法來維護檔案存取權限，它在系統斷電時不會遺失使用中的文件，而且可以對磁碟內的資料加密。

▲ 圖 **11-4** Windows NTFS 檔案系統

11.2.2 強化 Unix/Linux 作業系統

1970 年代開始的 Unix 作業系統採取開放程式碼的思維，讓數以萬計的程式設計師為 Unix 的進步做貢獻。目前 Unix 有十幾個商業版本，最受歡迎的是不收費的 Linux。由於程式碼公開，Unix 經由各方專家檢視、辯論、與修補，一般相信安全漏洞較少，但管理員仍需要注意更新供應商所提供之補丁。

Unix/Linux 的安全問題大多發生於它們較複雜的設定程序與選項，管理員應該使用正確設定。大部分的通訊協定與服務都與 Unix 相容，管理員應該審慎評估哪些是組織需要的，然後關閉其他不用的服務。Unix 的安全性存在於檔案階層，檔案與目錄應被妥善建立與管理，以確保正確的存取權限。Unix 擁有非常豐富的事件紀錄，可用以判斷入侵行為。

Unix 採用階級式（Hierarchical）檔案系統，磁碟下有目錄，目錄下可能有子目錄，存放資料的檔案則在底層。Unix 每一個目錄與檔案都分別擁有 Read、Write、Execute 三個主要屬性，這使 Unix 具有較佳的安全性，但為每個檔案決定屬性是件繁複的工作。Network File Systems（NFS）是一種 Unix 協定，允許電腦直接連結遠端的檔案系統。所以客戶端使用伺服器或其他電腦上的檔案就如同自己本機的檔案。NFS 與視窗的檔案分享等機制都是開放本機的檔案系統給遠端使用，應該謹慎考慮是否會形成安全防護的缺口。

11.2.3 更新作業系統

作業系統製造商通常會提供產品更新。例如 Windows 的更新由微軟公司提供,而開放程式碼軟體如 Linux 的更新就可能來自 Newsgroup、社群、或該版本的製造商(如 Red Hat)。

更新的方式大概有以下幾種:「熱修補(Hot-fixes)」是在作業系統運作中進行修補,但也許需要重新開機使修補生效。熱修補的好處是不需要立即中斷正常的電腦運作。「補丁包(Service Packs)」是將許多的修補、更新、與升級收集為單一產品,補丁包通常會一次更動許多檔案,所以製造商出版前必須做徹底的測試。一個作業系統推出後仍會有許多需要補強之處,系統管理員不能不謹慎。「補丁(Patches)」則是暫時的或是治標的修補程式漏洞。補丁可以修補程式,但也可能造成新的問題,因此許多製造商寧可推出新的版本,而不是逐次的修補有問題的產品。

以 Windows 作業系統為例,我們可以查看更新紀錄,例如:圖 11-5 我們看到一串的 Defender 與 Windows 的更新,已經安裝成功。如果想瞭解這些更新,可點選後在微軟網站看到它們的說明,以目前微軟更新的頻率,多數每個星期都有部分的軟體或是系統的更新,每個月至少會有一次的大範圍更新,當發生重大的系統或是軟體漏洞時,亦有發佈緊急的更新作業,這些都需要使用者持續關注所使用的系統環境,以及應用軟體是否需要因為資訊安全的風險,而需要進行相關的更新作業,以確保所使用的環境可以滿足資訊安全防護上的考量,降低因為已知的弱點對於環境所帶來的資安風險。

▲ 圖 11-5 Defender 與 Windows 更新紀錄

11.3 強化網路安全

討論過強化作業系統後,我們要繼續討論如何強化網路組件與應用軟體,確保網路中每一個環節都具有一定的強度,避免「最弱環節」的出現。

11.3.1 網路協定與 NetBIOS 問題

妥善設定作業系統的網路協定可強化其安全性,現今個人電腦系統大多使用 TCP/IP 協定,但部分公司仍使用其他網路協定,如 NetBEUI。這些協定可以攜帶微軟作業系統裡的區域網路協定 NetBIOS 到更廣的網路範圍,NetBIOS 通訊被廣泛的使用於網路上的芳鄰、檔案總管、檔案分享等視窗工具。

NetBEUI 全名為「NetBIOS 增強型使用者介面(NetBIOS Extended User Interface)」,是微軟早期網路產品內定使用的協定。它不像 TCP/IP 那麼開放,所以若網路環境完全以 NetBEUI 組成,則相對安全。過去數年微軟全面支持 TCP/IP,並戮力於其安全性的強化,因此 NetBEUI 已較少被使用。

然而 TCP/IP 協定幾乎承受所有的網路安全風險,因為它將私人的資訊暴露於公開的網際網路。「網路連接(Network Binding)」是將一種網路協定與另一種網路協定或網路介面卡做綑綁。圖 11-6 的左圖顯示在 Windows 作業系統裡 NetBIOS 協定被執行在 TCP/IP 協定之上。由於 NetBIOS 是一個區域網路協定,設計來連結近距離的一群電腦,它不能送訊息給遠處的電腦,因此 NetBIOS 訊息被放在 TCP/IP 封包裡透過網際網路傳送給遠端電腦。如果為了較高的安全考量,可以考慮關閉這種連接,因為依據區域網路環境所設計的協定(如 NetBIOS)走在廣域網路環境中有其風險。

在安裝 TCP/IP 時,NetBIOS 被作業系統內定載入,139 埠就被打開,使外部有可能存取使用者的共用檔案或印表機等。圖 11-6 的右圖是以網路掃描工具 NetBrute Scanner 掃描某個 IP 網段,可以看到有些位址的 139 埠開啟,意味著可以連上共用檔案夾。因此,有敏感性的伺服器應關閉 NetBIOS、解開網路連接、或以防火牆阻止外部對 139 埠的訪問。

 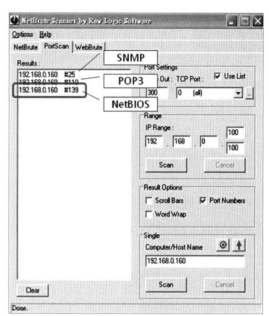

▲ 圖 **11-6** NetBIOS 在 TCP/IP 上（左）外部掃描到 NetBIOS 連接埠（右）

11.3.2 強化網路組件

網路組件如交換器和防火牆的軟體可能需要更新，應常上製造商的網站查詢相關訊息。路由器是外部攻擊的第一道防線，由於攻擊手法不斷翻新，路由器也需要增加防禦功能，製造商會針對新攻擊做快速補強。一旦資料穿過路由器，防火牆就是主要過濾和把關的機制。防火牆軟體也需要經常更新，以因應新的攻擊手法。

如果路由器之類的網路設備有越多功能，設定就越複雜。有些網路組件製造商（如 Cisco）會提供訓練課程與證照考試，像 Cisco Certified Internetwork Expert（CCIE）就是屬於難度較高的專業證照。

除了軟體更新及人員訓練之外，也要從營運面強化網路組件安全。首先要適當地開啟或關閉服務與協定，許多路由器提供「動態主機設定協定（DHCP）」、封包過濾、與其他各種服務與協定，網管人員要將其中不用的全部關閉，並盡量給網路組件設定較嚴格的條件。除此之外，可以使用「存取控制目錄（Access Control List, ACL）」來協助網路組件拒絕未經授權者的要求，例如網管人員發現外部某 IP 位址經常掃描公司的網路，可將該 IP 置入 ACL，阻止該位址傳來的任何要求。

11.4 強化應用軟體安全

要強化一個組織的資訊安全防禦,網路及系統管理員應從資訊流入與流出的路徑做層級的安全強化。最前緣是路由器、防火牆與 IDPS 等,我們已經強調它們的軟體更新與正確設定。透過前緣設備後,最重要的防禦層級就是作業系統,上一節也討論了很多強化作業系統的做法。現在我們要討論另一個防禦層級,就是應用軟體。許多攻擊直接針對應用軟體,尤其是網頁伺服器、電子郵件伺服器、多媒體伺服器、以及通訊用途伺服器最重要也最容易受到攻擊。網路攻擊的最終目標還是資料,不論是竊取資料、竄改資料、或使別人無法取得資料。本節最後說明資料儲藏與資料庫的強化。

11.4.1 強化網頁伺服器

網頁伺服器(Web Server)是駭客侵入或攻擊的重點,我們在第 3 章討論過攻擊網頁伺服器的手法。隨 Windows 作業系統所提供的 Internet Information Server(IIS)是使用最廣也較常受到攻擊的產品。IIS 5.0(Windows Server 2000)曾遭受「緩衝區溢位(Buffer Overflow)」與「檔案系統橫越(Unicode Directory Traversal)」兩種攻擊,Code Red 與 Nimda 都是攻擊這些漏洞的蠕蟲,曾經造成大規模傷害;近來的 Frebniis 攻擊行動,則是鎖定攻擊目的為臺灣,該惡意程式會針對 IIS 伺服器進行後門的建立,成為入侵的管道。

IIS 6.0(Windows Server 2003)已經大幅改善網頁伺服器的安全性,它使用比較謹慎的編碼和安全預設的設計原則,因此具有較佳的安全性追蹤紀錄。最新的 IIS 7.0(Windows Server 2008)則從核心層被分割為四十多項不同功能的模組,像認證、暫存、靜態頁面處理和目錄清單等。因此網頁伺服器可依需要僅安裝部分的功能模組,使程式受攻擊面得以縮小,目前微軟的更新頻率縮短,可對於新型態的弱點進行快速的修補。

網頁伺服器一開始僅只單純地支援 HTML 的文字與圖像,較先進的網頁伺服器則允許資料庫存取、串流式媒體、以及各種服務。這些多元功能使網站設計更為精彩,但也使攻擊者有更多的操作空間。強化網頁伺服器安全最主要的做法是縮小承受攻擊面,僅安裝有必要之功能模組。一來因為大家較疏於維護與更新未使用的模組,易形成管理死角;二來組織沒有必要承擔未使用的模組潛在的任何風險。組織也應該過濾網路流量,僅允許業務所需的資訊通過。不只需要過濾外部流入的資訊,也可以考慮限制內部使用者對外拜訪的網站,可以透過資安威脅情資的部署來達成,以避免使用者在不安全的網站感染病毒的機會。

強化網頁伺服器安全的另一個注意事項是要限制指令語言（Scripts），外部使用者有可能在執行中跳脫（Break Out）PERL 或 Unix Shell 等語言所寫的程式。

11.4.2　強化郵件伺服器

電子郵件伺服器（例如微軟的 Exchange Server）是許多企業的主要通訊主幹，主要的安全挑戰為透過郵件傳遞的病毒，和伺服器被挾持成為傳播垃圾郵件及病毒的中繼站。如圖 11-7 所示，可以在郵件伺服器前加病毒掃描，在前端直接拒絕受感染的郵件，以免感染收件者。部分主流郵件伺服器已經整合了這項功能。同時要經常檢視電子郵件系統紀錄，查看是不是有可疑的 IP 位址經常試圖連結連接埠 25，這種狀況可能是駭客企圖控制伺服器，可以將該 IP 位址加入 ACL 拒絕名單。

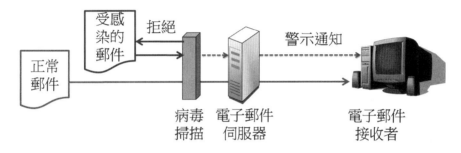

▲ **圖 11-7**　郵件伺服器的病毒掃描

11.4.3　強化 FTP 伺服器

FTP（File Transfer Protocol）是個方便卻不太安全的傳輸協定，許多商家與客戶間使用 FTP 傳送文件，例如客戶上傳檔案給印刷廠。FTP 的第一個風險是大多數 FTP 伺服器允許管理員在系統內任何磁碟或檔案區域進行檔案傳輸，若不注意則可能將過多的資料暴露給遠端的人。管理員應該使用獨立的磁碟或者目錄做檔案傳輸。

FTP 的另一個風險是傳輸過程沒有加密，因此機密文件以 FTP 傳輸必須使用 VPN 或 SSH。FTP 可讓遠端使用者上傳資料，因此還有一個風險是上傳資料藏有病毒，系統管理員應經常對 FTP 伺服器做病毒掃描。最後，應當避免匿名使用 FTP 伺服器，讓遠端不知名的人任意地上傳與下載檔案到組織的系統內，是高風險的做法。有些組織的 FTP 伺服器設定存取控制，卻任意公開密碼給員工或客戶，這種做法等同允許匿名登入。

11.4.4 強化 DNS 伺服器

DNS（Domain Name Service）伺服器在網際網路上將主機名稱轉為 IP 位址。有的 DoS 攻擊直接以 DNS 伺服器為對象，目的是干擾伺服器讓網路服務中斷。應該隨時更新 DNS 伺服器及作業系統使該類攻擊無法成功。

組織內部網路的許多訊息存放在 DNS 伺服器內，攻擊者可以使用查詢程式找到這些資料，幫助他瞭解網路的弱點，因此盡量讓這些訊息「夠用就好」。

如果在 DNS 伺服器插入錯誤的訊息，就有可能將網站拜訪者引導到其他的網站，這種駭客手法稱為「DNS 快取毒害（DNS Cache-poisoning）」。它和第 7 章的「ARP 快取毒害」想法類似，但利用的快取區域不同。設想當您拜訪一家公司的網站，卻被轉到色情網站，是多麼難堪的事。因此進行 DNS 伺服器資料更新前，必需做身分認證，以確保不會被未經授權的資料插入。

DNS 快取毒害在 2008 年造成資訊產業界的軒然大波，美國西雅圖的一位網路安全顧問 Kaminsky 在 2008 年初發現駭客利用 DNS 伺服器一項普遍的弱點將某些電腦用戶導引到冒牌的廣告經銷網站。DNS 快取毒害還能攔截電子郵件，作法是讓電子郵件伺服器與其他網站之間的資訊往來路徑錯亂，導致電子郵件流入駭客指定的伺服器。這項 DNS 弱點促使微軟、思科、昇陽與其他業者史無前例地大合作，積極研討解決之道並提供修補程式。（取材自 Security Focus 2008/7/8）

近年來利用 DNS 運作機制而衍生出來的分散阻斷式攻擊（DDoS），利用 DNS 部分版本的弱點，透過大量的查詢，除了干擾名稱解析的服務外，也可以進一步造成放大攻擊（Amplification Attack），將原本封包因為查詢的內容回應而放大了數倍，對於被攻擊的目標將造成網路資源的消耗。

11.4.5 強化 DHCP 服務

DHCP（Dynamic Host Configuration Protocol）被使用在網路中自動指派 IP 位址給主機，這項服務可由路由器、交換器、或伺服器提供。它會監聽網路的 DHCP 請求並與客戶端協商 TCP/IP 的設定環境。DHCP 提供兩種 IP 定位方式：

- **自動分配**：一旦客戶端第一次從 DHCP 伺服器端取得 IP 位址後，就永遠使用這個位址。

- **動態分配**：當客戶端第一次從 DHCP 伺服器端取得 IP 位址後，並非固定使用該位址，在一定的時間後客戶端要釋放這個位址。

動態分配比較靈活,當組織的實際 IP 位址不足時,動態分配可以服務更多的主機,因為使用者不致於全在同一時間上網。

提供這項服務時應注意一個網路或區段只能有一個 DHCP 伺服器,否則會形成 IP 位址衝突。曾經有網路管理員在公司網路上測試一個含有 DHCP 伺服器功能的路由器,導致公司內的 IP 位址完全混亂。

11.4.6 強化檔案與列印伺服器

檔案與列印伺服器主要易受 DoS 及存取攻擊。檔案與列印伺服器的功用較單純,因此應該只留下必要的協定而關閉其他的,如此可以縮小承受攻擊面。

應該關閉伺服器上的 NetBIOS 功能或在伺服器與網際網路間安置防火牆,NetBIOS 通訊被使用於「網路上的芳鄰」等工具,許多對系統的攻擊針對 NetBIOS 服務。當使用者連結上網路分享的目錄時,他不知道(也不應知道)這個分享是在檔案系統的哪一個位置。檔案伺服器應該避免分享根目錄(Root Directory),許多系統相關的檔案以及檔案系統訊息都在根目錄內。同時對於分享出來的目錄,我們應當實施最嚴格的存取控制。

11.4.7 強化目錄服務與資料庫

大量的資料儲藏在電腦及網路系統中,倚靠「目錄服務(Directory Services)」與「資料庫服務(Database Services)」。前者協助使用者或系統在複雜的網路中找到檔案、程式、目錄、或使用者;後者則能快速地儲存並找到細項的資料。

目錄服務視網路上的資料及資源為「物件」,所有的物件被歸入一個層級結構,而每一個物件都擁有唯一的名稱。ITU 在 80 年代末為目錄服務制定了 X.500 國際標準,網威公司率先依據該標準,為 NetWare 網路作業系統加入目錄服務。但由於 X.500 在實施上過於複雜,它的精簡版 LDAP(Lightweight Directory Access Protocol)成了業界的標準。微軟公司的目錄服務產品 AD(Active Directory)就是以 LDAP 為存取協定。過去網路中需要各種不同的目錄和使用者身分及密碼,並由各應用程式或服務來管理;現在系統管理員可以將使用者加入 AD 並透過單一項目啟用網路的遠端存取,以相同的使用者帳戶收發電子郵件、存取帳戶資料庫、或執行其他應用程式。目錄服務掌握網路資訊並且是單點登錄的窗口,所以萬一它的身分認證或存取控制系統被駭客攻破,網路安全功能就幾乎完全喪失。

資料量與資料複雜性與日俱增，資料庫架構也是網路安全的重點。早期的資料庫系統使用在私人網路環境內，應用軟體可以直接連接使用者與資料庫，而不需太擔心安全問題。但隨著網際網路盛行，企業必須要讓客戶（甚至匿名的客戶）透過網路直接存取資料庫。以下三種「層級模型」可以提供不同的系統效率與安全性。

- 「一層模型」最簡單，是指資料庫與應用軟體運作在同一系統中，大多在個人電腦單機環境中使用。

- 「雙層模型」是指應用軟體在客戶端執行，而資料庫在伺服器上執行，這是最常用的資料庫架構。

- 「三層模型」在使用者與資料庫之間隔一層伺服器，這個伺服器接受客戶端的要求，加以評估後才送給資料庫伺服器處理，它也可以為資料庫提供更多的存取控制及安全機制。越來越多重視資訊安全的組織採用三層資料庫模型。

11.5　以資安威脅情資建立防禦

以資安威脅情資來建立企業的防禦邊界，是面對新型態的攻擊威脅時，有效的應變方式之一，而資安威脅情資帶來新一代的資安防禦思維，早期面對資安事件多以被動的角色進行處理，但隨著企業網路架構與防護機制的建立，透過特徵比對與行為分析的機制，進行資安威脅的阻斷，避免因為網路攻擊等異常的行為，而影響到對外提供的網路應用服務。資安威脅情資，就如同軍事行動中透過情報收集所掌握的敵軍動態，並做為後續因應對策所需要的關鍵資訊。

資安威脅情資收集的方式，因為收集的管道與分析的方式有所不同，目前威脅情呈現多樣化的型態。美國前總統歐巴馬於 2015 年 2 月 13 日簽署第 13691 號行政命令 -「促進私營部門網路安全情資共享」，要求發展資訊分享與分析組織（Infomation Sharing and Analysis Organizations, ISAO），讓資安威脅情資可以透過組織進行分享，以強化網路安全的防護；反觀臺灣在實施資通安全管理法後，推動了八大關鍵基礎設施（Critical Infrastructure, CI），從國家資訊分享與分析中心（National Information Sharing and Analysis Center, N-ISAC）的角色，串連了能源、水資源、通訊傳播、交通、銀行與金融、緊急救援與醫院、中央與地方政府機關及高科技園區，形式以國家層級為核心的資訊分享與分析架構，如圖 11-8 所示。

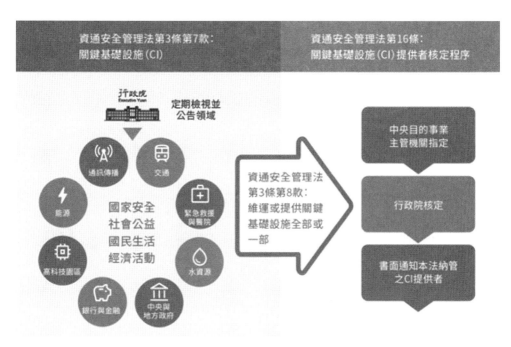

▲ **圖 11-8** 資安法所納管之關鍵基礎設施提供者（截自數位發展部資通安全署）

在情資分享的機制中，共通的資料格式是重要的，因此 STIX/TAXII 以減輕與預防網路威脅的全球計畫就誕生了，目前該組織由美國國土安全部（Department of Homeland Security, DHS）在 2016 年 12 月成立，現在由 OASIS 負責管理，在 1993 年以「SGML Open」名義成立，早期是致力於制定支援標準通用標記語言（SGML）的產品之間互通性的指南，屬於由供應商與使用者共同組成的聯盟。

STIX（Structured Threat Infomation eXpression）為採用結構化來表達威脅情報的語言，透過結構化的語言與序列化的格式，進行網路威脅情資（Cyber Threat Intelligence, CTI）的交換，因此採用相同架構的組織，就能夠採用一致且可被機器閱讀的方式進行網路威脅情資的交換，也能夠掌握遭到攻擊威脅的對象，此結構化的語言可用來進行多種功能，包括了威脅分析的協作、自動化的威脅情資交換以及進行自動化的偵測與回應等，如圖 11-9 所示。

▲ **圖 11-9** STIX 關係式範例（截自 OASIS 網站）

TAXII（Trusted Automated Exchange of Intelligence Information）為共享網路威脅情資的傳輸機制，屬於應用層的通訊協議，建立可被信任的情資自動交換平台，主要透過 HTTPS 交換網路威脅情資（CTI），以伺服端（Server）與使用端（Client）的主從架構進行資料的交換，而 TAXII 就成為專用設計支援 STIX 中的網路威脅情資交換的架構，如圖 11-10 所示。

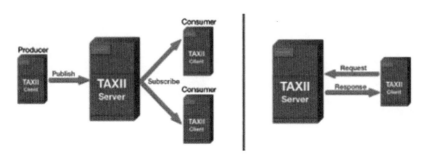

▲ 圖 11-10 TAXII 架構（截自 OASIS 網站）

以主要的資安防禦機制而言，當組織或企業建立起本身的數位服務時，就需要同時考量對於網路攻擊所能夠進行防禦的能力，除了基本的系統安全、網路安全以及應用程式安全的強化外，透過資安威脅情資的使用，可以進一步將預警型態的資安威脅情資，部署於數位邊界的資安防禦設備上，透過資訊安全政策與資安規則的建立，可以提升數位邊界對於早期預警的能力。

( ) 1. 從多層次防禦的角度看，以下哪一項工作是最內層的防禦？

    (A) 周邊防禦   (B) 資料保護

    (C) 網路防禦   (D) 主機防禦

( ) 2. 下面哪一種概念與多層次防禦的關係最密切？

    (A) Weakest Link   (B) Least Privilege

    (C) Separation of Duty   (D) Need to Know

( ) 3. 微軟建議所有與網路連接的電腦都使用哪一種檔案系統？

    (A) FAT   (B) NFS

    (C) NTFS   (D) ACL

( ) 4. 以下哪一種協定常是攻擊目標，應該避免與 TCP/IP 做網路連接（Network Binding）？

    (A) SMTP   (B) LDAP

    (C) NetBIOS   (D) FTP

( ) 5. 以下哪一項是將許多的修補、更新、與升級收集為單一產品？

    (A) Service pack   (B) Patch

    (C) Hotfix   (D) Batch

( ) 6. 以下哪一種產品會查驗 SMTP 伺服器接收的檔案沒有可疑的檔案？

    (A) E-mail Virus Filter   (B) IDS

    (C) Router   (D) Switch

( ) 7. LDAP 的用途為何？

    (A) Packet Filter   (B) Directory Service Protocol

    (C) DNS Server   (D) Database

( ) 8. 有一種資料庫存取控制及安全機制，在使用者與資料庫之間隔一層伺服器，負責接受客戶端的要求，加以評估後才送給資料庫伺服器處理。這種機制稱為的名稱為何？

    (A) Relational Database   (B) Archival Database

    (C) Hierarchical Database   (D) Three-tiered Database

( ) 9. FTP 是個方便卻不太安全的傳輸協定，以下何者不屬於 FTP 的主要風險？

    (A) 管理員可能將過多的磁碟或檔案資訊暴露給遠端的人

    (B) FTP 伺服器只能匿名使用

    (C) 傳輸過程沒有加密

    (D) 上傳資料可能藏有病毒

(　) 10.在 DNS 伺服器插入錯誤的訊息，將網站拜訪者引導到其他的網站。這是以下哪一種駭客手法？

    (A) DNS-poisoning　　　　　　　(B) DNS-hijacking

    (C) DNS-cracking　　　　　　　　(D) DNS-injection

(　) 11.Unix 目錄與檔案都分別擁有三個主要屬性，以下何者不屬其中之一？

    (A) Read　　　　　　　　　　　(B) Write

    (C) Modify　　　　　　　　　　(D) Execute

(　) 12.為了維護網頁伺服器安全，應該只安裝有必要的功能模組。請問以下何者並不是這個做法的原因？

    (A) 可以縮小承受攻擊的面積

    (B) 疏於維護未使用的模組，易形成管理死角

    (C) 可以減少主機承載負荷，提高服務效能

    (D) 沒有必要承擔未使用模組的潛在風險

(　) 13.以下哪一項不屬於電子郵件伺服器的基本安全任務與挑戰？

    (A) 避免郵件伺服器被挾持成為傳播垃圾郵件及病毒的中繼站

    (B) 偵測並移除有病毒的信件

    (C) 建立郵件伺服器的代理閘道防火牆

    (D) 有效且正確地過濾垃圾郵件

(　) 14.管理員在網路上測試路由器的 DHCP 功能時，最容易導致以下哪一種網路問題？

    (A) 組織內的 IP 位址混亂

    (B) 產生過多廣播訊息導致網路壅塞

    (C) 主機同時提連線要求，形成衝撞（Collision）

    (D) 造成 DNS 資料發生矛盾

(　) 15.駭客入侵過一個系統之後，在離開前常會「清腳印」。以下哪一項是駭客清腳印的主要工作？

    (A) 留下木馬程式通報受害者後續處理狀況

    (B) 刪除事件日誌

    (C) 刪除部分事件檢視器功能，使其失去追蹤能力

    (D) 執行病毒程式，將受害者硬碟格式化

( ) 1. 駭客可能會用來以下那種實體滲透的方式，來尋找與電腦網路相關的資訊？

    (A) 網路釣魚   (B) 惡意程式碼

    (C) 垃圾桶尋寶   (D) 反向社交工程

( ) 2. 以下哪兩項是最常出現在無線網路用戶端的漏洞？（請選擇 2 個答案）

    (A) 緩衝區溢位   (B) 檔案損毀

    (C) 竊聽   (D) 惡意的存取點

( ) 3. 建置無線網路入侵預防系統的主要目的是以下哪一項？

    (A) 強制執行 SSID 廣播

    (B) 偵測無線封包是否被竊取

    (C) 防止惡意的無線網路存取點

    (D) 防止無線網路訊號干擾

MEMO

第 **4** 篇

資訊安全管理與未來挑戰

面 對資安的威脅，透過營運管理機制以及資通安
全相關的法規，可以建立有效的管理制度，並
且參考國際資訊安全組織的發展趨勢，掌握最新的駭
侵威脅，對於新型態的攻擊手法，必須涵蓋雲端應用
服務、物聯網安全與管理等面向，才能夠面對未來的
挑戰。

資訊安全營運與管理 12

在討論資訊安全時，傳統的「實體安全」常被忽略，殊不知盜賊與天災等實體災害對資訊安全的衝擊往往大於駭客或病毒。「營運安全」則是指資訊或網路中心的安全運作，尤其著重資料的備份與復原。實體安全與營運安全能夠提供比較可靠的資訊環境，降低資訊中心受攻擊的機會，同時提高災害復原的效率，加上近來資安威脅增加，如何同時掌握危害營運的因素，也是相當重要的環節。

「資訊安全管理系統（Information Security Management System, ISMS）」為國際最知名之資訊安全管理規範，它使用程序方法（Process Approach）並以風險評鑑做安全管理核心，幾乎涵蓋所有的安全議題。國際標準組織（International Organization for Standardization, ISO）將它定義為一套資訊安全應用與稽核的標準：ISO 27001。每隔一段期間，因應資訊科技的發展，都會重新發佈新版的管理標準，以適應現況所需要資安管理機制。

12.1 實體安全的維護

本書到目前為止大多在討論資訊的技術性風險，圖 12-1 則列舉資訊所面臨的「非技術性風險」，主要包括人為破壞、自然災害、公共事故等。尤其在台灣經常有颱風、地震等天然災害的發生，在面對資料中心等實體設施的安全防護時，除了評估服務備援或資料備份的異地機房外，還得同時考量是否會面臨相同天然災害發生的機率，納入選擇異地機房的參考因素，另外因台灣地小人稠且多數關鍵設施過於集中，例如：2013 年發生在是方電訊大樓的機房火災，因為該大樓為全臺網路交換的重要據點，掌握了超過 80% 的聯外網路，因此該事故發生時，即造成部分的網站斷訊而無法提供服務，帶來極大的衝擊。

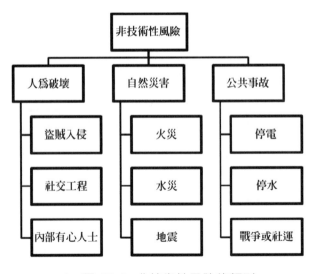

▲ 圖 12-1 非技術性風險的類別

盜賊入侵之類的人為破壞是資訊安全的巨大風險。歷史上的「水門事件」雖然沒有涉及電腦資訊，卻是實體入侵竊取資訊的代表性案件。以下介紹的實體安全防禦措施可以分為事前、事中，與事後。在事前，這些防禦措施要達到嚇阻的效果，讓攻擊者知難而退。許多安全設計刻意的讓外人看見，例如有刺鐵絲網或狼狗等，大多為嚇阻目的。

在事件發生中，我們希望能盡量拖延入侵者的行動，並儘快偵測；設計防禦措施時可以多考慮拖延與偵測的綜效。例如紅外線偵測器或閉路監視設施都難免有死角，如果圍牆不夠高，入侵者就容易避開偵測；但如果設置各種障礙，入侵者就難免在入侵過程中現形。

在偵測到入侵事件後，值勤人員（在當場或遠端的監控中心）要能快速地評估狀況並採取行動。防禦措施同時要能盡量地記錄犯罪證據，如錄影，做為事後追查與起訴的憑據。

12.1.1 外圍防禦

外牆與內部建築之間的距離應該越遠越好：如果入侵者在跨越外牆時就被發現，值勤人員會有較長的時間反應；如果入侵者在建築內被發現，較遠的外牆也可以拖延脫逃時間。人口密度較高的市區內，許多外牆與內部建築的距離太近，不只失去作用，反而被入侵者利用為入侵的「墊腳石」。

一公尺的圍牆可以警示善意者不要進入，兩公尺的圍牆就不容易攀爬，但要達兩公尺半以上的圍牆才會對專業入侵者產生拖延效果。高安全敏感性的機構（例如軍事設施）會在圍牆上再加裝有刺的鐵絲網，一般可以給圍牆再增加半公尺高度而且產生嚇阻及拖延的效果。然而專業入侵者還是可以用厚棉被或床墊通過鐵絲網。具敏感性的機構可以要求圍牆外不准停車，來降低入侵者的隱蔽性，但若機構設在人口密度較高的市區內，就很難做這種要求。

圍牆是禁止人或車輛進出的防禦設施，但門或其他形式的出入口雖有其必要性卻破壞了這種防禦的完整性，應該被視為「弱點」來處理。門或出入口要在「出入便捷」與「逃生安全」的基本條件下設立的越少越好，而且要有適當的門禁管制。不使用的門或出入口則應予妥善封閉。

出入口應由警衛或接待員管制，依據不同的安全需求管制形態可分為需要通報的、需要換證的、需要登記的、口頭詢問、或是不設限制的。每種形態都能達到不同程度的犯罪嚇阻及訪客過濾。警衛或接待員仍然是門禁管制的最佳選擇，他們人性化、機動、並且判斷合理，遠優於任何科技防禦設備；但如果他們缺乏訓練、沒有紀律就反而讓組織有「錯誤的安全感（False Sense of Security）」，誤以為有保障而放鬆了警戒心。

另一個常見的問題是警衛或接待員常被同時指派其他工作，例如文書遞送、採購、甚至司機等，造成門禁管制的空窗時間。

沒有管理員的門禁系統以刷卡為主，可以做到身分認證與追蹤。自動門禁系統的最大威脅就是有意或無意地夾帶他人過關，這種例子在真實生活中屢見不鮮。圖 12-2 顯示一種「雙門管制」，較常使用於高安全需求區域（如軍事重地或生產智慧卡的工廠），可以有效地避免夾帶。使用者先刷卡進入第一道門，當第一道門完全關閉之後才能刷卡進入第二道門。同時要在前一位完全離開之後，下一位才能刷卡進入第一道門。兩層門之間通常會裝設監視器以確保沒有夾帶的情形。雙門管制的最大缺點就是費時、不方便，常造成員工反彈。這正呼應我們在第 1 章的說法：防禦措施需要在安全與便利之間做取捨。

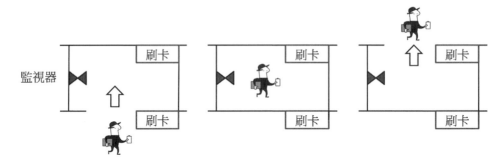

▲ 圖 12-2 雙門管制示意圖

鎖是另一項門禁工具，它可以嚇阻一般人，但對專業入侵者的防禦能力有限，應避免產生錯誤的安全感。鎖可以分為機械鎖與電子鎖，鎖匠或專業入侵者幾乎都能開機械鎖；一些簡單的電子鎖由於沒有加密，也很容易複製鑰匙。門鎖最好能搭配其他的防禦設備，較方便而安全的門鎖可以使用感應卡外加電子式對字鎖，形成雙重要素認證。

12.1.2 監視與感應設備

「數位影片錄影系統（Digital Video Recorder, DVR）」是實體安全的重要設備，它由前端的攝影機接收畫面，傳輸到後端的監視螢幕與儲存設備。監視訊息可以來自一個或多個地點，也可以透過網際網路進行遠端監視。攝影監視系統可能會侵犯個人隱私權，因此應該嚴格管控錄影內容，未經授權程序不得任意查看。

監視系統需要具備以下三種能力：

- **偵測（Detection）**：可以偵測到物件出現。

- **識別（Recognition）**：可以識別那個物件是什麼東西。

- **指認（Identification）**：可以指認物件的部分細節。

裝設監視系統時要依據地形地物安排攝影機，並盡量消除盲點（Blind Spots）。若是不可轉動的機器，要多裝幾台來提高監視覆蓋率；若是可轉動的機器，也應仔細測量覆蓋角度，避免死角。被監視的區域必須隨時保持明亮，光線不足會嚴重降低監視系統的識別能力。

較佳的監視系統具備移動偵測功能（Motion Detection），當有物件在監視範圍內移動就會顯示在監視螢幕上讓管理員注意，同時開始儲存畫面；若長時間沒有物件移動，就可節省人力及資源。監視系統的移動偵測功能可以和入侵感應設備配合使用。

許多較新的大樓或社區會在圍牆上裝設「入侵感應設備（Intrusion Detectors）」，協助達到嚇阻及入侵偵測的目的。入侵感應設備的種類很多，最常用的感應方式是靠物件通過時切割紅外線光束，其他方式包括體熱追蹤、超音波反射，或是微波感應與氣壓感應等。使用入侵感應設備的困擾是常因為貓或鳥類跨越造成「誤警報（False Alarm）」，讓管理員不堪其擾，可以配合燈光與監視系統來協助辨識入侵物件。

燈光照明對實體安全極為重要。它有嚇阻效果，因為盜賊不喜歡暴露在明亮的燈光下。許多美國的商店或超市在關門後會維持燈火通明。燈光有助於入侵偵測，監視系統尤其需要足夠的亮度，畫面清晰度也有助於狀況評估與蒐證。通常我們會關燈的理由是節約能源或是維持睡眠品質，所以這又是一次安全性與使用性之間的取捨。

在照明設計上可以搭配使用以下幾種燈光的特性：

- **持續燈光**：就是一般的照明設施，因節約能源的考量，部分持續燈光需要限時關閉，但重要區域則建議維持二十四小時照明。

- **觸動燈光**：因偵測到移動、熱度或其他改變所觸發的燈光。

- **緊急照明**：當斷電時啟動的燈光，不只保護人員進出安全，也能暫時遏止因停電所發生的竊盜行為。

12.1.3 隔離區域

重要或機密的資訊與設備必須放置於高安全性的隔離區域。隔離區域不要緊貼著建築的外牆，這樣可以多一層防禦。牆壁最好是實心的磚牆，如果不得不使用輕隔間牆，請注意牆是不是從地板完整地連接到實心的天花板。有時牆的上緣與天花板之間會保留一段距離來方便管線通過，這種設計是危險的，因為推開活動天花板就可以攀爬進入隔離區域。除此之外，有的建築有很大的冷氣或抽風機出風口，入侵者可能沿著通風管爬進隔離區域。可以在隔離區域安裝入侵感應系統，監視門窗、天花板、牆壁、或冷氣出風口等位置。

設置重要的隔離區域可以採用「三層安全模型」，圖 12-3 以學校的電腦機房為例：最外層是學校圍牆、警衛室、以及電資大樓，一般滋事份子會被擋在這層之外。第二層是電算中心，上班時有人值班，下班後會將中心閉鎖，非公務人員不能進入這層。第三層才是電腦機房，正常狀態為閉鎖，只有經過授權且通過身分認證者可以進出，並需留下紀錄。

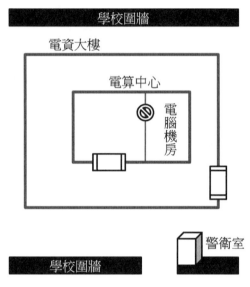

▲ 圖 12-3 三層安全模型範例

電腦遭竊是發生機率高且衝擊又大的資訊安全事件。隨著電腦體積越來越小（如筆記型電腦、平板、智慧手機等），這項風險就越來越高。組織應該宣導以下保護措施：

- 可攜式電腦在非攜帶時要能鎖在桌上，以防順手牽羊。

- 重要資料要加密保護並留有備份，開機要密碼保護。

- 可考慮安裝追蹤軟體或分享裝置位址資訊，透過信任的裝置掌握設備所在的地點。

- 敏感資料盡量存於組織的伺服器或是受信任雲端服務平台，而非個人電腦。

12.2 人員的安全管理

實體安全的威脅除了前述的盜賊入侵外，還有我們在第 3 章介紹過的社交工程。防範社交工程之類的欺騙攻擊要靠平時對員工的教育訓練。組織可用以下三種形式落實資訊安全知識教育：「資訊安全認知（Awareness）」的目的是讓大家注意資訊安全的重要，做法包括播放錄影帶，在組織內部刊物撰文宣導，或是製作海報等。若以演講方

式實施，通常不會談太深入的細節，可以多講案例和攻擊者的手法等。「資訊安全訓練（Training）」則著重於工作上需要知道的安全知識與技巧，要說明組織的安全需求，並讓員工知道自己對資訊安全所應盡的責任。個別員工可能需要更深入的訓練，例如設定防火牆或執行資訊安全內部稽核等。「資訊安全教育（Education）」又更深入與全面，較大型的組織應該培植自己的資訊安全專家（例如取得 CISSP、Security+、CCSK 或 ISMS-LA 證照者）來負責公司的資訊安全工作並訓練其他員工。

另一種人為破壞是組織的內部弊端，需要靠人事管理來防範。組織在決定聘任一位員工前，應該進行背景調查（Background Check），尤其要避免聘請錯誤的人來處理機密資訊。應該盡量徵詢他的推薦人與他認識的人，並瞭解他過去的學習紀錄。任何新員工都要簽員工契約，包括保密條款與其他職場道德約定。

員工在職期間要繼續安全管理，當低階人員晉升時，由於所肩負的責任與參與的機密事務都會增加，因此需要進一步的背景瞭解。人事管理制度應當依循人事部門的程序，管理人不可依個人好惡做管理。員工遭懲戒或離職時最容易心生不滿，因此應依據組織程序讓人事部門與資訊部門有充分參與。

以下是維持人事安全的幾項原則：

- 應妥善定義組織內的角色與責任（R&R），並讓每位員工清楚自己與相關人員的工作內容。

- 讓員工知道自己工作範圍內所需要知道的機密即可，這是我們提過的「Need-to-know」原則，目的在制止機密資訊傳播。

- 不可以由一個人掌握極重要或機密的事物，這是過去我們提過的「Separation of Duties」原則，目的在形成制衡。

- 讓不同職務的人有機會主動或被動的輪調（Job Rotation），經過輪調容易使弊端暴露。

- 讓員工必須休假，透過職務代理人比較有機會瞭解弊端。

組織內部的人員可以經由進用審查、教育訓練、人事安全原則等方式管理；但第三方人員（Third Party）卻成為管理盲點。例如每週六清潔工單獨打掃公司，有沒有人查過他的背景？工讀生在資訊室負責維護資料庫，公司有沒有和他簽保密合約？

容易造成管理盲點的第三方人員包括服務於組織內的供應商，如清潔工、員工餐廳服務員、契約工等，和長期契約人員，例如派遣人力長期工作於組織內，卻未接受員工該有審查與訓練。同樣的原因，工讀生或臨時人員都不應該被指派機密或敏感的工作。有時

關係緊密的客戶頻繁進出組織，也可能造成類似的管理盲點。總而言之，人事安全管理的原則是：確定「每一位」能存取資訊、使用網路的人都遵循一樣嚴格的安全程序，不因其為外部人員而有所不同。

12.3 災難的偵測與預防

討論過人為破壞和防禦方法後，本章繼續討論自然災害與防禦。人為攻擊通常只會造成局部損失，例如一部電腦失竊或一台伺服器遭駭客入侵，但火災與水災之類的災害常造成全面性的損失，讓設備與資訊毀於一旦。自然災害通常只破壞資訊的可用性，而和機密性與完整性無關，因此防禦重點為系統備援或資料備份，只要能延續可用性就大致沒問題。

12.3.1 火災的偵測與預防

對資訊威脅最大的自然災害應該是火災，它應該算「半自然」的災害，因為起火原因常是人為疏失或刻意縱火。可以藉由預防措施降低火災的發生機率，例如要遵守消防法規並定時實施消防講習與消防演習，建築及傢俱要使用防火材質，大樓應設計隔離措施以防止延燒，並要準備足夠的消防器材。

火災的偵測設備要有效地全面覆蓋保護區域，偵測器的種類很多，離子型煙幕偵測器（Ionization-type Smoke Detectors）是利用火焰燃燒時產生能導電的離子，使接收器中的電流訊號增強來進行偵測。光學偵測器（Optical Detectors）利用火焰燃燒所產生之煙幕來阻斷偵測器內部的光訊號。溫度偵測器（Heat Detectors）的原理則是燃燒過程會改變氣室內的線圈溫度，而產生電阻與電壓的變化。

一旦火警發生就要以滅火器壓制，以免火勢擴大。滅火設備主要有以下三種：第一種是二氧化碳（CO_2）滅火器，它的原理是以二氧化碳快速地取代氧氣產生滅火效果。這種滅火器無色、無臭，可能是乾粉式、泡沫式、或氣體式。第二種是氣體性滅火藥劑（如FM200），它平常以液態加壓存於容器內，噴出時會迅速地汽化並與空氣混合，是一種快速滅火藥劑。（附註：氟氯碳化物如海龍 1301 等氣體滅火藥劑會破壞臭氧層，已被部分國際組織要求禁用。）第三種是灑水設備，這種傳統的滅火材料雖然未必適用於所有的燃燒，但取得快速、量也最大。

表 12-1 顯示以上三種滅火器所適合壓制的火災種類，使用錯誤不但效果不佳，有時還會發生危險。火災種類被區分為：A 類火災（普通火災）是由木材、紙張、綿紗、布

料、塑膠類等易燃物質所引起；B 類火災（油類火災）是油溶劑、油料類、液化瓦斯等石油系列物質引起；C 類火災（電器火災）是指通電中的設備起火；D 類火災（金屬火災）則是由鈉、鎂、鋰等與火起激烈反應之金屬所引起的火災。

表 12-1　滅火器的種類與用法

滅火器種類		A 類	B 類	C 類	D 類
CO_2	乾粉式	○	○	○	
	泡沫式	○	○		
	氣體式		○	○	
氣體性滅火藥劑		○	○	○	○
清水滅火		○			

12.3.2　水災與地震防禦

水災帶來巨大的財產損失，其中當然包括資訊資產，它會損壞電腦，中斷網路線，形成資訊服務的 DoS。組織的電腦機房如果設在地下室或一樓，需要準備沙包之類的阻水工具，最好將機房設置在較高樓層。不過豪雨滲入或是水管破裂也會造成高樓層淹水，因此電腦及通訊等設備也不能離樓層地板太近。除此之外，應該在樓板裝置淹水感應器，有水滲入機房或重要區域就啟動警報器。還要注意氣象報導，預做防災準備。

相較於火災及水災，地震沒有能降低發生機率的預防措施，也沒有有效的預報系統讓大家提早準備，目前以國家級災害簡訊方式進行發佈，提早一點點的時間讓民眾收到通報，以提高警覺；我們只能設法降低地震對資訊安全造成的衝擊。組織要有完整的系統備援及資料備份，在災難發生後能夠重建資訊系統。「異地備援」與主機房最好距離三十公里以上，避免處在同一地震帶。機房裡的機架要固定在地板上，若有多個機架，可以把它們固定在一起互為支撐。重要的電腦設備要固定在機架上，不可散置於桌上。地震經常造成網路中斷，因此要有備援電路。一些大型組織在平時就同時使用多家電信業者的服務，例如一條 A 業者的寬頻專線搭配一條 B 業者的寬頻專線會比只單獨使用一家業者的寬頻專線要有保障。

附帶一提，選擇系統備援或資料備份中心的考量，以單一天然災害發生的地區範圍為主要依據，但臺灣相對地理位置經常無法避免相同天然災害的發生，因此善用雲端服務的平台，可以有效的解決因天然災害帶來的營運中斷問題。

12.3.3 公共事故引發的損失

類似自然災害，公共事故給資訊安全造成的衝擊主要也是破壞資訊的可用性，同時也不是受害者所能控制的。資訊系統需要穩定的電源，因此停電或是電源不穩定是一項重大威脅。重要的設備應該裝置不斷電系統（UPS），組織最好能自備發電機以備不時之需，若經費允許可以增設備援 UPS 與發電機。自備發電機除了能讓資訊系統在停電時持續運作外，也可供應機房冷氣機的電源，避免密閉機房的溫度升高造成電腦故障。

停水對資訊系統的衝擊在於部分冷氣為水冷式設計，停水的時間較長冷氣就無法運轉，因此機房最好選擇氣冷式的冷氣設備，或採用不同的設計來避免失能。

戰爭、示威、罷工等社會動亂也會對資訊安全造成不同程度的威脅，應以實體安全搭配備援、備份等措施因應。同時組織應有持續營運與災難復原計畫，以確保組織在發生營運威脅時，可以降低該威脅帶來的損失。

12.4　重要資料的維護

非技術性風險嚴重地威脅資料的安全性，例如電腦失竊會威脅資料的機密性，無預警停電造成交易中斷會威脅資料的完整性，火災與地震會破壞資料的可用性。降低這些風險最根本的手段就是直接保護敏感的資料。

保護敏感資料第一個重點就是加強實體安全，讓入侵者無法接近資料。如果入侵者可以實體取得電腦系統，任何高明的防禦科技（如加密）都很難阻止他取得資料。另一個重點則是避免儲存資料的裝置不慎流出，尤其在送修電腦或淘汰儲存裝置時最可能造成洩密。還有一個重點是資料備份，避免因災害而永久失去重要資料；目前在雲端的世代中，許多的使用者與組織，會將敏感的資料透過雲端服務的架構進行運用，但對於資料保護的責任歸屬，多數的雲端服務供應商並不負責資料的安全責任，因此如果必須使用雲端服務平台處理敏感資料時，需要自行對於資料安全的問題進行保護與處理，避免因為權限管理或雲端平台的安全漏洞，造成敏感資料的外洩。

12.4.1 媒體資料的清除

以作業系統刪除檔案只是將該檔案標示為已刪除，卻並未真正刪去資料。在它被別的檔案蓋掉之前，資料都可以被復原。所以當淘汰儲存媒體前，不能只刪去機密檔案。清除磁碟資料更有效的方法是將原存放機密資料的區域重複地寫入（Overwrite）0、1、或隨

機亂數，這個方法一般而言足夠安全了。然而對極機密的資料來說，以正常磁頭重複寫入還是可能殘留「資料剩磁（Data Remanence）」，可以使用磁場中和機（Degausser）將磁碟內每位元的磁性都調為中性，更徹底地清除資料。當然以切割或重擊來摧毀磁碟也是清除敏感資料的方法。

12.4.2　媒體資料的備份與備援

資料的徹底清除是為了維護機密性；而資料備份與備援的目的在維護完整性與支援可用性。失去資料大概有三種原因：第一種是遭到技術性的攻擊，如駭客或病毒，可以使用防毒軟體或防火牆等安全工具防禦。第二種是受到實體破壞，如竊盜或火災，應加強實體安全措施並按時備份。第三種是磁碟損毀（Disk Failure），可以靠即時備援與復原來防禦。「磁碟陣列（Redundant Array of Independent Disks, RAID）」就是一種即時備援與復原技術，它使用多餘磁碟進行資料複製，當一個磁碟損毀，其他磁碟上的相同資料可以自動替補，使系統運作不會中斷。RAID 的組織方式有許多種等級，說明如後。

「RAID 0」顯示如圖 12-4（左），它將資料按順序平均分布在數個磁碟機上，這種作法或稱為插敘（Interleaving）。圖中的磁碟陣列裡有四台磁碟機，我們將資料依照位元組分布其上。RAID 0 並沒有冗餘（Redundancy）功能，它主要目的是提高系統對磁碟機的讀取速度。例如計算元件要讀或寫一筆資料包含位元組 0 到 7，使用 RAID 0 只需要兩個讀寫循環（Read/Write Cycles），但使用單一磁碟機則需要八個循環。

「RAID 1」顯示如圖 12-4（右），它將一筆資料忠實地複製（Mirror）到另一個或多個磁碟機上，它提供完整的即時資料冗餘，而且裝置很簡單。除此之外，RAID 1 也具備插敘效果，可以提升讀寫資料的速度。RAID 1 的缺點是價格高，因為每筆資料都做複製，所需磁碟數量即成倍數。

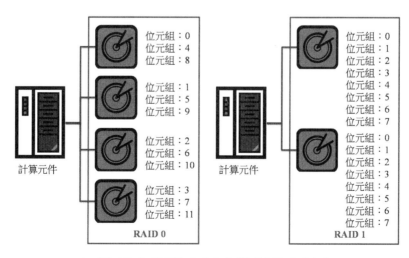

▲ 圖 12-4　RAID 0（左）與 RAID 1（右）

「RAID 2」並沒有在商業上被使用。它做位元級的插敘，並以 Hamming Code 做錯誤更正，所需磁碟陣列太大並不實用。

「RAID 3」顯示如圖 12-5（左），它類似 RAID 0 將資料按順序平均分布在數個磁碟機上，圖中有八個位元組的資料被插敘在兩台磁碟機內。RAID 3 增加一個磁碟機來存放同位元（Parity），這個值是依資料磁碟中插敘的位元組運算出來的。當任何磁碟損毀，它上面的資料就可以依據同位元來進行復原。RAID 3 兼顧了讀取速度與冗餘功能，但有一個缺點是同位元磁碟會被過度使用，任何資料寫入都需要重新計算並寫入同位元，因此同位元磁碟壽命最短。

「RAID 4」與 RAID 3 類似，但不用位元組插敘，而是使用資料塊（Blocks）。

「RAID 5」顯示如圖 12-5（右），它和 RAID 4 一樣使用資料塊插敘，並計算資料塊的同位元。不同之處在 RAID 5 將同位元平均分散在所有磁碟裡，因此 RAID 5 有 RAID 3 和 4 的好處，又能避免同位元磁碟被過度使用的缺點。

「RAID 6」比 RAID 5 增加一個同位元，所以能容忍兩個磁碟機同時損毀。

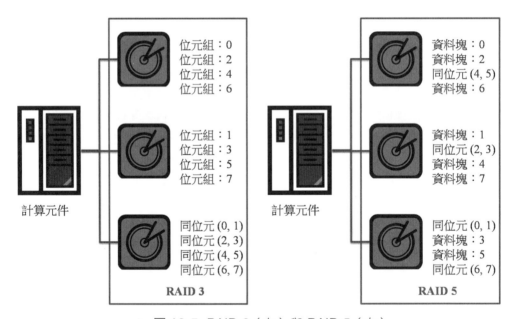

▲ 圖 12-5 RAID 3（左）與 RAID 5（右）

「RAID 10」顯示如圖 12-6，又稱做「RAID 1+0」，因為它像 RAID 1 一樣將資料做完全的冗餘，如圖中磁碟機兩兩成完全冗餘；再將幾個 RAID 1 組成 RAID 0，如圖中資料被插敘為上、下半。RAID 10 很貴，但它同時擁有高讀寫速度與冗餘功能。它可能容忍超過一台磁碟機損毀，例如圖中的第一和第三台損毀，系統還能正常運作。

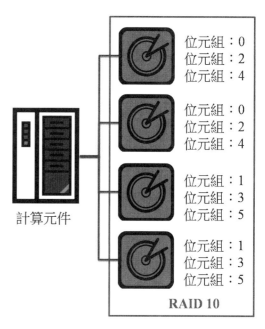

▲ **圖 12-6** RAID 10

「備份」通常指資料的一個靜態副本；「備援」則指動態的、系統持續運作中的救援措施。因此我們會說：資訊室每週為重要資料做「備份」，並將備份磁帶存放在銀行保險箱裡。如果台北主機房受到攻擊，桃園的「備援」機房會在十分鐘內啟動。以備份與備援方法保護資料可以考慮以下的層次：

* **資料備份**：組織定期的備份資料，為求備份完整，會整個磁碟做複製。

* **磁碟陣列容錯**：如前面介紹的，在運算中維護資料的完整性與可用性。

* **遠端即時備份**：透過網際網路或專線即時地在遠端建立備份，一旦系統需要復原的話，遠端所儲存的是最新的備份。

* **備援伺服器**：不只備份資料，還有相同的伺服器做故障復原（Failover）。

* **備援服務**：整個系統完整複製（可能在另一個地方），一旦主機房主機房因故無法運作，備援服務能在幾分鐘內啟動。

12.4.3　資料加密裝置

我們可以將重要資料進行加密保護。現行的 Windows 作業系統都提供 BitLocker 進行全磁碟加密。這是一種 128 位元的加密方法。全磁碟加密也可以利用硬體裝置輔助；例如透過 BIOS 啟動 TPM（Trusted Platform Module）。TPM 是在主機板上的一顆晶片，可以儲藏

加密金鑰、密碼或憑證，例如：蘋果的 Mac 電腦多數有加密晶片的設計，可讓使用者選擇採用磁碟加密的方式進行儲存資料的保護。

除了 TPM 之外，HSM（Hardware Security Module）也是硬體加密處理裝置。它通常應用在 PKI 的環境中，產生並儲存金鑰。TPM 是嵌在主機板上的晶片；而 HSM 在傳統上則是插在 PCI 匯流排上的一個模組。

12.5 資訊安全風險的元素

「風險（Risk）」是一個概念，表示如果一些事情發生，可能會對資產或有價值的東西造成負面的衝擊。風險與以下兩者成正比：一是假如某個意外發生所會造成的損失；二是那個意外發生的機率。可以將之定量表達為：風險＝（意外發生的機率）×（意外所造成的損失）。損失愈嚴重或是意外發生機率越高，整體風險就越大。

風險雖然具有不確定性，但透過機率值（Probability or Likelihood）的判斷，它可以被量化。正因為可以量化，所以風險可以被評鑑、改善、並重新評鑑，風險管理就是這種降低風險的流程。風險管理的觀念廣泛使用於許多領域，例如投資理財、保費計算、大型專案管理、企業經營、軍事行動等。本章對風險的討論則專注於資訊風險及其管理。目前對於組織面對資安威脅時，多數會採用資訊資產風險評鑑以及組織營運管理風險的面向進行評估。

我們可以將這個定義用中文更精簡地表達為：「**風險**是**威脅**利用**弱點**對**資產**造成**衝擊**的**可能性**。」依據這個定義，分析資訊風險就應該先評估組織的資產、資訊弱點、威脅、以及可能性與衝擊這五項元素。其中弱點、威脅與可能性這三項構成「意外發生的機率」；而資產與衝擊這兩項則構成「意外所造成的損失」，前後相乘就是風險值。

12.5.1 資訊資產的估價

上述的五個元素中，資訊資產的價值最可能予以客觀地量化，但是估價卻有以下三種迥異的方法。

- 資訊系統或資訊的造價：一旦失去它之後，要重建或是復原所需要花費的成本。例如豪雨成災損毀了三台有做遠端備援的伺服器，這種損失就可以用造價計算。

- 資訊系統或資訊對所有人的價值：例如前述三台伺服器損毀導致網路商店一個禮拜不能營業，損失可能遠大於三台伺服器的造價。有些軟體或資料對所有人的價值更高，例如新款晶片的設計圖等。

- 組織保護該資訊系統或資訊的責任：例如某位理財專員的筆記型電腦遺失，裡面儲存所有客戶詳細的財務資訊。這時組織和該員工所面臨的責任就恐怕不能以金錢來衡量了。

12.6 風險管理

認識組成資訊風險的五個元素之後，我們知道風險可以用量化或權重的方式計算，也就是能被科學化地管理。風險的管理程序如下：

- **風險分析（Risk Analysis）有時也稱做風險評鑑（Risk Assessment）**：識別風險並以定性或定量的方式計算風險值。

- **風險處置（Risk Treatment）**：風險不可能不存在，面對風險有四種處置的方法：接受、降低、轉移、和避免。

- **建立降低風險計畫**：降低風險是最需要積極作為的處置方法，也是風險管理的重心。應規劃並執行各項對策使發生問題的機率降低，或是一旦發生問題時可以減少衝擊。

- **評估與評鑑**：應持續使用量化的方法檢討計畫執行後風險降低的成效，並持續地改善。

風險分析所使用的方法可被分為「定量法（Quantitative）」與「定性法（Qualitative）」兩種。定量風險分析法最基本的假設就是：風險可以用金錢衡量。定量風險分析將資訊資產以及衝擊所造成的損失以金錢來計算；當它乘上可以量化的意外發生機率後，所得的風險值也就是以金錢為單位。

完全的定量風險分析很難做到，主要是資訊資產及衝擊損失很難完全以金錢評估。在上一節所舉的例子中，豪雨成災損毀了三台伺服器究竟造成多大的金錢損失很難估算，因為裡面資料的重要性以及有沒有備份都會影響損失的程度，商譽與商機更難以金錢估算。

定性風險分析則不給風險元素指定金錢數值，而是採用高、低、強、弱之類的權重排序（Weighted Ranking）來表達與計算。風險分析可以將定性法與定量法交叉使用，使風險值較有依據，又不至於太複雜。

12.6.1 定量風險分析

定量風險分析的第一步驟是估算一次成功威脅所造成的損失。舉筆記型電腦遭竊，公司損失的金額為例。我們先計算筆記型電腦的資產價值如下：折舊後的硬體價值為五萬元，折舊後的軟體價值為四萬元，所儲存資料的價值為兩萬元，客戶資料的商譽價值十萬元，以及若失去這台電腦對營運流程造成的損失五萬元。這些稱為「資產價值（Asset Value）」。

我們另外定義「暴露因子（Exposure Factor）」為當威脅成功地攻擊該資產時，它所損失的價值，以資產價值的百分比表示。若這台筆記型電腦遭竊，硬體因為有保險所以暴露因子為 40%，軟體因為供應商可重新授權所以暴露因子為 0%，儲存的資料已經備份所以暴露因子為 0%，商譽以及營運流程損失的暴露因子都是 100%。

最後，我們將資產價值乘以暴露因子得到「單一損失期望值（Single Loss Expectancy, SLE）」，就是一次成功的威脅所造成的資產損失。前述案例中筆記型電腦失竊一次的 SLE 為 17 萬元（算法：5*40% + 4*0% + 2*0% + 10*100% + 5*100% = 17）。

定量風險分析的第二步驟是進行威脅分析，估算一年的時間內，某種威脅成功地對某種資產造成衝擊的次數，稱為「全年發生率（Annual Rate of Occurrence, ARO）」。全年發生率很難有正確的算法，只能靠有經驗的人從組織紀錄中去統計。例如某公司的紀錄顯示，過去三年員工筆記型電腦遭竊的次數為六次；這家公司筆記型電腦遭竊的全年發生率就可以被設定為 2。

全年發生率是風險管理所亟欲降低的目標。我們也可以設法降低前述的單一損失期望值（SLE），但沒有像降低 ARO 這麼地直接有效。例如我們可以提高保險額度，讓每一次筆記型電腦遭竊的損失降低；但不如透過宣導及教育訓練，讓筆記型電腦遭竊的全年發生率由兩次降為一次。

定量風險分析的第三步驟是計算「全年損失期望值（Annual Loss Expectancy, ALE）」，是指一年的時間內，成功的威脅所造成的資產損失，亦即：ALE = SLE×ARO。若要計算全組織所有資訊風險的 ALE，需要加總各種威脅的 ALE。

在這個案例中，筆記型電腦的有形及無形資產價值為 26 萬元，遭竊的單一損失期望值（SLE）為 17 萬元，而遭竊的全年發生率（ARO）是兩次，因此該公司「筆記型電腦遭竊」平均一年要損失（ALE）34 萬元！這個金額足以讓高階主管及員工重視筆記型電腦的安全問題。

12.6.2 定性風險分析

礙於時間及資源的限制，大部分組織在建置資訊安全管理系統時都使用定性風險分析法。定性風險分析法的流程簡述如下：開始風險評鑑工作前，必須要得到組織高階主管的授權。在過程中，仍應經常向高階主管做說明，以持續得到支持。得到授權後，要組成風險評鑑小組，應有成員來自資訊、法律、人事、稽核等單位。風險評鑑小組要針對各部門進行會談，以識別環境中的弱點、威脅、以及可能的防禦措施。會談完成後，要對收集到的資料進行分析。其中重要的工作是「配對」，包括威脅對弱點與威脅對資產，要決定一種威脅運用一個弱點的可能性如何，如果運用成功了，對組織造成的衝擊如何。

完成配對與分析後，就可以計算風險了。在定性風險分析中，「發生的可能性」乘以「造成衝擊的強度」就是風險的等級。如圖 12-7 所示，一些高與極高的風險就是亟需降低的風險。一旦風險值決定之後，就可以推薦防禦的方法，以期有效地降低、轉移、或避免這個風險，下一段再討論這些風險的處置方法。

		造成衝擊的強度				
		極小	較小	中等	較大	巨大
發生的可能性	幾乎確定	高	高	極高	極高	極高
	很有可能	中	高	高	極高	極高
	有可能	低	中	高	極高	極高
	不太可能	低	低	中	高	極高
	幾乎不會	低	低	中	高	高

▲ **圖 12-7** 定性風險分析表

12.6.3 風險的處置方法

當我們評鑑出風險值之後，就需要決定採用何種處置方法。風險處置方法有四種，像是為圖方便而不鎖機房的風險，出事的可能性高、衝擊又大，應該予以「避免（Avoid）」。像大樓因地震倒塌的風險，雖然造成的衝擊大，但發生的可能性不高，可予以「轉移（Transfer）」。而電腦感染病毒這一類的風險衝擊中等、發生的可能性也中等，應該予以「降低（Reduce）」。最後，像是指尖的靜電破壞鍵盤 IC 板這一類的風險發生的可能性不高、衝擊也小，可予以「接受（Accept）」。這四種風險處置方法的適用條件標示如圖 12-8，並分別說明如後。

		造成衝擊的強度				
		極小	較小	中等	較大	巨大
發生的可能性	幾乎確定	高	高	極高	極高	極高
	很有可能	中	高	高	極高	極高
	有可能	低	中	高	極高	極高
	不太可能	低	低	中	高	極高
	幾乎不會	低	低	中	高	高

（降低、避免、接受、轉移）

▲ 圖 12-8 風險處置方法

有人認為資訊安全就是「接受風險」與「採用防禦手段」之間的選擇，圖 12-9 是 NIST SP800-30 說明的風險處置行動點。風險存在的條件是一個系統有威脅來源，而且有可被利用的弱點。風險存在不代表需要採取防禦手段，當攻擊者的獲益小於成本時，或是預估損失在組織可以容忍的範圍內，都可以考慮接受風險。

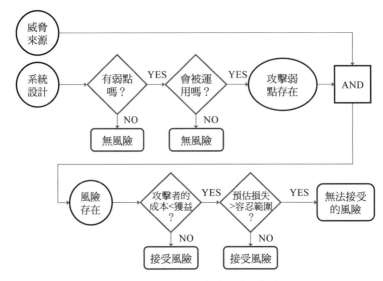

▲ 圖 12-9 風險處置行動點

為何家用電腦只需要裝一套防毒軟體，但銀行的電腦卻需要極綿密的安全防禦？因為駭客侵入銀行系統的獲益遠高於侵入家用電腦，因此他們願意投入更高的成本來攻擊銀行。另一方面，如果家用電腦被植入木馬程式，頂多重灌了事，但銀行若遭駭客入侵就絕非組織所能容忍之事，所以會採取更多的防禦手段。

接受風險是在「成本」與「損失」之間做取捨。每個人或組織都想要最安全的資訊環境，但在成本考量下（時間、金錢、與不方便），會選擇接受損失較小的風險（發生機率低而且衝擊較小）。

無法接受的風險就會以轉移、避免、或降低來處置。「轉移風險」是將風險轉給另一個組織，例如保險公司。能夠用保險方式轉移的風險通常具有以下特性：首先，要有大量的組織具有類似的風險（例如火災），保險公司可以藉此將自身的風險分散到大批客戶的保費中。其次，只有「意外」需要保險，因此受保的風險應該屬於發生機率低而且人力無法控制。最後，損失巨大的風險比較需要考慮以契約方式轉移，衝擊較小的風險可能會以接受方法處置。轉移風險並沒有消除弱點或者降低威脅的成功率，只是一種緩和巨大衝擊的方法。

理論上，「避免風險」足以解決所有的風險問題，例如不搭飛機就沒有飛安的風險。然而避免風險也代表放棄這個風險所伴隨的利益，像是方便性、節省時間、或商機與利潤等。在以下的情況，個人或組織可能會選擇避免風險：第一是衝擊程度超過組織所能承受，高等級衝擊可能會「嚴重地違背、傷害或阻礙一個組織的使命、聲譽、或利益」或「可能造成人員的死亡或嚴重受傷」，這種風險應該避免。第二是風險的利益低於潛在損失，例如在程式裡保留一個維護用的後門可以方便未來修改，但若被駭客發現則損失更大，這種風險也應考慮避免。第三種情況是當保險費用太高時。保險的前提是損失很大但機率很低，因此可以用經常性的低廉保費來減緩一次性的巨大損失；然而有些風險損失大而且機率高，就不屬於適合保險的範圍，而應選擇避免風險。

雖然接受、轉移、與避免風險都是處置某些風險的有效方法，但是資訊安全管理的重心在「降低風險」。降低風險是選擇並建置適當的安全防禦措施以減少損失，它可以從三方面著手：

- **縮小衝擊**：藉由偵測、預防等措施來縮小衝擊、降低風險。例如我們很難控制火災不發生，但若有適當的滅火設備並做好防火宣導，就能在火災發生時減少損失。

- **彌補弱點**：找到個別的弱點或缺陷並設計矯正措施可以有效地降低風險。假如發現許多員工使用太弱的通關密碼，我們可以修改登入軟體，要求這些員工重設密碼並測試它們的強度。

- **降低威脅的成功率**：透過全面的安全管理計畫可以封閉入侵管道，降低威脅的成功率。防禦必須全面，有組織花大錢做網路防禦，卻疏於員工的資訊安全教育，若駭客轉而運用社交工程，整體威脅成功率未必會降低。

12.6.4　建立風險管理計畫

每一個風險都應該有處置行動，若採取「降低風險」就要有對應的防禦措施。「風險管理計畫（Risk Management Plan）」讓組織依循一定的流程與防禦措施持續地降低風險。本章稍後介紹的「資訊安全管理系統（ISMS）」就是一種風險管理計畫：從風險評鑑開始，再針對評鑑結果做管理計畫。ISMS 提供 133 種控制項目（防禦措施），組織挑選其中適用者寫成「適用性聲明書（Statement of Applicability, SoA）」，做為推動資訊安全管理的腳本。接著就按計畫持續執行，並且定時重做風險評鑑，做為更新風險管理計畫的依據。

「殘餘風險（Residual Risk）」是經過風險管理程序，各種防禦措施都被執行之後還殘留下來的風險。它也包括所有一開始沒有被識別的風險，與被識別卻沒被指定處置方法的風險。組織的管理階層和決策者應清楚瞭解殘餘風險，因此必須將它們寫入文件，並經常檢討。部分殘餘風險可以在下階段的風險管理中處置。

風險管理讓組織系統性地選擇符合成本效益之防禦措施，以降低威脅的衝擊。但是礙於資源與其他實際限制，組織不可能完全消除風險，「緊急應變計畫（Contingency Planning）」的觀念應運而生。風險管理計畫設法降低風險的發生機率或衝擊程度；而緊急應變計畫則是假設災難一定會發生（不論機率再低），當它發生時組織該如何因應方能降低損失、度過難關。

風險管理流程建立了許多緊急應變計畫所需要的輸入，例如資產清冊、衝擊評估、成本估算等。此兩者雖然著眼點不同，但關係密切。以惡意程式為例，風險管理把重心擺在怎樣才不會感染病毒，例如安裝防毒軟體，不開啟來路不明的文件等；緊急應變計畫則著重於電腦中毒後，如何在最短時間內清除惡意程式並藉由備援系統重新啟動服務。

( ) 1. 「非技術性風險」主要包括人為破壞、自然災害、與公共事故。以下哪一種風險屬於公共事故？

    (A) 停電   (B) 水災   (C) 火災   (D) 社交工程

( ) 2. 實體安全防禦措施可以分為事前、事中、與事後。以下哪一項工作是在事件發生中應該執行的重點？

    (A) 快速地評估狀況並採取行動   (B) 以外圍防禦達到嚇阻效果

    (C) 盡量拖延入侵者的行動   (D) 記錄犯罪證據

( ) 3. 以下哪一項不是閉路監視系統（CCTV）需要具備的能力？

    (A) Detection   (B) Identification   (C) Protection   (D) Recognition

( ) 4. 以下哪一項設施屬於外圍防禦（Perimeter Security）？

    (A) 閉路監視系統   (B) 電腦機房的對字鎖   (C) 大門警衛   (D) 入侵感應設備

( ) 5. 為了預防組織內的員工產生「彼此勾結」的弊端，執行以下哪種管理原則最有效？

    (A) Separation of Duties   (B) Need-to-know

    (C) Job Rotation   (D) Least Knowledge

( ) 6. 以下何者是因為第三方人員管理疏失所產生的風險？

    (A) 派遣人力長期工作於組織內，卻未接受員工該有的審查與訓練

    (B) 員工進用時未簽訂保密協定

    (C) 不論內、外部人員，所有資訊使用者都遵循一樣的安全程序

    (D) 給工讀生申請電子郵件帳號

( ) 7. 利用火焰燃燒所產生之煙幕來進行偵測的是以下哪一種火災偵測設備？

    (A) Ionization-type Smoke Detectors   (B) Optical Detectors

    (C) Heat Detectors   (D) None of Above

( ) 8. 通電中的設備起火是屬於哪一種火災？

    (A) Type A   (B) Type B   (C) Type C   (D) Type D

( ) 9. Data Remanence 一詞是指以下哪一種現象？

    (A) 檔案被刪去鏈結後，留下的資料區塊   (B) 在異地所保存的備份資料

    (C) 磁碟經重複地寫入，仍然殘留的磁性   (D) 以上皆非

( ) 10. 以下哪一種 RAID 並沒有提供冗餘（Redundancy）功能？

    (A) RAID 0   (B) RAID 1

    (C) RAID 10   (D) RAID Must Have Redundancy

( ) 1. 採用增量備份相較於差異備份的解決方案，具有哪兩項優點？（請選擇 2 個答案）

(A) 備份資料所需時間較少　　　(B) 復原資料所需時間較少

(C) 需要的儲存空間較少　　　　(D) 系統管理較省時省力

( ) 2. 以下何者是進行實體安全性稽核時的第一個步驟？

(A) 清查公司的技術資產

(B) 在您的伺服器上安裝稽核軟體

(C) 設定病毒隔離區

(D) 設定系統紀錄檔來稽核安全性事件

( ) 3. 伺服器的備份磁帶，為了避免災害發生時所造成的損害，以下何者是最佳的保管方式？

(A) 檔案櫃　　　　　　　　　　(B) 伺服器機房

(C) 異地防火設備　　　　　　　(D) 磁帶媒體櫃

( ) 4. 使用碎紙機將文件攪碎，可以避免以何種資安風險？

(A) 檔案損毀　　　　　　　　　(B) 社交網路

(C) 攔截式攻擊　　　　　　　　(D) 垃圾桶尋寶

( ) 5. 駭客可能會使用哪三種社交工程攻擊的方式？（請選擇 3 個答案）

(A) 垃圾桶尋寶　　　　　　　　(B) 電話

(C) 防火牆介面　　　　　　　　(D) 誘捕系統

(E) 反向社交工程

( ) 6. 增量備份相較於使用差異備份解決方案，具備哪兩項優點？（請選擇 2 個答案）

(A) 備份資料所需時間較少　　　(B) 復原資料所需時間較少

(C) 需要的儲存空間較少　　　　(D) 系統管理較省時省力

( ) 7. 瀏覽器提供的私密瀏覽或無痕選項，對於使用者而言提供以下哪項主要的優點？

(A) 使網際網路服務提拱者（ISP）無法追蹤您瀏覽的網站

(B) 隱藏您在共用電腦上的 Web 活動

(C) 對他人掩蓋你的身分

(D) 在您瀏覽網際網路時隱藏您的 IP 位址

8. 下列敘述正確選擇「是」，錯誤選擇「否」。

(是 / 否) (A) 您可以在事件檢視器中檢視稽核紀錄。

(是 / 否) (B) 稽核紀錄有固定的大小上限，無法調整。

(是 / 否) (C) 您可以針對稽核的活動設定事件通知。

9. 您必須識別各種備份方法。請將描述與答案做配對連線。

只備份上次備份後的變更 ·   · 增量

每次執行都比需增加磁碟空間 ·   · 複製

備份所有資料，而且不重設封存位元 ·   · 差異

10. 請就資料復原時間，將備份方法排名。請將描述與答案做配對連線。

資料復原時間最慢的方法 ·   ·完整備份

資料復原時間中等的方法 ·   ·增量備份

資料復原時間最快的方法 ·   ·差異備份

MEMO

開發維運安全 13

資訊安全對於許多使用者而言，多數來自於資安事件新聞的啟發，以及曾經親身經歷過的資安問題，例如：近年來經常發生的簡訊詐騙等，而對於開發人員而言，應用程式的開發，滿足使用者的功能需求，其重要性多數大於資訊安全的要求，因此如何寫出一個具備資安要求的應用程式，並不是一個程式開發人員在技能養成過程的必修，而因此成為應用程式潛在的資訊安全風險的問題，例如：使用而不安全的方式，處理應用程式收集的資料等，讓資安成了應用程式開發與維運必需考量的重要關鍵。

13.1 軟體開發生命週期

軟體開發生命週期，在早期應用程式開發的領域中並不受到重視，開發人員著重在所開發的應用程式與使用者的介面，能夠滿足使用者的需求，對於資料的處理以及應用程式的資安考量，多數是因為資安事件的發生，不斷的進行改善所發展出來的，而近年來因資安事件發生的原因，來自於應用程式的安全、網路安全以及系統安全等因素，也讓我們重新省思，如何建立一個具備安全信任的運作環境，從開發、維運的角度，置入資訊安全的要求以及考量的重點，從應用程式開發階段，就能夠考量到應用程式在撰寫的過程，對於軟體的運作、資料的處理，以及引用的第三方函式庫，就能夠具備資訊安全的風險意識，避免因為程式開發人員未考量未來營運上的風險，而開發出不安全的應用程式，衍生日後因為應用程式本身的資安風險，而帶來營運上的資安問題，如圖 13-1。

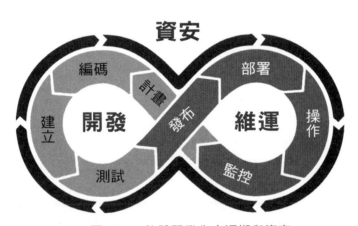

▲ 圖 13-1 軟體開發生命週期與資安

應用程式的開發，在完成功能的設計以及達成原本預計開發的功能後，將會進入維運的階段，在早期大多將應用程式的開發以及後續的營運管理，視為兩個不同的階段，而其中的交集並不多，甚至會由兩個不同的團隊，分別進行應用程式的開發與功能測試，再交由使用者進行應用程式操作與後續的營運管理，這對於典型的系統平台而言，代表著所開發的應用程式，就進入了維運的階段，但是隨著時間的演進，原本開發應用程式的

環境，可能被發掘了潛在的漏洞或弱點，或是在運行的系統環境中，若未能即時進行修補，都可能衍生往後應用程式在維運上帶來的問題。

目前對於應用程式開發，多數會採用軟體開發生命週期（Software Development Life Cycle, SDLC），這是系統工程、資訊系統與軟體工程中，常用的描述方式，以生命週期的概念從規劃、建立、測試到最後完成部署的過程，採用系統化的方式來呈現，將軟體開發的工作劃分成不同的步驟，並且在不同的步驟進行工作的指派、進度的追蹤，以及品質的評估，實現軟體開發過程需要掌握的關鍵因素，可以提供後續應用程式在使用以及維護的過程，能夠有可依循軟體開發生命週期的架構，一來可以確保開發出來的應用程式，能夠滿足規劃階段與使用者的期待，二來可以建立完整的系統化流程與管理框架。

採用軟體開發生命週期的管理框架，可以帶來以下的好處：

- 盤點開發過程中所有利害關係人對於開發程序的可視性

- 掌握開發預算投入與整體成本

- 完整開發時程、查核點以及排程

- 建立系統化的管理框架提升使用者的滿意度

- 融入資訊安全的元素，整體考量開發與營運階段的安全議題

在典型的應用程式開發中，資安的檢測大多獨立於軟體開發生命週期中的一個程序，當應用程式開發到一個階段後，甚至到了部署與上線前才進行資安的檢測，此時如果找出資訊安全的漏洞，往往將帶來大量的錯誤必須進行修訂，而這些隱藏性的錯誤資訊可能帶來大量的資安風險。隨著資訊服務平台的多元化，以及雲端應用時代的來臨，資安的威脅越來越嚴重，因此許多應用程式的開發團隊也意識到資訊安全對於應用程式後續的運作而言，扮演相當重要的角色，因此越大型的專案，在規劃與開發時對於整體架構的設計以及開發過程需要協力合作的部分，都需要有明確的定義，以滿足協作環境的需要。

軟體開發生命週期與資安，可以分成以下幾個主要的階段，以下將針對各個階段進行說明，如圖 13-1：

- **需求階段**：依據應用程式的功能與使用者需求進行彙整。

- **設計階段**：考量應用程式運作、架構、資料處理流程、使用者操作介面等。

- **開發階段**：撰寫與開發應用程式、軟體與建置所需要的資源。

- **測試階段**：進行應用程式的功能測試，以確定可以滿足使用者的需求。

- **部署階段**：將應用程式軟體部署於營運的環境中，配合運作環境進行組態的調整。

- **維運階段**：應用程式運作，提供使用者服務並且收集應用程式運作過程的日誌紀錄。

- **監控階段**：持續監控應用程式的運作，包括程式的執行是否正常、運作效能等資訊的掌握。

單純以軟體開發生命週期所發展出來的應用程式，將會面臨資訊安全的風險，主要包括以往功能導向進行應用軟體的開發，著重在使用者介面與開發時程，與所開發完成的應用軟體，所提供的功能是否滿足使用者的期待，難以兼顧應用程式在開發過程需要留意的資安風險，例如：未保護儲存於資料庫中的機敏資訊或未對於使用者輸入的資料先進行比對等，雖然在功能上滿足了使用者的期待，但卻存在高度的資安風險；未經過安全檢測的應用程式，可能存在應用程式運作邏輯上的問題，例如：緩衝區溢位等，在運作的過程可能會因為遭到駭客的攻擊，而觸發了潛在的資安問題，影響了應用程式的運作安全。

在應用程式開發的階段，其中在「測試」階段可以採用源碼檢測以及弱點掃描的方式進行測試，確定應用程式的程式碼安全與否，以及是否存在無法接受的資安風險，而在「部署維運」階段，則可以配合應用層的防火牆、網路入侵防禦系統或是端點預警的機制，掌握維運階段的資安風險，在實務中可能會遇到無法立即進行資安弱點修補的情況，從資安風險管理的角度，需要對於已發覺的資安風險進行有效的管控，此時可以先採用治標的作法，先在外圍的資安防護設備上，增加防止風險被觸發的阻擋規則，提供較充裕的時間讓應用程式的開發團隊，進行應用程式的風險改善，降低因為弱點的出現所帶來的立即資安風險，避免攻擊者可以直接利用應用程式被揭露的弱點，造成營運的中斷或是機敏資料的外洩。

安全的軟體開發生命週期（Secure Software Development Life Cycle, S-SDLC）意即在軟體開發的每個階段，都加入資安的考量，以減少後續上線營運後所帶來的資安風險，也能夠降低營運時所可能發生的損失，目前最常被參考安全模型如下：

- Cigital：Touchpoint

- Microsoft：Security Development Lifecycle（SDL）

- OWASP：Security Assurance Maturity Model（SAMM）

13.1.1 以 Touchpoint 開發安全模型為例

不同的應用程式開發安全模型，都有各自原本發展的背景需求，說明如何進行安全的程式開發作業，以 Cigital 的 Touchpoint 為例進行說明如下：

- 需求階段：須定義安全的需求、進行資安風險分析以及參考曾經發生過的經驗，提高對於資安的要求。

- 設計階段：規劃安全架構與設計方式，以及擬定資安檢測的計畫。

- 開發實作階段：以資安風險管控為基礎，進行環境的部署與應用程式開發，並對於所開發之應用程式原始碼，進行版本控制與安全的測試。

- 測試階段：進行白箱測試、黑箱測試等以發掘資安風險的檢測方式。

- 部署維運階段：設計安全的營運管理、事故管理以及弱點風險管理作業，對於維運時所發現之資安風險，進行有效的管理與控制。

大型的應用程式開發團隊，和具備一定規模的組織，為了有效管理開發進度與確保品質，以及兼顧資安風險的管控，亦會同步將應用程式開發與專案管理工作進行整合，例如：以敏捷式管理的概念融入到應用程式開發的專案中，在每個階段不斷的修正與發掘可能潛在的問題，並加以修訂，避免微小的問題在日後維運時帶來巨大的影響，因此在過程中亦會導向一些自動化與數位化的管理工具，例如：建置 Gitlab 平台，這是由 GitLab 公司所開發，基於 Git 的整合軟體開發平台，對於團隊所開發的應用程式提供版本的管理、資安的控管以及發佈上線的管理等，透過系統化的管理機制，確保應用程式的執行品質與資安風險。

13.2　行動應用程式與資訊安全

在行動化、數位化，以及雲端化的時代來臨後，行動裝置上的應用程式發展的速度極為快速，因應行動裝置的快速發展，所衍生出來的行動應用程式市集，每天都有數以萬計的應用程式上線或更新版本，並且這些應用程式多數需要配合行動裝置使用的作業系統更新作業，配合更新版本的作業環境，進行應用程式的軟體更新作業，除了確保在新的作業環境能夠正常的執行外，也可以同時修補已知的資安風險。目前已有大量的資料透過行動裝置進行處理，例如：個人的數位媒體、資料處理、社群媒體的數位分身，代表著行動裝置的資安問題，未來將成為重要的課題。

13.2.1　行動應用程式的發展

行動應用程式發展初期，程式開發人員大多以原本的應用程式架構來設計行動裝置上的應用程式，常見將網頁的內容直接嵌入在手機上的應用程式中，對於使用者的操作介面以及使用者的體驗而言並不好，經常發生操作不易，或是在行動裝置上的字體大小，無法適應行動裝置的顯示畫面，帶來使用者的困擾。後續行動應用程式開發的工具與環境成熟，目前大多採用原生的行動應用程式軟體，採用重新因應行動裝置進行使用者的介面開發，再透過應用程式介面等方式，由後端的應用系統、資料庫或是雲端的服務平台，進行資料的存取處理，再應用於專為行動裝置所開發的應用程式中，解決了因為行動裝置環境的限制，而帶來使用者操作不便的問題。

目前行動應用程式的開發程序，仍然與典型的應用程式開發流程相關，可以將整個開發程序分成以下幾項：

- **策略**：行動應用程式的使用策略、適用的平台、目標客群與應用情境等，都可以透過開發策略的思維，聚焦於關鍵的發展面向上，另外在策略階段亦會同時考量未來應用程式的行銷策略。

- **規劃**：評估與計劃開發的環境、方式，以及未來運行的架構等，建立開發團隊對於團隊成員分工、使用工具、應用技術以及時程表有相同的共識，掌握可以使用的資源與開發相關的背景知識，以確保應用程式可以如期完成並且發行。

- **設計**：進行應用程式操作介面的規劃與設計，受限於行動裝置的顯示器大小多數不像傳統的電腦螢幕，需要在有限的顯示區域呈現關鍵的資料給使用者，或是使用者的回饋進行 UI 與 UX 的調整，採行最適合使用者的工具與採用的可行的技術。

- **開發**：進行應用程式的開發作業，考量應用程式的運作、資料的處理以及使用者隱私保護等原則，進行程式的撰寫，此階段可以參照軟體開發生命週期的管理方式，由開發團隊建立應用程式的技術框架以及融合的技術，例如：前端程式、後端程式、應用程式界面（API）等，進行程式碼的撰寫作業。

- **測試**：行動應用程式完成開發後，將進入最重要的測試階段，此階段將驗證功能面以及資安面向的問題，透過安全的檢測以確定應用程式在運作的環境中，讓應用程式的可用性、運作效能、穩定程度，以及資安風險都能到管控，另外也可能對於應用程式實施壓力測試，以確定可以滿足突發狀況時，應用程式仍然可以正常運作。

- **發行**：進行應用程式的部署作業，並且持續監控以確保應用程式可以正常的運作，並且能夠保持不斷的對於應用程式上被發掘的問題進行修改，包括了功能的修正、

安全的強化或是做為下一個版本修改的參考依據，將視需求再行評估是否進入下一個新版本的開發作業。

行動應用程式的開發，除了來自於使用者的期待外，其中應用程式所呈現的樣貌與作業流程，多數會來自於開發團隊的設計或使用者提供的建議，其中對於技術的架構，我們可以將其分成以下三個主要的層次進行探討。

- **展示層**：直接提供給使用者觀看、操作的應用程式介面，多數會採用直覺式的設計原則，便於使用者容易上手與使用應用程式所提供的各項功能，以達成理想中的使用者體驗。

- **商務層**：處理應用程式的作業方式，包括使用者的操作、資料的交換，以及運作的流程架構，這些對於行動應用程式在裝置中的環境而言，是相當重要的環節，除了正常的工作流程外，對於異常的狀態的處置，包括資安風險、暫存資料、快取資料、應用程式紀錄，以及例外狀況等，這些都會透過運作規則的設計與實際的導入，提供完善的作業流程與方式，確保應用程式的運作可以滿足需求。

- **資料層**：對於應用程式運作過程、使用者的操作與留存資料，提供資料公用程式、資料存取元件、協助運作的程式以及服務代理的程式等，這些對於資料的處理而言都是相當重要的環節，在資料層也是用來驗證以及維護資料時所支援的交易層級。

13.2.2 程式開發與安全測試

行動應用程式在開發與安全測試的面向，主要著重於裝置環境的整合，以及對於應用程式執行的過程、處理資料的方式，能夠達成資訊安全風險管控上的要求，目前國內的「行動應用資安聯盟」，緣起於推動行動應用 App 及物聯網之資安認驗證機制，制訂相關推動制度、標準、檢測基準及輔導廠商產品進行資安檢測等業務，帶動 App 及物聯網相關產業發展提升行動應用 App 及物聯網設備安全，以因應行動裝置的普及以及行動應用程式發展上的資安風險，也降低因為開發人員缺乏資安意識而導致使用者面臨的資料外洩與財產損失的問題，而行動應用資安聯盟受政府委託制定基本資安規範與檢測機制，負責執行資安認驗證機制與推廣工作。

以政府委託開發、關鍵基礎設施提供者等特定對象所發行的行動應用程式，為兼顧人民與大眾權益，依現行規定需要將開發完成的行動應用 APP 送交合格檢測實驗室進行資安檢測，並依據「行動應用 APP 基本資安檢測基準」進行檢測作業，並依送測之安全等級進行對應項目的檢測作業，進行資安檢測作業並取得檢測報告後，由協助測試的實驗室代為申請「行動應用 APP 基本資安檢測合格證明」以及「行動應用 APP 基本資安

標章」，以提供需要使用行動應用 APP 的使用者識別所安裝的應用程式是否符合資安規範的要求，提昇整體用應用程式的資安信賴程度，完成檢測實驗室驗證並透過檢測基準的行動應用 APP，將會登錄到行動應用資安聯盟的網站，以昭公信，如圖 13-2 所示。

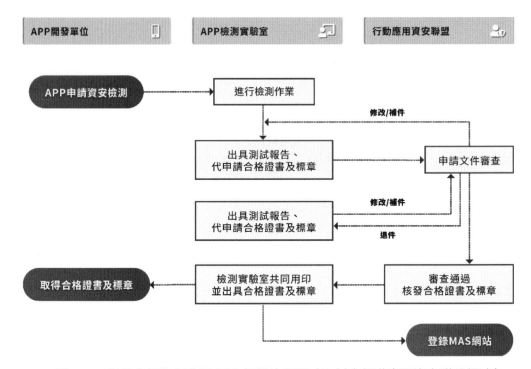

▲ 圖 13-2 行動應用資安聯盟 APP 認證流程圖（取材自行動應用資安聯盟網站）

依據行動應用資安聯盟所發佈的「行動應用 APP 基本資安檢測基準」，共分成「行動應用程式基本資安檢測基準」以及「伺服器端基本資安檢測基準」兩個主要的部分，以行動應用程式基本資安檢測基準而言，主要分成了以下五個項目：

● 行動應用程式發布安全

● 敏感性資料保護

● 交易資源控管安全

● 行動應用程式使用者身分鑑別、授權與連線管理安全

● 行動應用程式碼安全

而伺服器端基本資安檢測基準，則分成了以下兩個主要的項目：

● 伺服器端安全管理

● 伺服器端安全檢測

另外，在檢測方式上，主要分成了以下四個項目進行：

- 自動化檢測（Automatic）

- 人工檢測（Manual）：靜態分析（Static Analysis）、動態分析（Dynamic Analysis）。

- 程式碼分析（Code Analysis）

- 二進位碼分析（Binary Code Analysis）

檢測實驗室再依據送測的資安等級分類進行各項檢測作業，透過技術要求參考檢測基準，由驗測的結果來決定該項測試是否符合要求，若不符合要求則可以提供給開發團隊參考與改進，並進一步提昇行動應用程式的安全性，降低因為資安的風險所帶來的危害。

因應行動應用程式的發展，應用程式介面（Application Programming Interface, API）的安全議題成為近來重要的課題，許多的資安事件，包括了不當的資料存取、機敏資訊的外洩，多數與應用程式介面的安全問題相關，針對現有平台進行 API 的攻擊顯著增加，隨著資安威脅的提昇，使用 API 進行跨平台或應用軟體間的資訊傳遞，成為擬定資安策略上的重要環節，也代表著需要面對如何處理資料的隱私保護問題，如果一個安全驗證不夠嚴謹的應用程式介面，可能因為攻擊者假冒使用者的存取請求，造成營運上的資安風險。API 的安全治理成為資訊平台在安全管控上的關鍵因素，早期因為治理流程的不完善、不透明、不嚴謹等問題，將隨著攻擊者在駭侵技術上的發展，對於數位邊界將帶來新的影響，須將應用程式介面的資安風險，納入營運監測的範圍，關注應用程式介面對於使用者的連線請求，能夠更嚴謹的看待，也可以結合現有的資安監控機制，例如：資訊安全維運中心（Secutity Operation Center, SOC），透過資安威脅的關聯分析，發掘可能的潛在資安威脅。

13.3 資通安全相關法規解析

各國政府因應資安的威脅與日俱增，自 2020 年初起影響全球的 COVID-19 疫情，加速了數位轉型的速度，尤其對於資通訊平台的遠端作業環境的建立，在疫情期間成為必須部署的作法，也因此衍生了許多以往未曾思考的資安風險，例如：機密與敏感隱私資料的存取、遠端使用者的身分識別、資訊流的管理等面向，對於政府、企業以及於個人透過資訊設備存取網路應用服務平台時，都可能因為資安威脅與風險的管控，必須審慎的思考資通訊平台運作的過程，以及使用者對於平台的操作與運用，可能帶來的資訊安全

風險，資訊安全的管理除了技術面的做法外，還需要配合政策工具以及適合的實施策略，才能夠相輔相成。

資安政策的制定，各國都需要考量當地民情以及實際的需求，凝聚民眾的共識才有機會發展出屬於本身需要的管理法規，因此在擬定國家的資通安全管理規範時，多數會參酌世界上一些國際資安組織、其他已頒布的相關法令與法規的國家，綜整多方的資訊以形成符合本身需要的作法。

以國家層級所制定的資通安全法規，大多聚焦於兩個主要的議題，包括了個人資料的保護以及關鍵基礎設施的保護，這兩者都是各個國家不可忽略的主要的議題，如何因應駭客的攻擊與減輕資安的威脅，須需要從政策面、管理面以及技術面三大面向多管齊下，這也是資安領域相關人員須需要具備的能力。

13.3.1 資通安全管理法

資通安全管理法開宗明義，「第 1 條：為積極推動國家資通安全政策，加速建構國家資通安全環境，以保障國家安全，維護社會公共利益，特制定本法。」可見資通安全的問題，已經成為國家安全的關鍵議題，其中所規範的八大關鍵基礎設施（Critical Infrastructure, CI），包括了能源、水資源、通訊傳播、交通、銀行與金融、緊急救援與醫院、中央與地方政府機關及高科技園區，如圖 13-3 所示。連結八大關鍵基礎設施領域之主管部會，擴大建立國家資安聯防運作機制，建立八大關鍵資訊基礎設施領域及國家層級之資訊分享與分析中心（Information Sharing and Analysis Center, ISAC）、電腦緊急應變團隊（Computer Emergency Response Team, CERT）及資訊安全監控中心（Security Operation Center, SOC），由情報驅動國家政府、關鍵基礎設施主管機關及提供者三大層級，形成資安聯防與合作網路，組成國家資安聯防體系，進行資安聯防及情資分享。

目前在事件的分析與情報的分享上，可以透過資訊分享與分析中心的機制來運作，相同領域多數遭受到類似的資安威脅，透過領域內的情資共享，可以建立聯防的機制，而跨領域的資安威脅，大多數屬於共通性質，對於常見的系統環境、應用軟體或是資通訊的設備等，此共通性的資安情資，大多數以發現的弱點或是漏洞為主，透過資安威脅通報的方式，提醒相關的管理人員需要進行系統的更新與弱點的修補，以避免已知的威脅曝露在網路上而提高遭到攻擊者運用的機會。

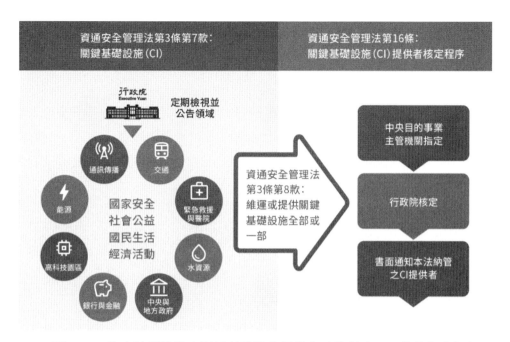

▲ **圖 13-3** 資安法所納管之關鍵基礎設施提供者（資料來源：數位部官網）

在資通安全管理法所定義的資安專職人員，所對應的職務內容如下，並且透過資安稽核的作業，協助關鍵基礎設施的提供者，能夠符合資通安全管理法的要求：

- 策略面：
  - 機關（及所屬）資安政策、資源分配及整體防護策略之規劃。
  - 機關導入資安治理成熟度之協調與推動。
  - 資通安全維護計畫實施情形之績效評估與檢討。
  - （屬上級或監督機關者）稽核所屬（或監督）公務機關之資通安全維護計畫實施情形。

- 管理面：
  - 訂定、修正及實施資通安全維護計畫並提出實施情形。
  - 訂定及建立資通安全事件通報及應變機制。
  - 辦理下列機關資通安全責任等級之應辦事項：資訊安全管理系統之導入及通過公正第三方之驗證、業務持續運作演練、辦理資通安全教育訓練等。
  - （屬上級或監督機關者）針對所屬（或監督）公務機關，審查其資通安全維護計畫及實施情形、辦理其資通安全事件通報之審核、應變協處與改善報告之審核。
  - 委外廠商管理與稽核。

- 技術面：
  - 整合、分析與分享資通安全情資。
  - 配合主管機關辦理機關資通安全演練作業。
  - 辦理下列機關資通安全責任等級之應辦事項：安全性檢測、資通安全健診、資通安全威脅偵測管理機制、政府組態基準、資通安全防護等。
  - （屬上級或監督機關者）針對所屬（或監督）公務機關，規劃及辦理資通安全演練作業。

13.3.2　個人資料保護法

在資訊化的時代而言是最重要的數位資產，在數位化的環境中，屬於個人隱私的資料，就成為建置資訊系統平台時，最需要受到妥善保護的資料，為規劃個人資料之蒐集、處理及利用，以避免人格權受侵害，並促進個人資料之合理利用，我們在 2005 年即制定了「個人資料保護法」，成為國內第一部對於個人資料的運用加以約束的法規。

所謂「個人資料」，指自然人之姓名、出生年月日、國民身分證統一編號、護照號碼、特徵、指紋、婚姻、家庭、教育、職業、病歷、醫療、基因、性生活、健康檢查、犯罪前科、聯絡方式、財務情況、社會活動及其他得以直接或間接方式識別該個人之資料，而這些資料目前有超過九成以上的機會，都將採用數位化與電子化處理的方式進行收集與運用，除了在資料的收集與處理過程需要考量到資料傳輸的安全保護外，對於資料的儲存而言，更是整個資料保護的範疇中，相當重要的環節。

13.3.3　歐盟個人資料保護法

歐盟法規的一般資料保護規則（General Data Protection Regulation, GDPR）取代了在 1995 年推出的歐盟個人資料保護法令（Data Protection Directive），是對所有歐盟個人關於資料保護和隱私的規範，涉及了歐洲境外的個人資料出口，主要的目標在於取回個人對於個人資料的控制，以及為了國際商務而簡化在歐盟內的統一規範。

個人資料處理者必須清楚地披露任何資料收集，聲明資料處理的合法基礎和目的，保留資料的時間以及是否與任何第三方或歐盟以外的國家共享資料。用戶有權以通用格式請求處理器收集的資料的便攜式副本，並有權在特定情況下刪除其資料。公共主管部門和以核心活動為中心定期或系統地處理個人資料的企業需要雇用資料保護官員（DPO）負責管理 GDPR 的合規性。

一般資料保護規則（GDPR）在 2016 年 4 月 27 日通過，經過兩年的緩衝期，於 2018 年 5 月 25 日強制執行，執行後也延伸了歐盟對於資料保護的領域到所有處理歐盟公民的境外公司，例如：Google、Facebook 等大型的社群網路平台，其中就有相當大量歐盟公民的個人資料，而 GDPR 的推動，也讓歐盟對於資料保護的作法要求歐盟以外的境外公司，同樣能夠依循相同的作法進行個人資料的保護，但其中依據公司全球收益 4% 或兩千萬歐元的高額罰款，要求這些擁有大量個人資料的平台，必須要正視對於個人資料保護的議題，並且提出具體的作法，以確保資料的安全與個人的隱私資訊所衍生出來對於資料保護的問題，GDPR 主要的法規基礎如下（原始資料來源：維基百科）：

- **被遺忘權（Right to be Forgotten）**：可以要求控制資料的一方，刪除所有個人資料的任何連結、副本或複製品。

- **取用權（Right to Access）**：可向資料控制方，尋求關於使用者本身的資料之使用方法、地點及目的等等。此外控制方也應以電子形式提供資料的副本供擁有者參考。

- **資料可攜權（Right to Data Portability）**：意思是用戶可以以通用、機器可讀的形式取得某一服務的資料，進而轉移到另外一個服務上。

- **隱私始於設計（Privacy by Design）**：組織需要採納隱私設計的架構，在最初階段就對隱私及資料保護問題進行預測及因應，並且應對裝置及應用程式實施嚴格的身分驗證及授權機制。

13.4　應用程式安全的重要

應用程式安全（Application Security），代表著應用程式本身以及運作的環境，必須能夠滿足資訊安全風險管理上的要求，而資安風險的原因來自於應用程式本身在規劃、設計、開發以及撰寫的過程，是否有滿足安全的應用程式開發流程，而運作環境的安全問題，則來自於系統環境、網路的環境，以及運行過程是否能有持續的監控應用程式的運作狀況，並掌握最新的資安威脅，例如：預警型的資安威脅情資等，這些都是確定應用程式從開發階段走向維運階段，都必須從資安風險的思維進行評估與驗證，並能夠持續的、反覆的、不斷的對於應用程式與其運作的環境，經常進行資安風險的評估作業，例如：當應用程式改版時或是系統環境有進行組態調整、運作的架構有異動時，皆是最適合再次進行應用程式資安風險評測作業的最佳時機。

13.4.1 開放全球應用程式安全計畫（OWASP）

開放全球應用程式安全計畫（Open Worldwide Application Security Project, OWASP）自 2001 年創立至今已超過 20 年，長年以網頁應用程式安全議題為核心，由一群程式開發人員、技術工程師以及對於應用程式安全有興趣的社群人士所組成，全球有超過 100 個以上的分會以及數萬名的成員共同參與，因應近年來應用程式發展的多元化，研究的議題更擴及了更廣泛的面向，除了原本的網站應用程式安全外，更涵蓋了應用程式介面安全、物聯網裝置安全、資安工具的開發、軟體安全清單、供應鏈安全等面向，如圖 13-4 所示。

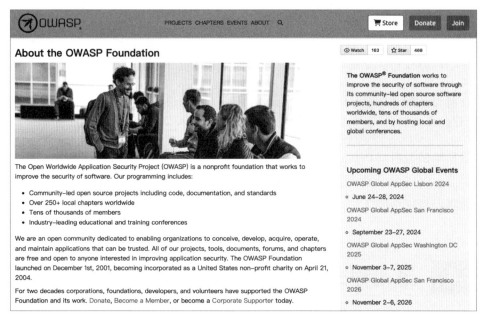

▲ 圖 13-4 OWASP 官網（owasp.org）

目前 OWASP 進行中的計畫（Project）主要分成兩個不同的層次，包括了旗艦計畫（Flagship Proejct）以及產品計畫（Production Project），如圖 13-5 所示。

* 旗艦計畫（Flagship Proejct）：屬於 OWASP 最重要的專案，經常也是最受到關注的項目，包括 OWASP Top 10 等，都是屬於旗艦計畫的項目，透過這些重要的計畫。

* 產品計畫（Production Project）：以發展平台、工具、軟體等為主要目的，以因應應用程式在資訊安全上需求，提供做為教育、培育目的，或是發展出可實際應用在實務環境的工具軟體。

透過國際社群的能量，OWASP 仍然不斷的發展應用軟體安全有關的研究以及啟動相關的專案，目前一些代表性的專案如下：

- OWASP 應用程式安全性驗證標準（Application Security Verification Standard, OWASP ASVS）：對於應用程式安全性所發展出來的驗證標準，其中包括架構、設計和威脅建模、認證、會話管理、存取控制、驗證、過濾與編碼、儲存與密碼學、錯誤處理和日誌紀錄、資料保護、通訊、惡意程式碼、商業邏輯、檔案和資源、應用程式介面和網頁服務，以及組態等主要的項目。

- OWASP Top 10：平均每兩到三年就會發佈一次應用程式前十大威脅，每次都會帶動新一波的應用程式安全威脅的風潮，不過也造成許多誤用的情況，有部分對於應用程式安全的檢測，直接對於這十項威脅進行測試，而非參考 OWASP 的網站應用程式安全測試指引，也是經常發生的誤用情況。

- OWASP ZAP：全名為 Zed Attack Proxy，由 OWASP 推動的旗艦計畫所開發出來的檢測工具，透過 ZAP 可以協助開發人員進行網站應用程式的安全性的測試，檢測的方式參考了 OWASP 所發佈的測試指引，以及常見的弱點檢測技術，因此對於相當掌握網站應用程式的資安風險，透過檢測可以掌握可能潛在的問題。

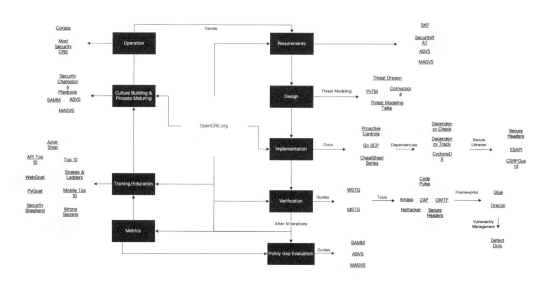

▲ 圖 **13-5** OWASP WayFiner（owasp.org）

13.4.2 軟體物料清單（SBOM）

軟體供應鏈的安全議題，已成為應用程式與軟體在資安風險考量上的重要關鍵，由國際上的發展趨勢如何有效的管理軟體資產，採用軟體物料清單（Software Bill of Materials, SBOM）已經是主要的手法之一，建立 SBOM 可以協助我們掌握應用軟體的組成，包括了透明度與可追溯性，以提高應用軟體本身的安全性，不論從軟體開發人員、供應商或是最終端的使用者，都可以透過 SBOM 來瞭解應用軟體所使用的元件、函式庫、第

三方套件等資訊，當需要進行資安風險的處理時，能夠快速的找到需要處理或修補的項目，隨著美國政府透過行政命令的要求，軟體供應鏈安全及 SBOM 相關法規正在加速發展中，一般而言我們可以採用以下幾個作法：

- **確定應用軟體涵蓋的範圍**：確認應用軟體的元件與涵蓋的項目，以及應用情境與服務的範圍。

- **收集軟體的資訊**：透過可遵循的標準化作業流程，進行應用軟體組成元件等相關資訊的收集。

- **建立 SBOM**：建立識別清單，可以辨識應用軟體的組成，包括了元件名稱、版本序號、唯一識別碼、時間戳記、供應商資訊、授權資訊、相依性、用途與功能描述、開發或編譯環境、作業環境以及相關的技術資料等。

- **持續維護更新**：建立持續管理、監控、維護的作業，以確保當資安威脅出現時，可以即時進行修補與更新。

- **分享 SBOM**：向客戶分享與取得供應商提供之 SBOM，以建立應用軟體組成管理機制。

透過 SBOM 雖然可以提昇應用軟體在資訊安全面向上的透明度與可追溯性，但也衍生出其他的困擾，包括了增加應用軟體開發人員的工作負擔，除了原本的軟體開發工作外，需要額外整理與確保產生出來的應用軟體 SBOM 的正確性，是否在開發過程所進行的異動，都能夠反應到 SBOM 上所對應的項目，保持最新的狀況，如果沒有適當的工具協助，將會增加開發人員的工作量。從資訊安全風險的面向進行考量，收集與建立應用軟體的 SBOM，雖然可以提高透明度，但開發人員將會擔心在 SBOM 中所收集與呈現的資訊，將會對於應用軟體的安全性造成挑戰，例如：未及時修補漏洞的版本資訊，將可能讓攻擊者更容易對於已存在漏洞的目標進行駭侵攻擊。以目前而言有以下兩個主要的開源軟體，可以協助我們處理 SBOM 的開源工具：

- **Microsoft SBOM Tool**：由微軟所開發的開源工具，可以自動產生 SBOM 清單，目前可以支援 Windows、Linux 以及 MacOS 等作業系統，並且能夠整合 Azure DevOps 以及 Github 等常見的開發工具環境。

- **FOSSology**：為開源的軟體探測工具，提供使用者對於開源軟體的元件進行管理與識別，目前可以支援 Windows、Linux 以及 MacOS 等作業系統，另外也提供了 Web 介面，讓使用者更容易管理 SBOM。

13.5　應用程式安全檢測

對於應用程式的安全檢測，是目前經常用來評估可能潛在資安風險的方式，從應用程式開發走向服務平台維運的過程，資訊安全可以扮演重要的角色，建構一個以資訊安全為前提所發展出來的應用程式，對於後續的維運將可以降低潛在的資安風險，以目前常見的應用程式安全檢測，在程式開發的階段可以採用不同的作法，包括原始碼檢測、沙箱測試以及逆向工程。以加強應用程式在開發期間的安全，例如：使用存在資安漏洞的開發套件、編譯工具等，這些都可能因此而影響到應用程式本身的安全問題，另外在政府資訊服務委外的作業中，也不斷的要求應用程式的安全檢測作業，以確定委外開發的應用程式避免已知的資安風險，也降低未來因為應用程式的安全問題，所帶來的資安風險。

13.5.1　原始碼檢測

原始碼檢測（Source Code Review），對於所開發的應用程式碼進行測試，發掘可能潛在的資安風險，例如：運算邏輯的問題、引用存在資安風險的函式庫等，或是開發人員在應用程式開發撰寫階段，為方便應用程式的除錯或其他的目的，所留存未來不需使用到的程式片斷等，這些問題都有機會透過原始碼檢測的作業，發現存在的問題。

應用程式原始碼檢測，主要包括了以下的內容：

- **已知漏洞掃描**：目前每天被揭露的應用程式弱點相當多的，對於已被揭露的漏洞進行測試，避免已知的問題仍然存在現有的應用程式中，造成資安風險的產生。

- **檢測工具掃描**：透過自動化的工具，可以協助程式開發人員減輕原始程式碼的檢測工作，由分析的報告找到可能潛在的問題。

- **資料保護處理**：對於應用程式所處理的資料，進行資料安全的測試，目前許多的應用程式都會配合檔案、資料庫等方式，進行資料的收集與後續的處理。

- **存權控制與權限檢查**：對於應用程式的存取，以及資料在不同的程式間進行交換時，都需要考量存取權限的管制，以避免未經授權的使用者存取到不屬於權限範圍內的資料。

- **運作環境的搭配**：進行程式碼的檢測時，有時候會參考到未來規劃運作的環境，是否能夠與應用程式本身搭配，也需要考量未來部署後的管理機制。

原始碼檢測是屬於應用程式安全的其中一環，並非通過原始碼檢測就沒有資安的風險，仍然需要考量應用程式與運作環境的關係，以及配合風險管控的機制，能否有效的保護應用程式本身與運作的環境遭到攻擊者惡意入侵的可能性。

13.5.2 沙箱測試

沙箱測試（Sandbox Test）是一種經常應用於資訊安全領域的測試方式，透過所設計出來一個受到管控的環境，再進行應用程式的行為分析，整個測試過程並不會對於實際的環境造成影響，而且大多數的沙箱測試，會採用一個完全隔離的環境，但會參考實際環境的特徵、參數、組成進行設計，因此能夠在一個可受到控制的環境中，對於想要測試的項目進行功能測試、行為測試以及安全面向的檢測作業，並透過測試後的結果進行應用程式的調校。整體而言，沙箱測試對於應用程式的運作而言，可以提供一個有效的安全測試方式，透過風險的評估找出潛在的問題，並降低對於真實環境所帶來的影響。

以下是沙箱測試環境的特點：

- **隔離的環境**：透過隔離的環境進行受測目標的檢測，以確定不會受到外來的干擾與影響。

- **擬真的環境**：考量未來需要部署到真實的環境，一般而言會在沙箱中採用接真實的環境參考，例如：未來即會使用的系統環境、資料庫系統或是相關的網路防護架構等。

- **完整的安全測試**：透過自動化工具或是人工的方式進行測試，並不需要考量是否會影響到真實的環境，因此能夠不受限制的進行各種測試項目。

- **整體的安全評估**：沙箱可以依據安全評估的面向進行環境的設計，能夠涵蓋完整的評估項目，或是參考現有的資安標準進行評估。

13.5.3 逆向工程

逆向工程（Reverse Engineering）屬於進階的資安檢測技術，對於應用程式進行分析，並且觀察與追蹤應用程式執行的過程，以發現應用程式的執行流程、運作的結構以及所提供的功能等項目，進行逆向工程的分析，多數無法取得完整的原始程式碼，而是已經編譯後的執行檔或是高階的應用程式的形式，因此需要對於應用程式在環境中執行的邏輯、演算法以及處理資料的結構有深入的瞭解，才能掌握應用程式是否有潛存的資料風險。

一般而言，進行逆向工程需要處理以下幾個重要的項目：

- **應用程式的運作**：利用分析工具或是拆解編譯後的程式，以掌握應用程式的運作架構，包括了程式本身的結構、執行邏輯、資料的處理方式等，有助於由其中找到可能的資安風險。

- **漏洞與弱點的分析**：發掘潛在的應用程式安全漏洞，分析程式碼以確定是否在可被攻擊者運作的已知漏洞，或是程式執行過程可能產生的弱點。

- **破解保護的機制**：目前大多數正式發佈的應用程式都會採行保護的措施，因此在進行逆向工程的作業中，可能會需要對於應用程式所使用的保護措施進要破解，但此技術也被應用於非法的侵權、再製等不當的使用上。

- **解析智財權**：解析應用程式所使用的技術，或是檢測是否有公司及個人的智慧財產權問題，這部分也經常與開放原始碼等自由軟體的授權方式進行合規的分析。

- **跨平台的運作環境**：在無法取得應用程式原始程式碼的情況下，透過逆向工程的技術，有機會實現將現有的應用程式轉移到其他的系統環境，或是作業平台執行的可能性。

13.6　營運環境的安全檢測

除了應用程式本身在開發過程需要注意的資安風險外，當進行程式的部署以及營運環境的調校，將會進入正式運作與開始提供應用服務的階段，此階段除了留意原本的應用程式碼的安全性外，最重要的是營運環境可能對於應用程式本身帶來的資安風險，需要透過環境上的安全檢測機制進行持續的關注，一般而言，多數的企業或組織，對於營運環境的安全檢測會定期進行，以確保營運的資安風險，可以藉由定期的進行技術面的檢測，發掘可能的資安風險再加以防護。

目前應用程式的營運環境，多數透過網路以及網站應用服務的方式來提供，因此應用程式部署到營運環境後，上線提供服務前將會進行部署的資訊安全檢測作業，包括了弱點掃描、滲透測試等基本的資安檢測作業，如果對於資安風險的管控想要透過擬模駭客攻擊的方向進行驗證，也可以採用紅隊演練的方式進行，而所有的資安檢測作業都是為了讓應用服務在營運過程，能夠持續的掌握資訊安全風險，並且持續不斷的進行修補與降低可能因為資安風險所帶來的資訊外洩或是營運中斷的風險。

安全檢測的過程，會對於受測的系統進行存取權限的確認，以確保使用者對於應用程式本身的存取管控機制，防止未經授權的存取，由應用程式所提供的操作介面，進行資料庫安全與資料處理機制的風險評估，而部署應用程式到營運環境後，往往需要對於營運的環境，配合應用程式的需要進行調校，以符合營運所需的安全管理，如果有組態配置不當等問題，可能在此階段進行修正，另外在營運階段應用程式提供使用者操作的過程中，應用程式與系統環境的日誌紀錄，對於當下狀況的掌握，或是日後對於事件的追蹤都是相當重要的資料來源，因此在營運的環境中需要考量如何有效的建立日誌紀錄的收集與分析，以及對於可能對於營運環境帶來的資安風險進行掌控。最後，在營運階段的資安風險處理，也包括了對於資安事件發生時的應處，以及資安事件發生後的應變，對於營運環境的復原或是資料救援，都需要一套受到實證的作業流程，或是業務持續營運計畫、災難復原計畫等，這些都是有備而無患，且每隔一段時間或是有新型態的資安威脅出現時，就需要同步的對於應變計畫進行調整，以確定仍然可以確保企業與組織能夠持續營運。

13.6.1 弱點掃描

弱點掃描（Vulnerability Scanning）是資安技術檢測中常見的測試方法，一般會透過自動化的工具軟體，對於受測的目標依據弱點特徵資料庫中的項目進行驗測，以發掘存在的安全弱點與漏洞，主要用來識別可能受到攻擊者運用的漏洞，透過掃描工具的分析，進行風險的評分以及提供改善的建議與對應的處理措施。

一般而言，弱點掃描作業包括以下幾個主要的項目：

- **識別目標**：對於受測目標進行識別，以分辨出目標的屬性，例如：網路設備、伺服器、作業系統、應用程式環境等資訊。

- **系統分析**：進行系統環境的探測，以識別所使用的作業系統、開放的網路服務、應用程式的版本等資訊。

- **弱點探測**：針對已知的漏洞與安全弱點進行測試，透過掃描作業確認受測目標是否存在相同的問題，收集弱點的資訊、系統環境或是組態上的問題，也可能在探測階段發現其他的應用程式存取點。

- **風險評估**：依據掃描後的結果，進行弱點風險的評估做為修補的參考，而評估的結果可能受到網路架構的影響，例如：在外網測試的結果，可能與在內網測試的結果不同。

- **分析報告與建議**：整體資安風險分析報告，依據發掘的弱點提供改善的建議，例如：升級應用程式或是函式庫的版本，或是在資安防護的設備上加上特定的資安規則等作法。

- **定期執行與差異比對**：透過定期進行弱點掃描作業，並且分析歷次的結果，可以做為企業與組織長期掌握受測目標可能遭受的資安風險，透過掃描結果的差異比對，掌握應用程式與系統環境的變化。

弱點掃描作業，可以透過掃描後的結果，掌握受測目標可能存在的資安風險，提供企業與組織做為參考，減少目標遭受攻擊時可能發生的資安問題，也可以降低營運資料外洩的可能性。

13.6.2 滲透測試

滲透測試（Penetration Testing）是一種模擬攻擊的測試手法，可用來評估受測目標的系統、應用程式以及網路架構中的安全性，透過模擬攻擊者的行為，可以協助發現可能的資安風險，一般而言滲透測試的作業會與弱點掃描的作業協同進行，在完成弱點掃描的作業後，視需求與情況評估是否進行滲透測試的作業，相對於弱點掃描作業，滲透測試將會更完整的對於受測目標進行評估，例如：發掘的資安弱點可被利用的程度，另外滲透測試的作業有較完整的流程，我們主要可以分成以下幾個階段進行：

- **準備階段**：擬定與規劃測試範圍、目標、時程等計畫，確定後再執行相關的檢測作業，並且在此階段將會盡量掌握應用程式的功能、系統的營運架構、網路防禦的機制等。

- **收集階段**：進行主動與被動的資訊收集，例如：系統曾經發生過的漏洞、所採用的資訊技術等。

- **分析階段**：透過自動化工具或是手動的進行分析，評估系統上可能存在的問題，例如：弱密碼、未更新的軟體版本、組態設備的問題等。

- **測試與攻擊階段**：進行實際的模擬攻擊，識別在資訊收集與分析階段評估可能存在的資安風險是否可被運用，進一步的測試該漏洞所帶來的影響範圍評估。

- **報告撰寫階段**：依據檢測的結果進行報告的整理與撰寫，其中需要包括測試的項目、結果以及風險的等級，並且提供發現的漏洞、成功進行攻擊的路徑、帶來的潛在風險等問題，再依據資安風險提供改善的建議措施。

目前許多的資安法規,皆會要求需要進行資安檢測作業,實際的進行檢測或是模擬攻擊,是現行發掘潛在資安風險的有效方法,另外在進行滲透測試時,需要留意合法性、風險管控、通報以及留下關鍵紀錄的事項,考量進行的過程可能會對於營運中的系統帶來影響,因此必須清楚的通知受測範圍相關的人員,並且留存佐證的紀錄,以詳細的記載整個檢測的過程,並且避免因為進行滲透測試造成無法營運的現象。

13.6.3 紅隊演練

紅隊演練(Red Team Exercise)與滲透測試都是資安檢測中的主要方法,都是透過模擬攻擊者的手法進行資安的檢測,不過紅隊演練比起滲透測試,更強調以下的重點:

- 紅隊演練主要模擬攻擊者可能的攻擊行為,評估整個企業與組織的安全性,涵蓋了應用服務、系統平台、網路架構、資料安全等面向,在演練的過程也可以配合事件應變能力的測試。

- 範圍擴大不限特定目標,只要是企業與組織相關的目標與人員,都會是演練的範圍,屬於全面性的資安檢測。

- 採用全面性實戰的原則,包括多維度的攻擊、社交工程的運用、資安防護機制的驗證或繞過,發掘所有可能造成資安風險的原因。

- 檢測團隊須具備攻擊者思維,才能夠找出非正規或預設情況的資安風險。

- 演練報告需詳實記錄檢測軌跡,以進行實際環境的比對。

- 無預警的攻擊測試,多數的紅隊演練並不會預先通知參與的人員或組織實施的日期,以貼近真實的資安威脅測試,同時可以驗證事件應變的能力。

- 綜合風險的評估,不局限於特定的系統與目標,以整體企業或組織的風險為評估。

( ) 1. 以下何者是應用程式在開發與維運階段，需要共同面對的問題？

(A) 系統負載 　　　　　　　　　(B) 資訊安全

(C) 網路頻寬 　　　　　　　　　(D) 資料安全

( ) 2. 採用軟體開發生命週期的管理框架，可以帶來以下哪項好處？

(A) 盤點開發過程中所有利害關係人對於開發程序的可視性

(B) 完整開發時程、查核點以及排程

(C) 建立系統化的管理框架提升使用者的滿意度

(D) 以上皆是

( ) 3. 以下何者為應用程式開發安全模型的第一個階段，可參考資安風險分析以及曾發生過的經驗來進行？

(A) 設計階段 　　　　　　　　　(B) 需求階段

(C) 測試階段 　　　　　　　　　(D) 部署維運階段

( ) 4. 進行逆向工程的分析作業中，其中解析應用程式所使用的技術，或是檢測是否有公司及個人的智慧財產權問題，是以下何種目的？

(A) 確定跨平台運作環境 　　　　(B) 破解保護的機制

(C) 解析智財權與合規性 　　　　(D) 掌握應用程式漏洞與弱點

( ) 5. 弱點掃描是資安技術檢測中常見的測試方法，當我們透過自動化的工具軟體，對於受測的目標進行驗測時，無法發現以下哪個問題？

(A) 找出受測目標的系統弱點

(B) 發掘資料庫的資料外洩

(C) 檢測受測目標所使用的版本

(D) 在不同的網路區域進行測試，結果可能會有所不同

( ) 6. 逆向工程屬於進階的資安檢測技術，會對應用程式進行分析，並且觀察與追蹤應用程式執行的過程，以下何者為選擇進行此分析方法的主要原因？

(A) 快速且容易找到應用程式問題

(B) 可逆向取得應用程式原始碼

(C) 可掌握應用程式的網路通訊狀態

(D) 無法取得應用程式原始碼

( ) 7. 以下何者為國際上對於軟體組成議題的主要發展方向？

(A) SBOM   (B) BOM

(C) CMMI   (D) ISO 27001

( ) 8. 以下何者不是開放全球應用程式安全計畫（OWASP）的全球計畫之一？

(A) Web Security Test Guide   (B) Juice Shop

(C) Enterprise Architecture   (D) Zed Attack Proxy

( ) 9. 沙箱測試經常用來對於未知檔案或應用程式的檢測作業，將未知檔案放入沙箱中進行測試，以下何者描述最為適切？

(A) 與其他的應用程式進行整合

(B) 擬真應用程式的運作環境

(C) 可分析檔案在系統上呈現的行為

(D) 比較檔案的大小與屬性

( ) 10.紅隊演練比起滲透測試，更強調以下哪項重點？

(A) 以駭客思維來模擬攻擊者可能的攻擊行為

(B) 驗證潛在的弱點是否可被使用

(C) 需要綜合性質的資安風險評估

(D) 以上皆是

(　　) 1. 網站經常使用 Cookie 來記錄使用者的資訊，以下哪兩項會影響到安全性？（請選
擇 2 個答案）

(A) 透過啟用安全通訊端層（SSL）

(B) 透過啟用儲存網站密碼

(C) 透過啟用叫高安全性的網站保護

(D) 透過啟用網站追蹤瀏覽習慣

(　　) 2. 在共用電腦上使用瀏覽器登入您的電子商務購物網站時，您收到提示，詢問您是否
要儲存密碼。您應該選擇哪個選項？

(A) 否，因為密碼以純文字形式儲存

(B) 否，因為可存取該電腦的任何人都可能擷取您的密碼

(C) 是，因為密碼儲存在安全的 Cookie 檔案中

(D) 是，因為您的密碼變成可在其他瀏覽器中使用

MEMO

次世代的資訊安全管理 14

資訊科技的發展，帶動了資訊安全技術的演進，從早期因為電腦病毒所帶來的危害，到現今因為網際網路的連結，各式各樣的資訊服務如雨後春筍般出現，新型態的資訊服務，也帶來了新型態的資安威脅，經歷了 2020 年初全球大爆發的 COVID-19 疫情的威脅，加速了數位轉型的步調，遠距工作與服務型態也因應疫情的需要，成為目前主流的資訊服務方式，因此在新興的資訊服務平台中，如何建立正確的認知以及面對新型態的資安威脅時，成為目前企業與組織最重要的議題。

14.1　新型態的資訊安全威脅

科技始終來自於人性（Connecting People），在科技發展的過程，需要滿足我們所期待的資訊服務，多元化、數位化、行動化的資訊服務時代已經來臨，全球行動裝置與物聯網的數量，早已超過了傳統的桌上型電腦，行動化的數位服務，縮短了資訊傳播的時間，各種新興的應用服務，搭配著各式各樣的資訊科技，環繞在我們的周遭，而新型態的資安威脅就如同攻擊者的思維不斷的轉變，每隔一段期間就能夠發現新的攻擊手法被運用在許多駭侵的事件之中，對於資訊安全的防護而言，帶來不小的衝擊，必須不斷的學習新型的資安威脅，再擬定因應的對策，降低因為資安威脅所帶來的影響與衝擊。

14.1.1　供應鏈攻擊

當企業面對資安威脅已逐漸強化數位邊界後，攻擊者為找尋有加以利用的管道，而將目光轉移到了目標對象的供應商，對於目標相關的供應鏈進行攻擊，已成為現今眾多資安事件發生的原因，在資訊化的過程，在供應鏈中的資訊傳遞，多數已透過數位化的工具來完成，或是利用應用程式服務的介面，直接進行資訊的交換，而其中對於第三方的供應商或服務的提供者，針對所使用的軟體、硬體或是雲端上的應用服務，進行攻擊與入侵，透過資料的竄改、假冒、刪除等行為，而影響平台上的資料正確性，也有可能直接對於供應鏈上的軟體、服務平台進行入侵，再透過信任的來源或授權，滲透進入預定的攻擊目標。

14.1.2　物聯網攻擊

隨著物聯網（Internet of Things, IoT）裝置數量的大幅成長，許多物聯網的裝置為降低製造成本，可能會採用過時的作業系統或是直接使用開源的軟體，但又缺少妥善的管理機制，例如：系統版本的更新、脆弱的認證管理機制等，這些將會讓物聯網裝置在提供服務時，同時也讓該裝置或是服務的平台衍生資訊安全的營運風險，攻擊者可能會利用

不安全的物聯網裝置，例如：專門針對物聯網裝置所設計的殭屍程式，讓大量的物聯網裝置成為攻擊者發動網路攻擊時的幫手，同時也帶來網際網路上的危害。

物聯網裝置的使用，多數會與行動裝置上的應用程式相結合，並且透過物聯網裝置進行資料或資訊的傳遞，亦曾經發生過因為行動應用程式的安全問題，而造成了受害人在網路社群上的帳號被竊，或是數位身分遭到假冒的情事。

目前物聯網設備的資安風險不斷的升高，主因在於系統或是應用程式的修補速度遠不及典型的資通訊設備，經常會發現正在運作中的物聯網裝置，使用的是早期的系統或是應用服務，而這些早期的版本早已被發現存在資安的漏洞，容易被攻擊者與有心人士加以運用。

14.1.3　惡意程式攻擊

惡意程式（Malware）已成為資安事件經常看到的主角，目前惡意程式每天成長的速度，以及變種的速度，都超過資安防禦方案的更新速度，尤其近年來勒索軟體大行其道，經常對於受到攻擊的企業或組織，帶來極大的困擾，如果重要的資料未妥善的備份，所造成的損失將會相當龐大。

目前各式各樣的惡意程式相當多，包括了後門程式、電腦病毒、網路蠕蟲、木馬程式、勒索軟體等，主要的目的不外乎入侵受害者的資訊設備，取得系統或應用程式的控制權，或是對於資訊系統上的資料進行竊取或破壞，而近年來惡意程式攻擊的對象，也從典型的資通訊設備，擴散到物聯網裝置或是產業環境中的機台設備，而企業也因為資安事件的發生，遭受莫大的損失。

惡意程式進化的速度快，在攻擊的型態與功能上不斷的演進，目前盛行的勒索軟體，攻擊者經常在入侵受害者的電腦中，除了竊取電腦中的數位資料外，亦會直接對於設備上的儲存媒體進行加密，並且配合勒索虛擬貨幣的訊息，帶給受害人極大的恐慌，可能遭到攻擊者的威脅，倘若不付贖金，將遭到機敏資料被公告在暗網上，或是直接銷售給有興趣的買家。

14.1.4　社交工程攻擊

從資訊安全風險的面向，人往往是資安風險最高的一環，主要在於不論在日常生活或是工作上，對於網路、資訊設備的依賴程度極高，許多的資訊往來，都是直接透過網路與應用程式來提供服務，包括了經常使用的電子郵件、簡訊、社群網路上的連結訊息等，

而這些附加在網路應用服務上資訊，對於使用者而言，有可能會因為稍微的不留意或不小心未仔細分辨真偽，就讓惡意程式或是惡意連結，直接影響使用者的安全，攻擊者亦會使用精心設計過的資訊，運用社交工程的技術，透過逼真的偽造內容、影片或聲音，都可能讓使用者上當，而攻擊者再配合惡意程式的運用，就能夠掌握受害者的資料。

以下是社交工程攻擊經常運用的手法：

- **USB 隨身碟攻擊（USB Drops）**：早期攻擊者運用人心的弱點，將實體的隨身碟故意放置在攻擊目標的附近，期待有人誤以為是遺失的隨身碟，而帶回企業內部連接到資訊設備上，而惡意程式就隱藏在隨身碟中。

- **釣魚攻擊（Phishing）**：常見的攻擊手法之一，透過假冒的電子郵件、網站網址、社群媒體訊息等，引誘受害人點擊惡意連結、下載惡意檔案或是騙取隱私資料。

- **偽裝身分（Impersonation）**：以假冒的身分對於受害人進行攻擊，可以透過數位媒體或是網路服務，攻擊者多數會聲稱具急迫性或是威脅性的方式，因被假冒的身分受到受害人的信任，可能因此而遭到敏感資料的外洩或是實質的財物損失。

- **深偽攻擊（Deep Fake）**：目前 AI 的技術已逐漸成熟，許多看似當事人的聲音、影像、影片等媒體，讓受害人信以為真，而落入攻擊者的圈套，目前對接收到的媒體真偽，需要專業的鑑識專家進行分析，才有機會明辨真假。

- **人資攻擊（Human Resource Scams）**：攻擊者可能偽裝成招聘人員或是應聘人員，透過提供工作或是應徵工作的方式，對於人資進行社交工程的攻擊，其中主要的通訊方式，多數以電子郵件為主或是隱藏在檔案中的惡意連結。

- **公開資訊的運用（Public Information/Intelligence）**：許多企業為了業務往來或是商務的拓展，可能會將負責此項業務的聯絡資訊放在公開的平台上，例如：企業的網站，這對於攻擊者而言，將是一種相當容易進行針對性的社交工程攻擊，透過聯絡與受害人負責的業務資訊，極可能因此而讓受害人降低對於攻擊者的戒心。

- **新興的資訊方法（New Technology）**：目前網路上的應用服務相當多樣化，為了傳送複雜的網址，衍生出使用「短網域服務」、「QR Code 代碼」等服務，對於使用者而言，往往在不知情的前提下，就可能被引導到惡意的網站，或是惡意程式的下載位址，造成終端設備的資安風險。

14.1.5　進階持續威脅

進階持續威脅（Advanced Persistent Threat, APT）在社交工程的攻擊中，屬於較為複雜且時間較久的組織性駭客攻擊，一般而言常見於組織型的駭客，包括高度的專業分工、持續長時間的挖掘目標組織的弱點、運用惡意程式進行潛伏，並且持續進行監控、竊取資料或是隱藏在網路中進行破壞，以達成攻擊的目的；在受到攻擊的目標上，大多為定向攻擊，針對特定的人員或是組織，並且分析目標的特性以決定攻擊的手法，運用專業的技術來避免遭到傳統資安防禦機制的檢測，例如：使用未被揭露的漏洞或是零時差的攻擊；另外，在進階持續威脅的發展上，經常可以觀察到被攻擊目標遭到多階段的攻擊，攻擊者為了避免被發現，多數會採取低調且避開資安防禦機制的方式，以期能夠長時間的潛伏在組織中，以達成攻擊的目的。

當組織遭遇到進階持續威脅的攻擊時，對於所承受的資安風險而言是相當高的，因為攻擊者除了可能運用現存的系統或應用程式弱點之外，亦可以使用獨特的攻擊工具或是未被揭露的漏洞，造成資安防禦機制在偵察上的困難度，另外也可能搭配社交工程的攻擊手法，讓受害人防不勝防。

14.2　雲端資訊安全

在 2010 年之前，大多數的資訊服務並未思考雲端服務下的資訊安全議題，主要是當時雲端服務的概念並不成熟，尤其典型的金融、醫療、政府機關等採行隔離、專屬網路等資訊架構的產業環境，對於雲端服務的應用，大多抱持著不可能或是以後再說的心態，既然網路應用服務不想放在雲端服務，更不用說會去思考雲端服務中的資安風險，但隨著資訊科技的發展，全球化的雲端服務攻應商出現，以及近年來企業對於環境保護（Environmental）、社會責任（Social）和公司治理（Governance）成為新型態評估企業永續經營的指標，目前已有大量典型的應用服務，皆已放到雲端運算的環境，透過雲端平台提供各式各樣的應用服務，而雲端服務的架構也隨之推動許多資訊技術的發展，例如：虛擬主機的服務、容器化的應用服務等，對於一般使用者而言，多數不會在意所使用是不是雲端平台所提供的應用服務，而是在意在存取這些應用服務時的便利性，但是從雲端服務平台的提供者而言，

目前雲端服務已成為主流，大多數的應用服務，都會採用雲端的技術或是直接使用雲端服務供應商所提供各式各樣雲端服務，因此在使用雲端服務的過程中，對於資訊安全的疑慮以及企業對於雲端安全的要求，便因應雲端世代的來臨，而顯得雲端安全的重要性。

14.2.1　認識雲端安全聯盟

創立於 2008 年的雲端安全聯盟（Cloud Security Alliance, CSA），是一個全球性的非營利組織，其使命是「促進使用最佳實踐在雲端運算內提供安全保證，並提供有關雲計算使用的教育，以幫助保護所有其他形式的計算」。雲端安全聯盟在全球擁有超過 80,000 名個人會員。雲端安全聯盟在 2011 年時即獲得了很高的聲譽，當時美國聯邦政府選擇了雲端安全聯盟高峰會作為宣布聯邦政府雲計算策略的會議，並且後續所推動的雲端安全相關基準，亦發展成美國國家標準以及全球國際標準組織的雲端安全標準，如圖 14-1。

雲端安全聯盟因應新興的雲端安全議題，推動這全球的研究工作小組，以及雲端安全相關的驗證標準與個人的專業證照，獲得了產業界與專業人士的支持，目前在雲端安全的驗證上，推動了 STAR Program，基於開放驗證框架（Open Certification Framework, OCF）所發展，希望透過嚴謹的驗證對於雲端服務的供應商，建立安全（Security）、信任（Trust）、保證（Assurance）以及風險（Risk）四個面向的評估機制，總共有三個層級的驗證要求，截至 2023 年底為主，已發佈了兩個層級的驗證，分別如下：

- 第一級：自我評估（Self-Assessment）

  STAR Level 1，記錄了各種雲端運算產品提供的安全控制，從而幫助用戶評估他們目前使用或正在考慮使用的雲端供應商的安全性。雲端服務的提供者（Cloud Services Provider, CSP）依據雲端安全控制矩陣（Cloud Control Matrix, CCM）進行評估與記錄其安全控制，而隱私權評估提交則以 GDPR 為準則，自行完成評估後，提供報告予雲端安全聯盟進行審核。而 STAR 的自我評估每年需要更新一次，以確定組織仍然對於雲端安全管理進行資安風險的控制。

- 第二級：第三方稽核（Third-Party Audit）

  STAR Level 2，提供了組織可以透過第三方稽核的方式，加深雲端服務的使用者，對於所使用的雲端服務平台，能夠建立起更強固的信心，符合以下幾個組織特性的，則建議可以評估導入 STAR Level 2 雲端安全認證：

  - 營運的環境屬於中度或高度風險的環境。

  - 已經通過或遵守 ISO 27001、SOC2、GB/T 22080-2008 或 GDPR 標準的組織。

  - 希望尋求一種經濟高效的方式，來面對雲端安全與隱私問題的組織。

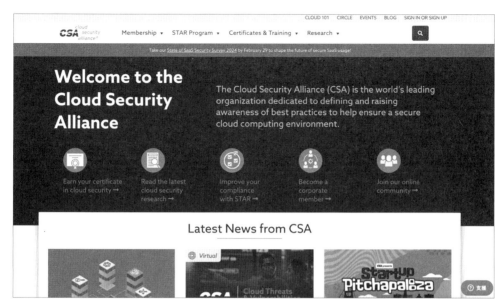

▲ **圖 14-1**　雲端安全聯盟官網（cloudsecurityalliance.org）

雲端安全聯盟的全球研究工作小組，具有其獨立性與中立性，在全世界與產業領導廠商、研究機構以及政府機關進行相關的合作，以確定所發佈的研究成果與文件，能夠客觀的提供全球做為參考的關鍵指標，每隔一段期間就會因應雲端應用環境的需要，從資訊安全的面向成立研究工作小組，並且透過組織、社群以及專家協力合作的方式，發展議題研析、研究報告、教育目的以及驗證目標等不同的訴求，透過凝聚共識的過程，讓產業驅動的雲端安全標準，成為共同依循的準則。目前（2023 年 12 月）全球共有 10 大類型的研究議題，組成了 38 個研究工作小組，透過定期的討論與發展相關的研究成果，其中涵蓋了當下需要解決的議題以及未來可以面臨的資安威脅等，尤其目前以金融服務與醫療資訊管理兩個產業議題，在進入雲端服務的世代後，如何在雲端的環境中處理機敏的資訊，除了享受雲端服務所帶來的便利性外，又能夠兼於資訊安全的要求，成為產業中需要克服的關鍵。

在全球研究工作小組中，亦會推動未來可能發生資安風險的研究議題，例如：量子安全（Quantum-safe Security）、區塊鏈 / 分散式帳本（Blockchain/Distrivuted Ledger）、隱私水準協議（Privacy Level Agreement, PLA）、人工智能（Artificial Intelligence, AI）、開發維運安全（DevSecOps）、零信任（Zero Trust）等新興議題，而這些新興的議題在目前當下並不一定發展成熟，或是有其市場需求，但考量全球在雲端服務的應用可能衍生出來的議題，仍會是雲端安全聯盟所關注的，並透過嚴謹的申請提案，聯盟專家的評估以及全球雲端安全聯盟社群對於此議題的回應，都將成為參考的依據，當滿足設立的門檻時，一個以全球的雲端安全需求進行研究的工作小組就可成立，如圖 14-2 所示。

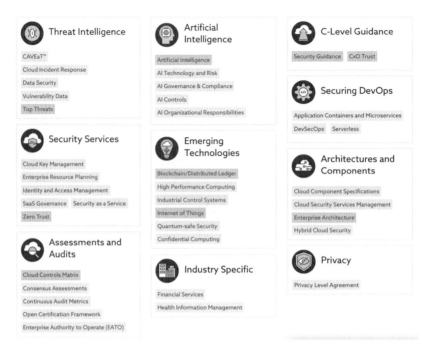

▲ 圖 14-2 雲端安全聯盟全球工作小組

14.2.2 雲端安全指引

第一版的雲端運算關鍵領域的安全指引（簡稱雲端安全指引）（Security Guidance For Critical Areas of Focus in Cloud Computing）在雲端安全聯盟的努力下，於 2008 年 12 月正式發佈，因應雲端服務架構與型態的轉變，歷經多年的改版，在 2017 年 7 月發佈了第四版，也是目前最多人引用的雲端安全指引，如圖 14-3。透過全球各地分會的努力，也發行了許多不同語言的版本，這一版提供更多實用的建議措施，以及對應量測與稽核的需求。而安全指引在內容改版時，也同時在吸收了 CSA 在 GRC（Governance, Risk Management and Compliance）Stack，以及 Trusted Cloud Initiative 這兩個工作小組下的成果。

平均每 2~3 年即會因應當時的雲端運算與服務型態的需要，進行雲端安全指引內容的更新，這些都是透過工作小組以及全球社群與研究人員的貢獻，讓新一版的雲端安全指引，能夠更符合當下以及未來的發展趨勢。

▲ **圖 14-3** 雲端安全指引第四版（資料來源：Cloud Security Alliance）

在雲端安全指引第四版中，將主要的資訊安全評估面向，分成了 14 個領域（Domain），而這些領域對應到雲端服務的類型，包括了基礎架構即服務（Infrastructure as a Service, IaaS）、平台即服務（Platform as a Service, PaaS）以及軟體即服務（Software as a Service, SaaS），不過隨著服務型態的多元化，目前已有許多跳脫典型雲端服務類型的雲端服務出現，不過雲端服務的安全面向，同樣能夠套用到雲端安全指引中的 14 個領域。

* 雲端運算概念與架構（Cloud Computing Concepts and Architectures）

* 治理與企業風險管理（Governance and Enterprise Risk Management）

* 法律議題：合約和電子資料發掘（Legal Issues, Contracts and Electronic Discovery）

* 合規與稽核管理（Compliance and Audit Management）

* 資訊治理（Information Governance）

* 管理層面和業務持續（Management Plane and Business Continuity）

* 基礎設施安全（Infrastructure Security）

* 虛擬化和容器化（Virtualization and Containers）

* 事件回應（Incident Response）

* 應用程式安全（Application Security）

* 資料安全和加密（Data Security and Encryption）

* 身分、權限和存取管理（Identity, Entitlement and Access Management）

* 安全即服務（Security as a Service）

* 相關雲端技術（Related Cloud Technologies）

在雲端安全指引中，同樣也對於三種典型的雲端服務進行介紹，以下將分別介紹這三種類型的定義以及特色：

- **基礎架構即服務（IaaS）**：提供基本的雲端基礎架構組件，讓使用者能夠在雲端中運行虛擬機器、儲存資源和網路服務，使用者可以自行控制系統層面的動作，包括了開關機、基礎組態的配置等，代表性的例子為 Amazon Web Services（AWS）的 EC2、Microsoft Azure 的虛擬主機（Virtual Machine）服務。

- **平台即服務（PaaS）**：提供了一個應用程式運行的平台，使開發人員能夠建立、測試和部署應用程式，而不需要擔心底層的基礎架構，在開發與執行的環境中，提供了相關的工具、資料庫等，代表性的例子為 Google App Engine、Microsoft Azure 的 App Service。

- **軟體即服務（SaaS）**：提供隨選即付的應用程式，並不需要安裝、配置或管理運作的環境，使用者通常透過網頁瀏覽器使用應用程式，只需要專注在應用軟體提供的功能與操作介面，大多以訂閱的方式進行計價，而且不需要考量應用軟體運作的基礎架構，代表性的例子為 Salesforce、Microsoft 365、Google Workspace。

14.3 物聯網與資訊安全

物聯網（Internet of Things, IoT）裝置大量的出現，提供了更便捷的資訊服務環境，但連結在網際網路上的大量設備，為攻擊者提供了更多的目標，尤其物聯網的裝置大多與個人的行為模式、隱私性以及組織的資安風險劃上等號，物聯網的設備依據功能與目的進行資料的收集，利用網路的接取進行資料的傳送，結合雲端的運算平台，加速對於物聯網裝置的管理以及所收集的數據進行分析，結合行動裝置的應用，可以讓使用者簡單且快速的透過行動裝置上所安裝的應用程式，進行物聯網裝置的管理作業，也取得由物聯網裝置所收集到的數據，不論進行統計或是分析預測，都能夠結合雲端服務的特性，讓應用的層次更貼近使用者的需求，對於物聯網裝置的安全性評估，可以從資安風險的面向進行，在使用物聯網裝置時，需要考量以下幾個主要的面向：

- **裝置安全性**：對於物聯網裝置須需要同時評估軟體與硬體的安全性，包括了裝置在使用過程的身分驗證、存取控制、漏洞與弱點的檢測，以確保物聯網的裝置提供必要的安全措施。

- **使用權限的管理**：物聯網裝置經常發生對於使用者權限管理的問題，對等於一樣的資通訊系統，在使用者的權限管理上，仍然是確保操作安全的重要原則，而物聯網裝置上所使用的預設值，包括了預設的帳號與密碼，是否能夠關閉特權使用者的遠端作業等，這些都是對於使用權限在管理面向需要思考的問題。

- **資料保護與隱私**：物聯網裝置考量其運作的特性，經常有機會收集到個人或組織較為機敏的資訊，因此對於資料的保護以及使用者的隱私行為，就成為物聯網裝置在進行資料保護的風險評估時，必須審慎考量的重點，尤其對於物聯網裝置將收集到的資料儲存到儲存媒體時的處理方式，可以直接提供做為物聯網設備對於運作過程所收集的資料，如何進行保護或限制使用者對於機敏資料的管理。

- **通訊安全**：物聯網裝置受限於效能或運算能力的不足，對於通訊過程需要的安全防護可能會是資安風險的一環，主要在於如何在低效能的裝置上，進行適切的資料傳輸保護，可以透過資安的檢測，以掌握安全通訊的建立以及防止中間人攻擊的對策等機制。

除了我們經常在網路上使用的搜尋引擎之外，對於物聯網裝置的資安風險，可以參考 Shodan 提供物聯網裝置資安問題的搜尋引擎，因為平台上所收集的物聯網裝置資訊，都是存在資安風險疑慮的裝置，因此就像其他類型的搜尋引擎一樣，可以透過關鍵字的搜尋，協助我們找到特定類型、特定品牌裝置、特定國家或是特定服務的物聯網裝置資訊，在取得搜尋引擎的結果後，可以參考網站上所提供的資訊，或是利用人工的方式進行確認，大多數所揭露的問題，都能夠順利的進行驗證，證明所指出的物聯網裝置資安風險存在網路上，如果有開放通用性質的網路應用服務，例如：網頁型態的管理介面，我們就能夠簡單的利用網路瀏覽器開啟物聯網裝置的網域名稱或 IP 位址，進一步的確認所提供的資安風險是否存在，如圖 14-4 所示。

對於攻擊者而言，Shodan 所提供的服務，亦可能被運用做為尋找下一個攻擊目標的情況，在網站所提供的資訊，包括了可公開訪問的裝置，如果這些裝置對於身分驗證或是訪問控制的資安風險掌握較為薄弱，則可能提供攻擊者有機可趁，透過 Shodan 所發佈的已知漏洞裝置、裝置本身的預設值、不安全的通訊方式等資訊，這些問題可以歸因於物聯網裝置在設計時，可能未依循資訊安全的設計原則，以及對於使用預設值的裝置，未進行強制的變更，這些問題都讓物聯網裝置成為最容易遭受攻擊者攻擊的目標。

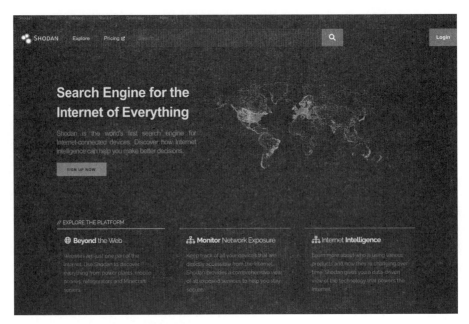

▲ 圖 14-4 物聯網安全搜尋引擎（資料來源：shodan.io）

舉凡網路攝影機、空氣品質偵測設備、智慧家庭設備、影印機、事務機、工業控制系統等，透過網路的連線除了提供使用者更為便利的環境外，也衍生了資訊安全上的風險，分析過去物聯網設備曾經發生過的資安事件，追究其原因仍然以系統版本未更新修補、應用服務介面風險、使用者存取控制不夠嚴謹等面向為主，攻擊者在不論是想要利用物聯網裝置或是直接攻擊物聯網裝置，仍然會以不安全的預設組態、未進行系統的更新或漏洞的修補、身分認證與授權存取的問題、隱私或機敏資料的保護不完善，或是物聯網設備本身在研發設計時，就未考量到可能帶來的資安威脅，而存在設計上的缺陷。

一般而言，我們可以透過以下的作法強化物聯網裝置的安全性，並且降低營運時所可能衍生的資安風險：

- 嚴謹的身分認證與存取權限管理。

- 採用加密的通訊協定。

- 收集與儲存機敏資料的保護措施。

- 導入資訊安全的框架，並且應用於研發設計、開發與實踐上。

- 部署於受資訊安全防護機制的環境中。

近幾年大量興趣的數位應用，已經從家庭中的智慧應用，拓展到城市中大量使用的物聯網裝置，以智慧城市而言，大量使用先進的資訊和通訊技術，可以提昇我們生活環境的便利性，並且協調所擁有的資源，提昇城市的運作以及生活的品質，其中多元化的物聯

網裝置，提供了更多樣化的應用，包括了交通系統的管理、能源管理、醫療照護、智慧建築與家庭、水資源的管理、公共安全的管理以及生活應用所需要服務，這些可能透過資通訊環境的部署，邊緣資訊的收集與應用，再到大數據的分析與掌握未來發展的趨勢，這些可以稱得上是智慧物聯網所帶來的智慧生活實踐。

14.4　攻防演練與應用

在資訊安全的領域中，防禦（Defence）與攻擊（Attack）就如同一體兩面，進入網路的世代後，網際網路提供了更方便的資訊交流，但也帶來更多的資安威脅，正所謂「知己知彼，百戰不殆」，這是出自孫子兵法的謀攻篇，意思是理解自己及別人，便可遇到威脅時，能夠找到克敵的方式，雖然不見得在遭遇駭侵攻擊時，都能夠完全阻擋，但一個有經驗的資安團隊，對於瞬息萬變的網路世界，就算遇到了未曾看過的攻擊行為，總能由以往的經驗加以應變，找出能夠阻擋駭客攻擊的方法，反之，一個沒有實戰經驗的資安團隊，在遇到攻擊者來襲時，往往會因為無法在有限的時間內，確認攻擊者的行為以及擬定反制或是阻擋的方法，而成為資安事件的主角。

沉浸式的演練與駭侵威脅情境的應用，已經成為目前最重要的培訓方式，有效的利用已經發生過的事件，或是曾經被揭露的資安問題，將其設計成可以不斷重複練習的情境，讓參與演練的人員更加的熟練，以掌握如何因應這些駭侵的威脅，尤其在目前的資安威脅中，已經涵蓋了系統安全、網路安全、應用程式安全、資安事件的應變以及新興的資訊服務，例如：雲端服務的安全性等，這些都成為攻防演練與應用情境在設計時，必須納入考量的重點項目。

在攻防演練的培訓中可以運用「13.6.3 紅隊演練」的方法，最重要的核心價值在於建立模擬駭客攻擊的紅隊（Red Team）腳本（Playbook），配合所設計好的數位靶場，以形成一個完整的演訓平台（Cyber Range），在這個場域中我們可以依據企業的實際環境，或是想要培訓的主題、學習使用的資安方案，都能夠在藍隊（Blue Team）的演訓中，學習到相關的技巧，如圖 14-5 所示。其中為了減少進行資安攻防演練時的人力投入，一個先進的攻防演練平台，必須具備以下的特性：

- 自動化的紅隊攻擊服務，亦可透過攻擊序列的方式，依時序重現駭客攻擊的情境。

- 以個人或隊伍為主的專屬數位靶場，而非採用共用平台的設計，而影響了演練的品質。

- 涵蓋多種不同的情境，並且能夠混合運用與進行複合式演練，提供真實的情境做為學習。

- 能夠快速的自動部署所選擇的系統環境、網路架構以及搭配所需要的應用程式。

- 可以整合坊間常見的資安解決方案,例如:防火牆、入侵偵測(防禦)系統、應用層的防火牆、端點行為預警系統、事件關聯與分析平台、情資威脅服務等。

- 採取有彈性的雲端架構設計,但又能夠對於平台中的狀態完全掌握,避免在演練的過程衍生資安事件。

- 以雲端化、容器化、微服務化的方式進行設計,能夠精準的分配與使用資源。

- 須有評量系統的設計,以確定演練的結果能夠做為後續改善或是增加資源的參考,透過分析提出清晰且詳盡的報告,以掌握演練的成果是否合乎預期。

- 可快速移動與部署,亦可建立跨域的服務平台,可依需求擴大服務的對象與範圍。

- 可整合自動化的工具,提供資安威脅自動應變的機制,亦可運用人工智慧等新興的應用,加速對於資安威脅的應變。

- 可滿足資安合規的演練項目,情境可依據資安相關法規進行設計。

- 情境的設計須符合國際資安組織所發展的技術指標,例如:MITRE ATT&CK。

- 可提供客製化的服務與資源,才能夠擬真企業的真實環境。

- 提供攻擊路徑與手法的培訓情境,確定所進行防禦策略能夠奏效。

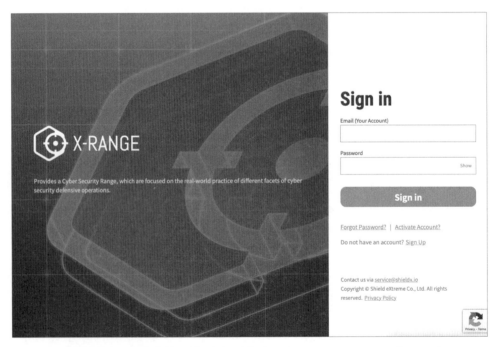

▲ 圖 14-5 攻防演練平台(資料來源:Shield eXtreme X-Range)

駭客的攻擊手法日新月益，經常會有新型態的攻擊方式出現在資訊安全當中，因此如何掌握攻擊者最新的攻擊方式、使用的技術以及入侵的管道，最重要的是如果碰上的駭客的攻擊行動，我們該如何能夠全身而對，這對於資訊安全的因應以及企業的數位邊界防禦而言，就是相當重要的一件事，企業中以資安的防護為優先，避免資安事件的發生，但若發生未曾遇過或是新型態的攻擊時，可能會因為不熟悉駭客的攻擊方式，而無法有效的保護企業的營運安全，因此近年來企業逐漸重視資安的認知訓練以及專業技術能力的提昇，資訊安全的防護屬於企業中每位員工的責任，透過強化後的數位邊界，才能抵禦外來的駭侵威脅，如圖 14-6 所示。

▲ **圖 14-6** 攻防演練平台情境（資料來源：Shield eXtreme X-Range）

如同學習資訊安全領域，不斷的透過接觸與掌握最新的資安威脅，對於資安技術的提昇是有幫助的，可以經由攻防演練的過程，瞭解攻擊者的思維，再研析出可以因應的對策，配合企業或組織所建置的防禦機制加以部署，例如：撰寫資安規則加以阻擋等，這些都是在經歷的資安攻防演練後，可以帶來的實質助益，也可以強化企業內與組織中的資安素養。

14.5 資訊安全威脅情資與應用

掌握駭客的活動與相關的威脅情資（Threat Intelligence），尤其目前的資訊服務技術越來越複雜的時代中，例如：雲端環境的資安防護，並不容易找到一個方法就能夠處理所有的資安風險，許多的資安設備廠商，配合產品的特色發展出資安威脅的特徵資料庫，透過線上或線下的方式，建立起資安防護的數位邊界，而隨著資訊技術的進步，許多新型態的威脅不斷的推陳出新，而資安威脅情資也大幅成長，以情資應用的角度而言，如何在最短的時間內，將有效的資安威脅情資進行部署，讓其發揮防禦或組擋的效益，對於防範駭客攻擊而言，已經逐漸成為主流的防禦措施，而如何掌握最新且有效的情資是相當重要的，許多的威脅情資隨著資安事件的應變，可能在很短的時間內就消失在網路世界中，因此資安威脅情資的更新頻率，以及入侵特徵指標（Indicators of Compromise, IOC）的有效性，就成為是否能夠建立一套有效的防禦邊界，掌握有效的威脅情資將成為決勝的關鍵因素，如圖 14-7 所示。

▲ 圖 14-7 資安情資平台（資料來源：Intel Owl）

目前網路上有許多的資安威脅情資平台，有商業服務的平台，也有國際組織提供情資交換的平台，為有效與自動化的進行情資的交換，或是分享事件應變的結果，都可以運用情資交換的機制進行，多數會建置情資分析與分析的平台（Information Sharing and Analysis Center, ISAC），而目前全球共通的標準如下：

- 結構化威脅資訊表達（Structured Threat Informateion Expression, STIX）：這是一種用來交換網路威脅情資（Cyber Threat Intelligence, CTI）的語言與序列化格式，透過標準化的過程，讓彼此能夠自動化且由機器本身進行讀取的方式進行，例如：協同進行威脅分析、自動威脅交換、自動偵測和回應等，如圖 14-8 所示。

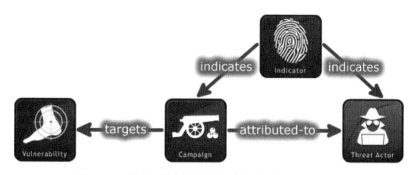

▲ 圖 **14-8** STIX 關係式範例（資料來源：OASIS）

而看起來的結構如以下的呈現方式，透過不同的標籤來宣告所對應的情資（參考資料：OASIS）：

```
{
    "type" : "campaign" ,
    "id" : "campaign--8e2e2d2b-17d4-4cbf-938f-98ee46b3cd3f" ,
    "spec_version" : "2.1" ,
    "created" : "2023-11-08T20:03:00.000Z" ,
    "modified" : "2023-11-08T20:03:23.000Z" ,
    "name" : "Green Group Attacks Against Finance" ,
    "description" : "Campaign by Green Group against targets in the financial
services sector."
}
```

- 可信任情報資訊自動交換（Trusted Automated Exchange of Intelligence Information, TAXII）：這是一種應用層的協議，做為簡單且可擴展的方式進行通訊與資訊的自動交換。TAXII 是一種用於 HTTPS 交換網路威脅情資的協定，而進行情資交換的組織，能夠透過定義與通用共享模型一致的應用程式介面（API）來共同網路威脅情資，如圖 14-9 所示。

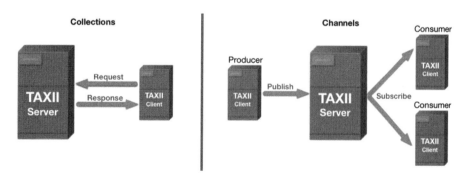

▲ 圖 **14-9** TAXII 系列（資料來源：OASIS）

許多的國際資安組織，近年來也開始依據組織的任務目標與特性，開始提供許多的資安威脅情資，例如：全球最大的資安事件應變組織 FIRST（Forum of Incident Response and Security Team），也透過 MISP 平台提供會員間的情資分享與交換，雲端安全聯盟也提供雲端服務相關的資安威脅情資，而產業型態的資安威脅分享與分析平台，也因應產業的需求而形成聚落，例如：以金融服務情資交換為主的金融服務資訊分享與分析中心（Finance Service Information Sharing and Analysis Center, FS-ISAC）等。也有共通型的情資交換平台，例如：Threat Exchange Alliance 等，如圖 14-10。透過全球一致的標準，提供資安威脅情資分享與分析平台的服務。

▲ 圖 14-10 情資交換聯盟（資源來源：Threat Exchange Alliance 官網）

資安威脅情資的共享和合作變得越來越重要，組織可以透過分享和合作來擴大其威脅情報的覆蓋範圍，以及獲得更全面的安全防禦，尤其以產業特性形成的情資分享與分析平台，將會成為未來資安威脅情資主要的生態系。

14.5.1 資訊安全威脅情資類型

資安威脅情資大致上可以分成三種類型，而不同類型的資安威脅情資可以適用於不同的場合，也提供不同層次的資訊做為應變的參考：

- **戰術情資（Tactical Intelligence）**：戰術情資關注當前的威脅活動，通常具有時間性，而這類情資通常提供有關攻擊者的行動、攻擊手法和目標的具體資訊，以支援即時的資安應變，幫助組織迅速應對新興威脅，以建立有效的防禦機制。

- **營運情資（Operational Intelligence）**：與組織的日常營運和業務運作直接相關的情資，以支援組織的營運、決策和業務流程，而不僅僅是用於資安威脅的評估。

- **戰略情資（Strategic Intelligence）**：戰略情資著重在長期的、全面性的安全趨勢和威脅，以協助組織在更高層面上進行資安規劃和戰略制定，其中可能包括產業發展趨勢、特定地區的風險、攻擊者的動態等，亦用來制定長期安全策略和風險管理計劃。

14.5.2　資訊安全威脅情資的種類

不同的資安威脅情資供應商或是服務的平台，對於資安威脅情資的種類定義各有所依據，也會遇到對相同的資訊，而分類到不同種類的情況發生，主要在於現今的攻擊行動已日趨複合化，因此在同一個資安事件中，可能會出現兩種以上的情資類型，其中分類的方式以及定義各個分類的差異，對於不同的情資平台而言，可能會遇到不一致的情況，因此如果企業中或是組織內有使用兩個以上的資安威脅情資來源，對情資的應用，必須有進行選擇與過濾的處理流程，以確定所的資安威脅都能夠在系統化的架構下進行管理與應用，如表 14-1。

表 14-1　情資類型說明

情資類型	說明
Brute Force	暴力破解密碼異常行為資訊，多為真正攻擊的前兆。
Compromised	發佈已成為受害者的資訊。
Scan	網路掃描等異常行為資訊，提供攻擊來源資訊。
Spam	提供垃圾郵件相關情資。
C2	提供殭屍網路惡意中繼站資訊。
Botnet	提供殭屍網路活動資訊。
Phishing	提供釣魚網路等相關資訊。
Suspicious	提供可疑的攻擊來源資訊。
DDoS	提供分散式阻斷服務攻擊來源資訊。
APT	提供進階持續滲透威脅的資訊。
Crypto	提供加密貨幣、挖礦活動以及資料外洩等相關的資訊。
Exploit	提供在攻擊行動中被使用的漏洞套件相關資訊。
Malware	提供惡意程式活動相關的資訊。
Tor	提供洋蔥匿名網路服務相關的資訊。

目前資安威脅情資可以使用不同的場合，包括配合資安防禦的設備，將威脅情資撰寫成防禦的偵測規則，再依據可能的風險值，決定放行或是阻擋，而決定採取何種行動方案，取決於是否能夠有效的掌握衍生出來的資安風險高低。

( ) 1. 以下哪一份文件是在建置或評估雲端服務的安全要求時，必須參考的文件？

    (A) Security Guidance for Critical Areas of Focus in Cloud Computing

    (B) Worldwide Application Citical Risk

    (C) Privacy Level Agreement

    (D) Software Assurance Maturity Model

( ) 2. 以下何者不是典型的雲端服務型態？

    (A) IaaS, Infrastructure as a Service

    (B) SaaS, Software as a Services

    (C) DaaS, Data as a Services

    (D) PaaS, Platform as a Services

( ) 3. 提供了組織可以透過第三方稽核的方式，加深雲端服務的使用者，對於所使用的雲端服務平台，能夠建立起更強固的信心，屬於 CSA STAR 的第幾個層級驗證？

    (A) 第一個層級 - 自我評估（Self-Assessment）

    (B) 第二個層級 - 第三方稽核（Third-Party Audit）

    (C) 第三個層級 - 持續監控（Continious）

    (D) 第四個層級 - 風險管理（Risk Management）

( ) 4. 以下何者為國際資安組織所發展的技術指標，目前已成為許多說明駭客攻擊行為的技術說明參考來源？

    (A) ISO 27001   (B) MITRE ATT&CK

    (C) MISP   (D) Total Intelligence Platform

( ) 5. 對於物聯網裝置的安全性評估，可以從資安風險的面向進行，在使用物聯網裝置時，需要考量以下哪一個主要的面向？

    (A) 裝置安全   (B) 通訊安全

    (C) 資料與隱私保護   (D) 以上皆是

( ) 6. 以下何者為常用來搜尋物聯網設備或系統弱點的搜尋引擎？

    (A) SHODAN   (B) VIRUSTOTAL

    (C) DUCKGOGO   (D) YAHOO

( ) 7. 以下何者是用來交換網路威脅情資的語言與序列化格式，透過標準化的過程，讓彼此能夠自動化且由機器本身進行讀取的方式進行？

    (A) TAXII   (B) ISAC

    (C) STIX   (D) CSV

( ) 8. 攻防演練平台，必須具備以下的特性，以符合資安技術培訓與實務演練的需求？

    (A) 虛擬數位靶場的部署

    (B) 產業化的攻防腳本

    (C) 仿真的企業網路與系統環境

    (D) 以上皆是

( ) 9. 著重在長期的、全面性的安全趨勢和威脅，以協助組織在更高層面上進行資安規劃為以下何種情資的類型？

    (A) 戰術型情資　　　　　　　(B) 戰略型情資

    (C) 營運型情資　　　　　　　(D) 預警型情資

( ) 10.以下何者為資安威脅情資常見的類型？

    (A) 中繼站（Command & Control）

    (B) 惡意程式下載位址

    (C) 分散式阻斷服務來源位址

    (D) 以上皆是

MEMO

Chapter 01 資訊安全概論

自我評量

1. (C)	2. (A)	3. (D)	4. (B)	5. (D)	6. (C)	7. (D)	8. (A)	9. (D)	10. (C)
11. (D)	12. (D)	13. (B)	14. (A)	15. (A)					

ITS 模擬試題

1. (B)	2. (D)	3. (B)	4. (D)	5. (A)

6. 安全性原則分成四種類型，請將類型與最佳的答案進行配對連線。

可接受使用政策　　　　　　　　這種原則是定義意外或不尋常事件後應採取的行動

存取控制原則　　　　　　　　　這種原則描述在電腦網路上允許的行為

事件回應原則　　　　　　　　　這種原則是定義從電腦網路外部連線到該網路的需求

遠端存取原則　　　　　　　　　這種原則是授與或撤銷員工或員工群組在公司網路上的
　　　　　　　　　　　　　　　權限

Chapter 02 資訊法律與事件處理

自我評量

1. (D)	2. (B)	3. (A)	4. (C)	5. (C)	6. (A)	7. (B)	8. (A)	9. (A)	10. (D)
11. (C)	12. (B)	13. (D)	14. (B)	15. (D)					

Chapter 03 資訊安全威脅

自我評量

1. (A)	2. (C)	3. (D)	4. (B)	5. (A)	6. (B)	7. (D)	8. (D)	9. (C)	10. (A)
11. (A)	12. (B)	13. (B)	14. (B)	15. (A)					

ITS 模擬試題

1. (D)	2. (C)	3. (A、B、D)	4. (B)	5. (B)

6. 下列敘述正確選擇「是」，錯誤選擇「否」。

   (是) (A) 為了保護使用者防範不受信任的瀏覽器快顯視窗，應該要設定會封鎖所有快顯視窗的預設瀏覽器設定。

   (否) (B) 線上快顯視窗和對話方塊可能會顯示很逼真的作業系統或應用程式錯誤訊息。

   (否) (C) 保護使用者防範不受信任的快顯應用程式基本上是一種感知功能。

Chapter 04 認證、授權與存取控制

自我評量

1. (D)	2. (B)	3. (B)	4. (A)	5. (D)	6. (D)	7. (B)	8. (C)	9. (B)	10. (A)
11. (D)	12. (B)	13. (A)	14. (A)	15. (C)					

ITS 模擬試題

1. (A、B、D)	2.1 (A)	2.2 (B)	3. (D)	4. (B)	5. (D)	6. (B)
7. (C)	8. (A、B、E)	9. (D)	10. (C)	11. (A)	12. (C)	

13. 下列敘述正確選擇「是」，錯誤選擇「否」。

    (是) (A) 因為高階主管有權存取敏感性資料，所以他們應該使用系統管理員帳戶。

    (否) (B) 使用者帳戶控制 (UAC) 的一個用途是將使用者完成工作所需的最低權限等級授與該使用者。

    (否) (C) 系統管理員在執行讀取電子郵件和瀏覽網際網路等日常功能時應該使用標準使用者帳戶。

14. 下列敘述正確選擇「是」，錯誤選擇「否」。

    (是) (A) 制訂事件回應原則是為了處理日常事件，例如備份。

    (是) (B) 建立或更新安全性原則時，必須收集所有專案關係人（包括員工）的意見。

    (否) (C) 所有員工在獲得公司資源存取授權之前，都應該簽署可接受使用政策。

15. 下列敘述正確選擇「是」，錯誤選擇「否」。

    (否) (A) 除非需要更高的權限，否則 UAC 會將您的權限降低為標準使用者的權限。

    (否) (B) UAC 會在需要額外權限時通知您並詢問是否想要繼續。

    (是) (C) UAC 無法停用。

Chapter 05　資訊安全架構與設計

自我評量

1. (A)	2. (C)	3. (C)	4. (B)	5. (B)	6. (C)	7. (A)	8. (C)	9. (C)	10. (D)
11. (B)	12. (C)	13. (B)	14. (A)	15. (A)					

ITS 模擬試題

1. (C)	2. (D)

Chapter 06　基礎密碼學

自我評量

1. (A)	2. (C)	3. (C)	4. (B)	5. (C)	6. (A)	7. (D)	8. (A)	9. (C)	10. (B)
11. (D)	12. (D)	13. (B)	14. (D)	15. (D)					

ITS 模擬試題

1. (B)	2. (D)	3. (D)	4. (D)	5. (D)	6. (B)

Chapter 07　資訊系統與網路模型

自我評量

1. (C)	2. (A)	3. (C)	4. (D)	5. (B)	6. (C)	7. (B)	8. (C)	9. (B)	10. (B)
11. (D)	12. (C)	13. (B)	14. (B)	15. (A)					

ITS 模擬試題

1. (C)	2. (B)	3. (D)	4. (C)	5. (B、C、A、D、E)	6. (C)
7. (B)	8. (D)	9. (C、D)	10. (A、B、D)	11. (B)	

Chapter 08　防火牆與使用政策

自我評量

1. (D)	2. (A)	3. (A)	4. (C)	5. (C)	6. (B)	7. (D)	8. (C)	9. (C)	10. (B)

ITS 模擬試題

1. (C)	2. (D)	3 .(C)	4. (B)	5. (C)	6. (C)	7. (D)	8. (B)	9. (C)

10. 下列敘述正確選擇「是」，錯誤選擇「否」。

（是）(A) Ipsec 要求網路應用程式比需具備 Ipsec 感知功能。

（否）(B) Ipsec 可加密資料。

（否）(C) Ipsec 會對所有使用此功能的網路通訊增加額外負擔。

Chapter 09 入侵偵測與防禦系統

自我評量

1. (D)	2. (C)	3. (B)	4. (C)	5. (B)	6. (C)	7. (A)	8. (B)	9. (A)	10. (C)

Chapter 10 惡意程式與防毒

自我評量

1. (A)	2. (B)	3. (C)	4. (D)	5. (C)	6. (B)	7. (A)	8. (C)	9. (D)	10. (B)

ITS 模擬試題

1. (B)	2. (A、C)	3. (B)	4. (C)	5. (B)	6. (C、E、D、B、A)

Chapter 11 多層次防禦

自我評量

1. (B)	2. (A)	3. (C)	4. (C)	5. (A)	6. (A)	7. (B)	8. (D)	9. (B)	10. (A)
11. (C)	12. (C)	13. (C)	14. (A)	15. (B)					

ITS 模擬試題

1.(C)	2.(C、D)	3.(C)

Chapter 12 資訊安全營運與管理

自我評量

1. (A)	2. (C)	3. (C)	4. (C)	5. (C)	6. (A)	7. (B)	8. (C)	9. (C)	10. (A)

ITS 模擬試題

1. (A、C)	2. (A)	3. (C)	4. (B)	5. (A、B、E)	6. (A、C)	7. (B)

8. 下列敘述正確選擇「是」，錯誤選擇「否」。

　　(否) (A) 您可以在事件檢視器中檢視稽核紀錄。

　　(是) (B) 稽核紀錄有固定的大小上限，無法調整。

　　(否) (C) 您可以針對稽核的活動設定事件通知。

9. 您必須識別各種備份方法。請將描述與答案做配對連線。

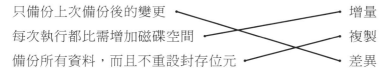

　　只備份上次備份後的變更　　　　　　　　增量

　　每次執行都比需增加磁碟空間　　　　　　複製

　　備份所有資料，而且不重設封存位元　　　差異

10. 請就資料復原時間，將備份方法排名。請將描述與答案做配對連線。

　　資料復原時間最慢的方法　　　　完整備份

　　資料復原時間中等的方法　　　　增量備份

　　資料復原時間最快的方法　　　　差異備份

Chapter 13 開發維運安全

自我評量

1. (B)	2. (D)	3. (B)	4. (C)	5. (B)	6. (D)	7. (A)	8. (C)	9. (B)	10. (D)

ITS 模擬試題

1. (B、D)	2. (B)

Chapter 14 次世代的資訊安全管理系統

自我評量

| 1. (A) | 2. (C) | 3. (D) | 4. (B) | 5. (D) | 6. (A) | 7. (C) | 8. (D) | 9. (B) | 10. (D) |

參考文獻 B

1. "Official (ISC)^2 Guide to the CISSP CBK" edited by Harold F. Tipton and Kevin Henry, 2021

2. "All-in-One CISSP Exam Guide, Ninth Edition" by Shon Harris, 2021

3. "Official (ISC)^2 Guide to the SSCP CBK" edited by Michael S. Wills, 2022

4. "ISO 27001 Information Security Management Systems – Requirements" 2022

5. "ISO 27017 Code of practice for information security controls based on ISO/IEC 27002 for cloud services" 2015

6. "ISO 27018 Code of practice for protection of personally identifiable information (PII) in public clouds acting as PII processors" 2019

7. "ISO 20000 Information Technology – Service Management – Part 1" 2011

8. "ISO 20000 Information Technology – Service Management – Part 2" 2012

9. "Risk Management Guide for Information Technology" NIST SP800-30

10. "Contingency Planning Guide for Information Technology Systems" NIST SP800-34

11. "Guidelines on Firewalls and Firewall Policy" NIST SP800-41

12. "Guide to Malware Incident Prevention and Handling" NIST SP800-83

13. "Guidelines to Intrusion Detection and Prevention Systems (IDPS)" NIST SP800-94

14. "資通安全管理法" 2018

15. "個人資料保護法" 2013

16. 行動應用資安聯盟 APP/IoT 資安規範

17. The Honeynet Project https://www.honeynet.org/

18. Cloud Security Alliance (CSA) https://cloudsecurityalliance.org/

19. Open Worldwide Application Security Project (OWASP) https://owasp.org/

20. Center for Strategic Cyberspace + International Studies (CSCIS) https://cscis.org/

後記

安全並不是一個產品，而是一個過程。在安全上，我們要做的不僅僅是防禦，還包括偵測和回應。我們應該不斷地提高我們的安全水準，但也應該清楚地認識到，沒有什麼是 *100%* 安全的。當你正在思考如何保護你的數據時，別忘了問問自己，『我在保護什麼？』

— Bruce Schneier

資訊安全已成為資訊科技在發展的歷程中，不可或缺的重要關鍵元素，不論從策略面、管理面或是技術面對於資訊安全進行深入的探討，試圖找出資訊安全的最佳實踐做法，但這個答案並非是固定的，隨著資訊科技的發展，我們必須隨時提醒資訊安全的重要性。

寫這本書參考的文獻條列於後，大多是考資訊安全國際證照會使用的參考書，以及 ISO 與 NIST 相關的文件，也參考了國內近年來推動的管理制度與頒佈的資安相關法規；另外在每個章節中也介紹了許多國際資訊安全組織的內容，包括了 Cloud Security Alliance、The Honeynet Project、OWASP、CSCIS 等。本書許多觀念或說明方式取材自這些文獻，特此聲明並致謝。

資訊安全概論與實務(第四版) (含 ITS Network Security 網路安全 管理核心能力國際認證模擬試題)

作　　者：蔡一郎
企劃編輯：石辰蓁
文字編輯：江雅鈴
設計裝幀：張寶莉
發 行 人：廖文良

發 行 所：碁峰資訊股份有限公司
地　　址：台北市南港區三重路 66 號 7 樓之 6
電　　話：(02)2788-2408
傳　　真：(02)8192-4433
網　　站：www.gotop.com.tw
書　　號：AEE040700
版　　次：2024 年 06 月四版
　　　　　2024 年 09 月四版二刷
建議售價：NT$520

國家圖書館出版品預行編目資料

資訊安全概論與實務(含 ITS Network Security 網路安全管理核心
　能力國際認證模擬試題) / 蔡一郎著. -- 四版. -- 臺北市：碁峰
　資訊, 2024.06
　　面　；　公分
　ISBN 978-626-324-826-7(平裝)
　1.CST：資訊安全
312.76　　　　　　　　　　　　　　113007102